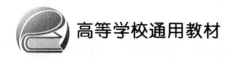

高等学校通用教材

U0168046

光纤声发射传感技术原理与应用

Theory and Application of Optical Fiber Acoustic Emission Technology

魏 鹏 著

北京航空航天大学出版社

内 容 简 介

本书介绍了三种光纤声发射传感技术,内容包括光纤传感理论研究、光纤传感系统方案设计、光纤传感系统器件选择与系统搭建,以及完成光纤传感样机后进行的相关声发射检测实验与数据分析处理等。

本书适合于相关专业的高年级本科生、研究生,或者声发射无损检测相关行业的从业人员阅读使用。

图书在版编目(CIP)数据

光纤声发射传感技术原理与应用 / 魏鹏著. -- 北京：北京航空航天大学出版社,2022.10

ISBN 978 - 7 - 5124 - 3917 - 7

Ⅰ. ①光… Ⅱ. ①魏… Ⅲ. ①光纤传感器－声发射监测－研究 Ⅳ. ①TP212.4

中国版本图书馆 CIP 数据核字(2022)第 190391 号

光纤声发射传感技术原理与应用

魏 鹏 著

策划编辑 胡晓柏　责任编辑 胡晓柏 张 佳

*

北京航空航天大学出版社出版发行

北京市海淀区学院路 37 号(邮编 100191)　http://www.buaapress.com.cn

发行部电话:(010)82317024　传真:(010)82328026

读者信箱:emsbook@buaacm.com.cn　邮购电话:(010)82316936

北京九州迅驰传媒文化有限公司印装　各地书店经销

*

开本:710×1 000　1/16　印张:14.5　字数:309 千字

2022 年 10 月第 1 版　2022 年 10 月第 1 次印刷

ISBN 978 - 7 - 5124 - 3917 - 7　定价:49.00 元

前　　言

声发射检测技术在结构健康监测以及重要部件损伤检测等领域具有重要的应用意义，是所有无损检测技术中极具特色的一种。本书介绍了作者通过十余年的科研攻关与应用实践，设计和研制的三种光纤声发射传感技术，具体内容包括光纤传感理论研究、光纤传感系统方案设计、光纤传感系统器件选择与系统搭建，以及完成光纤传感样机后进行的相关声发射检测实验与数据分析处理等。

第1章，绪论，概述了声发射无损检测和压电陶瓷声发射传感系统的现状，引出了光纤声发射传感系统的研究。

第2章，研究了光纤布拉格光栅声发射传感理论。声发射波对光纤布拉格光栅的有效折射率和光栅周期都有影响，从而使布拉格波长发生偏移。声发射波的振幅和频率信息可以通过光栅布拉格波长的解调而得到。在此理论的基础上，设计了一套光纤布拉格光栅声发射传感系统，以窄带激光器作为光源输出，对准光纤布拉格光栅传感器 3 dB 带宽附近的近似线性区域点。在温度变化不大的情况下，系统稳定性良好。

第3章，研究了分布式光纤光栅声发射检测方面的工作；研究了光纤布拉格光栅和基于分布反馈光纤激光解调的相移光栅基本原理，从理论上推导了表示声发射波与这两种光纤光栅的中心波长之间关系的公式。根据这些理论分析研究如何使用干涉式声发射解调系统将中心波长变化转换为干涉仪输出的光强变化，实现声发射信号的波长解调，并研究了对应的声发射信号解调算法，对解调算法在硬件平台上的实现进行了仿真验证。其次，根据波分复用和分时复用两种方式，研究了三种不同结构的分布式声发射检测系统。根据每种检测系统不同的实现原理，选择合适的光源、光纤光栅等硬件搭建检测系统，使得每个器件的性能指标都能满足系统要求。

第4章，研究了光纤环声发射传感器，建立了光纤环声发射传感器在液体中传感声发射信号的物理模型，确定了光纤环最佳半径的计算方法，并进行相应的实验，初步验证了物理模型的正确性。并制作了安装在固体表面上的光纤环传感器，用于探测固体中的声发射。

第 5 章,研究了光纤传感原理、使用光纤环作为声发射传感器,并制作了若干光纤环传感器以完成信号传感。在分析马赫曾德干涉仪构成的零差法声发射探测系统的基础上,使用经典外差法作为系统的调制方案。然后,提出了利用交叉解调技术以及反正切运算来完成信号的解调的方案。并在设计方案的基础上,搭建了系统样机,逐步实现了各个模块的功能,成功验证了设计方案的可行性以及初步评估。最后,在系统搭建成功后,分析了现有方案的不足,提出了本系统的优化改进方向,并分析了最适合本系统使用的场景等内容。

作　者

2022 年 5 月

目　　录

第 1 章　绪　论 ··· 1

1.1　声发射无损检测的意义 ······································· 1

1.2　压电陶瓷声发射传感技术 ····································· 2

1.3　光纤声发射传感信号解调技术 ······························· 6

1.4　光纤声发射传感技术 ··· 9

第 2 章　光纤布拉格光栅声发射传感技术 ······················· 12

2.1　声发射的产生机理 ··· 12

2.2　声发射信号的特征 ··· 14

2.3　声发射的传播 ··· 15

2.4　光纤布拉格光栅与声发射应力波的相互作用 ··············· 16

2.5　光纤布拉格光栅声发射传感系统的结构方案与理论论证 ····· 18

2.6　光纤布拉格光栅声发射传感系统的样机搭建 ··············· 20

2.7　FBG 声发射传感器封装技术研究 ·························· 23

2.8　FBG 声发射传感系统的稳定性研究 ······················· 28

2.9　FBG 声发射传感系统的频率范围研究 ····················· 31

2.10　FBG 声发射传感系统的温度补偿研究 ···················· 32

2.11　FBG 声发射传感系统实验用传感系统 ···················· 35

2.12　声发射模拟源检测对比实验 ······························ 36

2.13　FBG 声发射传感系统在滚动轴承故障检测对比实验 ······· 39

2.14　光纤 FBG 光栅传感系统在某型飞机上的工程应用 ········· 47

2.15　基于 BP 神经网络的声发射信号模式识别研究 ············ 48

2.16　本章小结 ·· 53

第 3 章　分布式光纤光栅的声发射传感技术 ··················· 55

3.1　光纤布拉格光栅的声发射传感原理研究 ··················· 55

　3.1.1　光纤布拉格光栅的基本原理 ························· 55

　3.1.2　光纤布拉格光栅与声发射波相互作用机理 ··········· 56

3.2　分布反馈光纤激光器的声发射传感原理研究 ··············· 58

　3.2.1　相移光纤光栅的基本原理 ························· 58

3.2.2 分布反馈光纤激光器传感原理 ·············· 59

3.2.3 分布反馈光纤激光器与声发射波相互作用机理 ·············· 60

3.3 干涉式声发射信号解调原理 ·············· 61

3.3.1 干涉信号解调原理 ·············· 61

3.3.2 干涉信号解调算法仿真 ·············· 64

3.4 波分复用式光纤布拉格光栅声发射检测系统 ·············· 70

3.4.1 波分复用式光纤布拉格光栅声发射检测系统原理 ·············· 70

3.4.2 检测系统硬件选型及参数配置 ·············· 71

3.5 时分复用式光纤布拉格光栅声发射检测系统 ·············· 78

3.5.1 时分复用式光纤布拉格光栅声发射检测系统原理 ·············· 78

3.5.2 检测系统时分复用原理 ·············· 79

3.6 分布反馈光纤激光器声发射检测系统 ·············· 82

3.6.1 分布反馈光纤激光器声发射检测系统原理 ·············· 82

3.6.2 光纤激光器相关器件选型 ·············· 83

3.7 分布式光纤光栅声发射检测系统显示软件编写 ·············· 85

3.7.1 硬件平台配置 ·············· 85

3.7.2 声发射检测信号显示软件编写 ·············· 87

3.8 波分复用式光纤布拉格光栅声发射检测系统实验 ·············· 89

3.8.1 铝板上的波分复用式系统幅频响应特性实验 ·············· 89

3.8.2 加热板上的窄范围温度实验 ·············· 91

3.9 时分复用式光纤布拉格光栅声发射检测系统实验 ·············· 93

3.9.1 铝板上的时分复用式系统幅频响应特性实验 ·············· 93

3.9.2 加热板上的宽范围温度实验 ·············· 94

3.10 分布反馈光纤激光器声发射检测系统实验 ·············· 96

3.10.1 铝板上的分布反馈光纤激光器幅频响应特性实验 ·············· 96

3.10.2 分布反馈光纤激光器窄范围温度实验 ·············· 98

3.11 本章小结 ·············· 99

第4章 零差法光纤环声发射系统理论研究 ·············· 100

4.1 声发射产生及传播 ·············· 100

4.2 光纤环传感声发射信号的原理 ·············· 102

4.3 光纤环声发射信号的解调原理 ·············· 103

4.4 液体中光纤环传感器的研究 ·············· 109

4.4.1 液体中光纤环传感器所用光纤长度的研究 ·············· 109

4.4.2 液体中光纤环传感器半径的研究 ·············· 111

4.5　检测固体表面声发射信号的光纤环传感器设计 ┈┈┈┈┈┈┈┈ 116

4.6　光源参数的研究 ┈┈┈┈┈┈┈┈┈┈┈┈┈┈┈┈┈┈┈┈┈┈┈ 118

　　4.6.1　光源线宽 ┈┈┈┈┈┈┈┈┈┈┈┈┈┈┈┈┈┈┈┈┈┈┈ 119

　　4.6.2　光源强度噪声 ┈┈┈┈┈┈┈┈┈┈┈┈┈┈┈┈┈┈┈┈ 122

　　4.6.3　相位噪声 ┈┈┈┈┈┈┈┈┈┈┈┈┈┈┈┈┈┈┈┈┈┈┈ 123

4.7　光纤环声发射传感器信号的解调实验研究 ┈┈┈┈┈┈┈┈┈┈┈ 124

　　4.7.1　滤波解调法 ┈┈┈┈┈┈┈┈┈┈┈┈┈┈┈┈┈┈┈┈┈┈ 124

　　4.7.2　微分交叉解调法 ┈┈┈┈┈┈┈┈┈┈┈┈┈┈┈┈┈┈┈ 128

4.8　多通道零差法光纤环声发射系统搭建 ┈┈┈┈┈┈┈┈┈┈┈┈┈ 132

4.9　系统性能指标 ┈┈┈┈┈┈┈┈┈┈┈┈┈┈┈┈┈┈┈┈┈┈┈┈┈ 135

4.10　系统的改进措施 ┈┈┈┈┈┈┈┈┈┈┈┈┈┈┈┈┈┈┈┈┈┈┈ 139

4.11　声发射波在液氮中的传播速度的测量方法 ┈┈┈┈┈┈┈┈┈┈ 139

4.12　实验装置 ┈┈┈┈┈┈┈┈┈┈┈┈┈┈┈┈┈┈┈┈┈┈┈┈┈┈┈ 141

4.13　液氮中声发射实验 ┈┈┈┈┈┈┈┈┈┈┈┈┈┈┈┈┈┈┈┈┈┈ 143

4.14　列车底座加载过程声发射检测传感器布置与系统组成 ┈┈┈┈ 145

4.15　列车底座加载实验过程及分析 ┈┈┈┈┈┈┈┈┈┈┈┈┈┈┈┈ 147

　　4.15.1　预加载过程 ┈┈┈┈┈┈┈┈┈┈┈┈┈┈┈┈┈┈┈┈┈ 147

　　4.15.2　正式加载过程 ┈┈┈┈┈┈┈┈┈┈┈┈┈┈┈┈┈┈┈┈ 148

4.16　本章小结 ┈┈┈┈┈┈┈┈┈┈┈┈┈┈┈┈┈┈┈┈┈┈┈┈┈┈┈ 149

第5章　光纤环声发射系统固有特性研究 ┈┈┈┈┈┈┈┈┈┈┈┈┈┈ 151

5.1　光纤环感受声发射波的物理模型建立 ┈┈┈┈┈┈┈┈┈┈┈┈┈ 151

5.2　外差解调方式解调光纤环声发射信号原理 ┈┈┈┈┈┈┈┈┈┈┈ 155

5.3　光纤环声发射检测系统仿真与搭建 ┈┈┈┈┈┈┈┈┈┈┈┈┈┈ 158

5.4　低频相位扰动引入的随机噪声 ┈┈┈┈┈┈┈┈┈┈┈┈┈┈┈┈ 161

5.5　移点法获取正交信号引入的噪声 ┈┈┈┈┈┈┈┈┈┈┈┈┈┈┈ 166

5.6　干涉光路中引入的噪声 ┈┈┈┈┈┈┈┈┈┈┈┈┈┈┈┈┈┈┈┈ 170

　　5.6.1　窄带激光器线宽对系统噪声的影响 ┈┈┈┈┈┈┈┈┈┈ 170

　　5.6.2　两臂光纤长度差值对系统噪声的影响 ┈┈┈┈┈┈┈┈┈ 173

　　5.6.3　声光调制器频率起伏对系统噪声的影响 ┈┈┈┈┈┈┈┈ 174

5.7　光纤环传感器中的光纤长度对系统灵敏特性的影响 ┈┈┈┈┈┈ 176

5.8　光纤环传感器中的骨架弹性模量对系统灵敏特性的影响 ┈┈┈┈ 182

5.9　光纤环传感器中的骨架直径对系统灵敏特性的影响 ┈┈┈┈┈┈ 184

5.10　光纤环声发射检测系统在铝板上的方向敏感特性研究 ┈┈┈┈ 190

　　5.10.1　实验布置与系统组成 ┈┈┈┈┈┈┈┈┈┈┈┈┈┈┈┈┈ 191

5.10.2　数据处理与分析 ·· 193

5.10.3　方向敏感特性研究结论 ······································ 196

5.11　光纤环声发射检测系统在铝板上的幅频响应特性研究 ··· 197

5.11.1　实验布置与系统组成 ·· 197

5.11.2　数据处理与分析 ·· 197

5.11.3　幅频响应特性研究结论 ····································· 199

5.12　光纤环检测系统在超低温液氮环境中实验研究 ············ 200

5.13　应用在不同环境中的光纤环实验探究 ······················ 203

5.14　本章小结 ··· 205

参考文献 ··· 207

致　谢 ··· 222

第1章 绪 论

1.1 声发射无损检测的意义

飞机的结构健康检测,就是借助于粘贴或嵌入于飞机结构中的传感器网络,实时在线地获取与结构健康状况有关的信息(如应力、应变、温度、损伤、冲击等),诊断飞机结构的健康状况,确定后续的维修计划,以保证飞机结构的完整性。

无损检测技术是飞机结构健康检测的重要检测手段,是特指在不破坏、不影响被检测器件状态和性能的前提下,利用材料内部结构异常或缺陷存在所引起的对热、声、光、电、磁等反应的变化,对材料、工件和设备进行检验测试,对其内部和表面缺陷的类型、性质、数量、形状、位置、尺寸及其变化等做出判断和评价,以评估被检对象的质量、性能和运行状态等。无损检测是现代工业许多领域中保证产品质量与性能、稳定生产工艺的重要手段。世界各国都相当重视无损检测在国民经济各部门的应用。表1-1为五种常规无损检测方法。

表1-1 五种常规无损检测方法

方法	检测项目	优点	限制
超声波	表面、内部缺陷	对缺陷敏感、检测速度快、设备便携、对缺陷定位方便准确	对小、薄及复杂的零件难以检测,需熟练专业技术人员操作、需特制的探头、试块及检测标准
x 光	内部缺陷	不受材料几何形状限制,能保持永久性记录	投资大,不能发现与射线方向垂直的裂纹,不能给出缺陷的深度
涡流	表面及近表面缺陷	设备的自动化程度比较高,不必清理试件表面,具有永久记录能力	对零件几何形状突变引起的边缘效应敏感,容易给出虚假显示,需要专业技术人员做测试试块及制定使用规程
磁粉	表面及近表面缺陷	灵敏度高,检测速度快,显示直观	磁场参数要求高,检验前须清理试件表面,只限于铁磁性材料
渗透	表面开口性缺陷	操作简单,灵敏度高,可进一步目视检查	只能检测表面开口缺陷,重复性差,构件表面要求较高

所有这五种常用的无损检测手段均是主动型无损检测方法,而声发射无损检测方法与这些方法均不同,是一种被动型的无损检测技术。

声发射(Acoustic Emission,AE)检测是一种新型的无损检测方法,又称应力波发射,是材料或零部件受外力作用下产生变形、断裂或内部应力超过屈服极限而进入不可逆的塑性变形阶段,以瞬态弹性波形式释放应变能的现象。声发射技术从研究的范围来看,已从最初的压力容器、金属疲劳和断裂力学的应用,发展到目前的航空、航天、铁路运输、工业制造、建筑、石油化工、电力等各种工业领域。

与常规的超声等无损检测方法相比,声发射检测技术具有很多优点,具体表现如表1-2所列。

表1-2 声发射检测与常规无损检测的对比

声发射检测	常规无损检测
(1) 检测信号来自检测对象本身,因此能够对检测对象进行动态评估和实时诊断; (2) 声发射检测方法对检测对象的适用性较好。它对被检对象的接近度要求不高,对几何形状不敏感; (3) 检测的覆盖面广,在一次试验过程中,只需要布置足够数量的传感器,声发射检验就能够整体探测和评价整个结构中活性缺陷的状态	(1) 已经形成的缺陷检测; (2) 对几何形状十分敏感,有些方法如磁粉探伤还要求进入对象; (3) 对于大型构件,过程复杂烦琐

综上所述,声发射检测技术是一项很有发展前景的无损检测技术,对于基础设施建设以及特种设备的安全健康监控非常重要。除极少数材料外,金属和非金属材料在一定条件下都有声发射现象的产生,因此,声发射检测技术受到材料的制约比较小,应用范围相当广泛。随着近些年光纤技术的深入,声发射检测技术也将得到长足的发展。目前,在无损检测领域,利用光纤传感器实现材料完整性评价、结构健康监控的应用已越来越受到世界各国研究者的关注。本书尝试采用光纤作为声发射传感器,充分利用光纤传感器所具有的结构简单、灵敏度高、抗电磁干扰能力强等优点,来实现对材料结构中声发射信号的检测,为无损检测的研究、飞机的结构安全检测提供一种新技术。

1.2 压电陶瓷声发射传感技术

利用仪器分析声发射信号和通过声发射信号来推断声发射源的位置以及断裂的产生、发生、扩展直至断裂的过程的技术称之为声发射技术。声发射技术从诞生到现在已经有了近半个世纪的发展。其实早在几千年前,人们就发现了锡鸣、铁鸣等声发射现象,只是当时没有得到重视和研究应用。直到1953年,德国科学家Kaiser对多种金属的声发射现象进行了详细的研究,并且发现凯塞尔效应,声发射技术才成为一门科学技术;后来费利西蒂又发现了费利西蒂效应;20 世纪 60 年代中期,美国人 Dunegan 等把声发射的测试频率范围转移到超声频段,为其应用打下了基础;1964 年美国对北极星导弹舱成功地进行了声发射检测,这是 AE 在工程结构上成功应用的第一个实例。20 世纪 70 年代是声发射技术的蓬勃发展阶段。在理论研究方面,声发射传播理论、波形分析、声发射传感器的校正理论都取得了较大进展,研究范围也不断扩大;在工程应用方面,做了许多工程实验检测,促进了声发射技术的应用。20 世纪 80 年代初,声发射技术发展缓慢。因当时声发射在信号处理方面的能力受限制,对声发射源性质、信号的传播特性等的认识深度不够,检测结果的可靠性存在一定的问题。20 世纪 80 年代末和 20 世纪 90 年代初,随着声发射基础理论研究的深入开展以及实验数据和经验的大量积累,计算机技术、集成电路、人工神经网络等信号处理(尤其是数字信号处理技术)及模式识别技术在声发射中得到了广泛的应用,加之日益扩大的应用领域对声发射技术的发展提出了新的要求等,促进了声发射技术稳步发展。从 20 世纪 90 年代至今,声发射技术在我国的研究和应用也得到了快速的发展。在声发射信号处理和分析方面,除普遍采用的声发射信号参数和定位分析外,我国目前还开展了处于世界前沿的基于波形分析基础之上的模态分析、经典谱分析、现代谱分析、小波分析和人工神经网络模式识别等研究,另外也对声发射信号参数采用了模式识别、灰色关联分析和模糊分析等先进技术。

声发射检测的最主要目的之一是识别产生声发射源的部位和性质,而声发射信号的处理是解决这一问题的唯一途径。从声发射信号处理系统性能和功能角度出发,声发射信号的分析和处理主要包括信号识别(定性)、信号评估(定量)和源定位(定位)等三部分内容。信号识别是通过提取或识别出有用的信号成分,据此推断声发射源的性质、判断声发射源的类型;信号评估通过对声发射信号进行大小、强度和频度等定量的分析,以此对材料或构件的损伤程度进行判断评估;源定位是指对声发射源位置的确定,声发射源的识别和定位既是研究的目的,又是对设备进行缺陷评估的重要依据之一。

通过对传感器接收到的声发射信号的分析和处理,是目前获取声发射源信息的唯一有效途径。声发射检测技术最常用的信号处理方法就是声发射参数分析法,通过分析声发射信号的统计特征参数,如振铃计数、幅度、上升时间、持续时间等获取声发射源的相关信息。随着现代工业的发展,声发射检测技术应用领域的拓宽,检测对象的多样化,对声发射检测技术的要求和精度也越来越高,仅仅依靠几个统计参数进行缺陷判断和结构完整性评估已然无法满足现代工业无损检测的需要,因此通过对声发射信号的波形分析来获取声发射源的各种信息成为必然。

根据信号数据类型的不同,可以把声发射信号处理技术分为两类:一类是直接以声发射信号波形作为分析对象,根据信号的时频域波形及相关函数等获得信号所含信息的方法;另一类是声发射信号的特征参数分析法,这里的特征参数包括声发射信号的能量、幅度、计数、事件、上升时间、持续时间和门槛等,利用信号分析处理技术,分析这些特征参数,从而可以得到原声发射信号的信息。

1989 年,Sachse 开始研究人工神经网络进行声发射信号处理,他是最早将神经网络应用在声发射技术上的学者。目前,利用人工神经网络对声发射信号进行处理,已经成为一个研究的热点。人工神经网络方法能够对声发射信号进行有效的识别,得到声发射源特征的详细描述,这就克服了目前声发射信号处理过程中,所存在的声发射源的模式不可识别、信号处理过程中的人为干预大、效率低等问题。我国声发射工作者利用神经网络在刀具磨损检测、声发射谱信号模式识别等方面也取得了不少成绩。

1965 年美国 Dunegan 公司推出第一台声发射商用检测仪器,为声发射技术从实验室走向现场应用创造了条件。此后,声发射的仪器技术经历了模拟式声发射系统、模拟数字式声发射系统和全数字式声发射系统三个阶段。

第一阶段(1965 年~1983 年),基于参数分析的模拟式声发射仪器占主导地位。这个时期的声发射仪器采用模拟电路获取声发射信号的特征参数,它的特点是采集数据易于后续处理,但抗干扰能力不强,可靠性差,集成度低,因此现已逐步淘汰。

第二阶段(1983 年~1995 年),发展出了模拟与数字技术并存的声发射系统。具有代表性的产品有美国物理声学公司(PAC)开发的 SPARTAN - AT。其特点是采用专用模块组合方式,将采集功能、存储与计算功能相分离,并行处理技术使仪器的实时性得到增强。模拟电路与数字电路的结合,使仪器的可靠性得到了提高,推动了声发射技术现场检测的应用。

第三个阶段(1995 年至今),声发射信号处理系统进入了全数字新时代。典型的仪器有德国 VALLEN 公司的 AMSY5,以及美国 PAC 公司的 MIASTRAS2001 等。其中德国的 AMSY5 是专用模块组合式结构,其通信采用特殊总线,通讯效率、故障诊断排除、兼容性以及使用灵活性等方面受到影响。美国 PAC 公司的 MIAS-TRAS2001 则采用集成 DSP 芯片的 AEDSP 卡,具有参数测量、波形存储和定位等多种功能。

近年来,又陆续出现了更多具有更高处理速度和更强存储能力的全数字化多通道声发射系统,如:美国 PAC 公司 1999 年推出的具有 16 位 A/D 并行多 FPGA-DSP 硬件的 DiSP 系统;2002 年推出的便携式的全数字化 SAMOS 系统。它们最大限度地采用了现代数字化硬件及计算机技术,以求最大限度地解决现代声发射的应用问题。

据不完全统计,在目前的飞机种类中,从美国空军的 P - 3、A4、F111、F14、F15、F16、RAH66,美国海军 CH47、SH60,英国皇家空军 VC - 10,到波音的民机系列如707、720B、737、747、777 等,空中客车 AIR BUS 340 以及 MD 公司系列都已将声发射检测技术作为常规的检测及研究手段。此外,在美国像 NASA、NAVY、US AIR FORCE,以及从事直升机研制生产的 BOEING、VERTOL 公司、BELL、HELICOP-

TER 公司、SIKORSKY 飞机公司等都将声发射传感系统大量用于直升机的研制和生产中。

我国从 1973 年起也开始了声发射的相关研究工作,在引进国外先进声发射仪器设备的同时,也开展声发射的自主研究工作。70 年代初沈阳电子研究所研制出了我国第一台单通道声发射仪,用于金属材料拉伸声发射参数研究,之后又陆续研制了四通道声发射仪和多种专用声发射仪。80 年代初长春试验机研究所开发了采用微处理计算机控制的三十六通道声发射源定位系统和旋转机械声发射故障诊断系统。90 年代以来,基于计算机技术的声发射系统陆续问世,1995 年劳动部锅炉压力容器检测中心研制出采用 PC - AT 总线,基于 Windows 界面的多通道(2 - 64 通道)声发射检测分析系统。2000 年广州声华科技有限公司推出了全波形数字化多通道声发射检测系统,通过主机信号分析软件,完成声发射信号分析和定位等功能。

目前国内外市场上比较成熟的声发射传感器,是基于压电效应的压电陶瓷传感器(PZT)。压电陶瓷晶片受力产生变形时,其表面会出现电荷,在电场作用下,晶片会发生弹性变形,这种现象就被称为压电效应。1880 年,法国物理学家居里兄弟在石英晶体上首先发现了压电效应。由于压电效应是可逆的,压电材料首先在超声领域得到了广泛应用。用压电材料制成的超声换能器,既可用作发射器,也可用作接收器。声发射领域中著名的美国 PAC 公司、Dunegan 公司和德国的 Vallen 公司的声发射传感器的换能元件也都采用压电陶瓷材料。我国的声华、科海等公司也采用压电陶瓷材料。

压电陶瓷声发射传感器,按照工作频段可分为两类:一类是窄带谐振式,另一类是宽带式。谐振式多由工作在单一振动模式的压电晶片构成,为了提高灵敏度,往往压电晶片的一端为空负载。谐振式具有较高的灵敏度,但因为工作频段窄,只能用于检测已知频率的声发射信号。宽带传感器有多种形式,一种可以由谐振式改制而成,给其空负载端增加重阻尼背衬来实现;一种是通过并联不同谐振频率的压电晶片来实现宽带;还有一种带背衬的锥形传感器,该宽带传感器在 50 kHz ～ 1 000 kHz 的频段有 3 dB 带宽。宽带传感器虽然工作频段宽,但是灵敏度较低,适用于需要对声发射信号进行谱分析的应用。静电电容传感器也是一种频带理想的宽带传感器,但灵敏度不高,使用不方便。

压电陶瓷传感器按照传感器工作温度也可分为两类:一类是工作在普通温度下(−50℃～180℃),另一类可以工作在特殊温度下(低至 −200℃ 的低温,或高至 500℃ 的高温)。但是压电陶瓷都有居里点,只有在居里点温度以下,才会有压电效应,所以压电传感器工作温度会受居里点的制约,影响传感器的工作温度范围。

因此,传统的压电陶瓷声发射传感器存在一定的局限。

1.3 光纤声发射传感信号解调技术

近年来,光纤声发射检测技术在结构健康监控与无损检测评价的应用中,取得了许多研究成果。目前光纤声发射传感器信号解调方式主要包括光纤 Fizeau 干涉式声发射信号解调仪、光纤 Fabry – Perot 干涉式声发射信号解调仪、光纤 Sagnac 干涉式声发射信号解调仪、光纤 Michelson 干涉式声发射信号解调仪以及基于光纤耦合器的声发射传感器等。

1. 光纤 Fizeau 干涉式声发射信号解调仪

基于 Fizeau 干涉仪结构的声发射光纤传感系统的工作原理如图 1 – 1 所示。两个反射光信号分别来自敏感光纤段的两个反射端 1 和 2。用 He – Ne 激光器作为光源(波长为 633 nm)。它发出的激光,注入 3 dB 单模光纤耦合器。光纤传感臂被定义为光纤两个连接点 1 和 2 之间的部分,光经光纤传输经过连接点时部分反射,绝大部分透射。

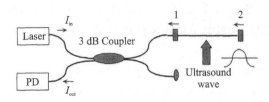

图 1 – 1　基于 Fizeau 干涉仪结构原理图

根据 Fresnel 定律,光纤传感段的两面经抛光后具有大约 4% 的反射,两束反射光信号组合产生干涉,并由同一个 3 dB 单模光纤耦合器导入 PD 探测器。由于两路反射光信号经过同一段引导光纤,因此环境因素的干扰不会影响两束光的相位变化,传感系统中的这段传导光纤对环境是不敏感的。输出信号的改变只是敏感段光纤导致的两束反射光的总的相位变化的函数。

对于图 1 – 1 的光纤传感系统,假定由光源注入光纤的光强为 I_0,经由 3 dB 单模光纤耦合器被分成两束,在 3 dB 单模光纤耦合器的输出端,两臂的光强均可表示为 $\alpha I_0/2$,这里 α 表示 3 dB 耦合器的插入损耗参量。假设光纤传感器的长度为 l_0,在光纤传感器的第一个端面处,一部分光被反射,另一部分光透射。如果连接处光纤端面的反射率为 R_f,则到达探测器的光强为:

$$I_{out} = \frac{1}{16} E_0^2 \alpha^4 R_f^2 * \{1 + (1 - R_f)^2 + 2(1 - R_f)\cos(2k_0 n l_0)\} \quad (1.1)$$

式中,E_0 是光源注入光纤的光振幅;$k_0 (=2\pi/\lambda)$ 是光波波数;λ 是光波波长;n 是光纤芯的折射率。该声波作用于光纤传感段,如果不考虑光纤折射率变化对干涉相位的影响,则声波对光纤的作用将仅引起传感光纤长度的变化。可通过高速数据采集卡、电脑分析并得出频谱特性,实现对声波信号频率特性的检测。

2. 光纤 Sagnac 干涉式声发射信号解调仪

单模光纤 Sagnac 干涉仪的结构原理如图 1-2 所示,LD 是激光二极管,PD 是光电二极管。l_1 和 l_2 是干涉仪的两个臂,起传输光信号的作用。L 是一段被缠绕成圆环状的光纤,接收或感应超声波,光纤 3 dB 耦合器分解和合成干涉光束。

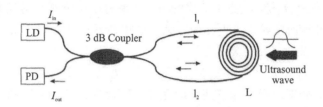

图 1-2　光纤 Sagnac 干涉仪结构原理图

从耦合器的一个端注入的激光经过耦合器后被分成两束,一束光经 l_1→L→l_2 传输到输出端,另一束经 l_1→L→l_2 传输到输出端。当超声波作用于圆环状光纤 L 时,在 L 中传输的两束光的位相被调制。超声波对干涉仪的两个臂 l_1 和 l_2 的作用可以忽略不计。到达光探测器的两束光的光场强 E_L 和 E_R 分别被可表示为:

$$E_L = A \exp i[\omega t - \varphi_s(t - \tau_L) + \varphi_1]　\qquad(1.2)$$

$$E_R = A \exp i[\omega t - \varphi_s(t - \tau_R) + \varphi_2]　\qquad(1.3)$$

式中,A 是与注入光的振幅和耦合器的插入损耗成正比的常量;ω 是光波的频率;φ_s 是超声波导致的传感区域两束光位相的变化;τ_L 和 τ_R 分别是这两束光通过传导光纤 l_1 和 l_2 从光纤敏感区域 L 传播到光探测器所经历的时间;φ_1 和 φ_2 分别是两束光在光纤敏感区域 L 的初位相,它们与传导光纤和的长度有关。由式(1.2)和(1.3),输出到光探测器的光强度为:

$$I_{out} \propto (E_L + E_R) \cdot (E_L + E_R)^* = 2A^2 \cdot [1 + \cos(\Delta\varphi_s + \Delta\varphi)]　\qquad(1.4)$$

式中,$\Delta\varphi_s = \varphi_s(t - \tau_L) - \varphi_s(t - \tau_R)$,$\Delta\varphi = \varphi_2 - \varphi_1$。作用在光纤 L 上的超声波(或振动)对 L 中传输的光波的位相的调制,输出光强发生不断变化。可实现声波信号的检测。

3. 光纤 Michelson 干涉式声发射信号解调仪

Michelson 干涉仪结构原理如图 1-3 所示,由 He-Ne 激光器发出的激光注入光纤中,经由 3 dB 单模光纤耦合器被分成 2 束,构成 Michelson 干涉仪的 2 个臂,即传感臂与参考臂。基于该干涉仪原理的非接触式全光纤超声传感系统可用来检测固体中的声发射波。该系统可以通过固体的表面来探测固体结构中伴随着微裂纹发生及各种原因造成的振动而产生的声发射。

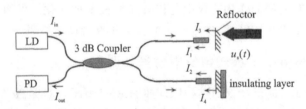

图 1-3 光纤 Michelson 干涉仪结构原理图

如图 1-3 所示,I_1 和 I_2 是干涉仪的两个传输臂中由光纤出射端面反射的光信号;I_3,I_4 为试件界面反射进入光纤的光强。图中所示的 4 束反射光到达光探测器产生干涉,其输出光强 I_{out} 可表示为:

$$I_{out} = (I_1 + I_2 + I_3 + I_4) + (I_{12} + I_{13} + I_{14} + I_{23} + I_{24} + I_{34}) \qquad (1.5)$$

用 φ_1 和 φ_2 分别表示干涉仪两臂的光纤端面反射光 I_1 和 I_2 到达探测器的位相,而分别用 φ_3 和 φ_4 表示试件表面反射体和有声绝缘体的反射体的反射并进入光纤中的光 I_3 和 I_4 到达探测器的位相。在式(1.5)中,相干项可表示为:

$$I_{ij} = 2\sqrt{I_i I_j} \cos(\varphi_i - \varphi_j), i \neq j \qquad (1.6)$$

由于采用了 3 dB 耦合器,故可认为 $I_1 = I_2$,调节光纤耦合器两臂的长度,使得两臂的位相差 $\varphi_1 - \varphi_2$ 等于 π,于是 $I_{12} = 2I_1 \cos\pi = -2I_1$;而且,当 $\varphi_1 - \varphi_2 = \pi$ 时,可以证明 $I_{13} = -I_{23}$、$I_{14} = -I_{24}$,于是探测光强可写为:

$$I_{out} = (I_3 + I_4) + 2\sqrt{I_3 I_4} \cos(\varphi_3 - \varphi_4) \qquad (1.7)$$

对于干涉检测,通常我们只关心交流项,即在这个问题中要检测的是 I_{34}。这里 φ_3 由两部分组成,试件的机械振动和来自材料内部的超声信号,而 φ_4 仅由试件的机械振动所决定,因此 $\varphi_3 - \varphi_4$ 只含有试件传播的超声信号的信息。

假设试件中产生一个频率为 ω 幅值为 u_{s0} 的超声波 $u_s(t)$,并将其表示为:

$$u_s(t) = u_{s0} \cos\omega t \qquad (1.8)$$

于是,当频率已知时,式(1.7)可写为:

$$I_{out} \propto \cos[\gamma \cos\omega t + \Delta\varphi] \qquad (1.9)$$

式中,$\Delta\varphi$ 由两个光纤出射端口与反射面的距离所决定,γ 是与超声信号幅值有关的常数。通过对信号分析处理则可以得到信号的频率特性。

4. 基于光纤耦合器的声发射传感器

典型的光纤耦合器声发射传感器解调方案如图 1-4 所示。

宽带光源发出的光经隔离器进入传感器的一端,经过传感器分为 2 路后进入解调仪器内部分别送探测器进行光电转换并放大得到 V_1 和 V_2,模拟电路计算单元对 V_1 和 V_2 按照(1.10)式进行计算得到信号电压值 V。

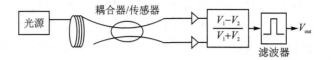

图 1-4 基于光纤耦合器的声发射传感系统

$$V = G \frac{V_1 - V_2}{V_1 + V_2} + V_{offset} \tag{1.10}$$

式中 G 为放大器增益;V_{offset} 为放大器的后级直流漂移调整,它可在光电转换不饱和的情况下灵活地消除不同传感器不同损耗造成系统灵敏度不一致的影响,是一种实用方便的调整方法。

1.4 光纤声发射传感技术

当压电陶瓷声发射传感器由于自身特性在强电磁干扰或者极端温度等恶劣环境下难以正常工作时,光纤声发射检测技术应运而生。光纤声发射传感技术的发展,使得声发射无损检测技术脱离开压电陶瓷传感器而存在,拓展了声发射检测领域。

光纤声发射技术的研究开始于 20 世纪 70 年代的光纤水听器。20 世纪 70 年代末,美国海军实验室首次发现光纤对超声有敏感反应,便开始了利用光纤制作光纤水听器的研究。1977 年,同样是美国海军实验室,Bucaro J. A. 等人搭建了马赫曾德光纤检测系统,将一个长度 4 m 的光纤绕制成环放置于水槽中,成功检测到信号源产生的 250 kHz 信号;1979 年,美国海军实验室的 Sheem S. K. 和 Cole J. H. 提出了利用单模光纤分光器进行声信号的探测,并从理论上分析了灵敏度;1981 年,J. Jarzynski 等人从理论上建立了光纤水听器模型,并制作了直径 5 cm 的光纤水听器,从实验上给出了该光纤水听器在 100 Hz 至 50 kHz 频率范围的灵敏特性;1990 年,Liu K. 和 Ferguson S. M. 等人利用单模光纤搭建了光纤迈克尔逊干涉型声发射检测系统,成功检测出复合材料中声发射信号,为无损检测领域提供了一种新的方法;1991 年,Wang G. Z. 等人利用外腔式法布里珀罗干涉仪对动态应变进行了检测研究;1996 年,Beard P. C. 等人利用光纤法布里珀罗干涉仪对超声信号进行了检测,并与 PZT 压电陶瓷传感器进行了对比,还进行了频率响应测试,得出这种传感器的带宽为 25 MHz。

进入 21 世纪后,各国学者对光纤声发射技术的研究热度大大增加。2001 年美国海军实验室研究了替代压电陶瓷水听器的方案,利用波分复用和时分复用的方法,通过 3 根光缆搭载了 64 个光纤水听器,成功搭建了光纤水听器阵列。2003 年弗吉尼亚理工大学的 Lazarevich A. K. 等人搭建了多通道的光纤法布里珀罗干涉仪声发射系统,利用局部放电产生声发射信号,最终检测出该声发射信号,并进行了声发射源定位研究;同年,Rice T.等人利用光纤声发射传感器在飞行器金属组件和复合材料中进行了裂纹探测实验;Park J. M.等人针对光纤光栅和压电陶瓷声发射传感器进行了对比,研究发现在检测环氧树脂复合材料纤维断裂时,光纤光栅会产生突然的波长漂移,可能会影响检测效果;2004 年 Chen R.等人在耦合器对超声有敏感特性的基础上,用两个熔融拉锥型耦合器实现了声发射信号的线性定位;2008 年,Oliveira R. D.等人研究了 FBG 和 F-P 腔两种声发射传感器,研究表明 FBG 传感器可用于低频动态应变测量,F-P 腔传感器具有高灵敏度;2009 年,西班牙人 Julio E. P.搭建了基于多通道零差解调的声发射监测系统,利用光纤环声发射传感器实时检测出水中声发射信号,并进行了多通道定位,最终实现系统定位分辨力 1 cm;2012 年,西班牙人 Julio P. R.等人在充满油的变压器电力装置中放置光纤环声发射传感器,用局部放电模拟声发射源,采用含有反馈回路的主动零差法作为解调方法,成功检测出声发射信号,并探究了传感器的频响特性和方向性,并将其与传统压电陶瓷声发射传感器进行对比,得出了光纤环传感器的比 R15i 标准压电陶瓷传感器频率响应范围更宽的结论,检测角度范围更宽,达到正负 30°;同年,西班牙人 Julio E. P.利用外差检测的方法搭建了四通道声发射传感系统,成功检测出油体里局部放电产生的声发射信号;2017 年,澳大利亚 Innes M.等人利用光栅组成传感器网络,在薄质铝板上进行了声发射定位研究;同年,美国内布拉斯加林肯大学利用啁啾布拉格光纤光栅制作成光纤 F-P 腔传感器,成功进行了声发射信号的检测。

目前,光纤声发射传感技术逐渐备受国内学者的重视。2005 年哈尔滨工程大学的张森等人从理论上分析了"n"型结构的马赫曾德干涉式光纤声发射传感器与声发射波的相互作用关系,并进行了相关的实验研究;2006 年,西北工业大学水冰从理论上推导出光纤 F-P 腔长度,并提出了双波长稳定方法,针对 F-P 腔端面镀膜问题,理论上推导了确定其参数的方法,建立了数学模型,并进一步提高了传感器性能;哈尔滨工业大学郝俊才和冷劲松采用基于熔融拉锥型光纤耦合器作为声发射传感器,在复合材料单层板里进行了拉伸时产生声发射的检测;2008 年山东大学蒋奇和马宾等人探究了光纤耦合器耦合输出与耦合区长度和振动频率的函数关系,设计熔锥耦合型单模光纤振动传感器,并通过测试冲击信号验证了该传感器能够实现振动的检测;马良柱和常军等人研制了一种熔融拉锥型特殊光纤声发射传感器,在 10 kHz～250 kHz 频率范围内对声发射信号具有良好响应;同年,哈尔滨工业大学付涛利用熔锥法制作了锥形单模光纤耦合器,并将其应用到复合材料层合板三点弯曲试验中,能够有效检测复合材料的损伤;2009 年哈尔滨工程大学的梁艺军等人利用环形腔光纤 F-P 腔干涉仪作为传感器,在大理石板上检测到连续型和突发型声发射信号;同年,哈尔滨理工大学的李敏仿真并利用超声激励法对膜的结构尺寸与传感器灵敏度、一阶固有频率的关系进行了分析和测试,研制了应用石英膜和基于 MEMS 工艺制备的硅膜 F-P 腔传感器;2010 年,山东大学的马良柱等人采用基于光纤强度耦合式原理的声发射传感器,成功研制了四通道光纤声发射传感系统,并在变压器里进行了局部放电声发射信号的检测;2011 年,哈尔滨工程大学王明研究了基于马赫曾德干涉原理的光纤声发射检测系统的稳定性,利用 Jones 矩阵推导了输出光强公式,仿真分析了传感器的波形特征和频谱特性,并讨论了相位漂移原因,得到了零差解调方式马赫曾德干涉仪的最佳工作状态及 PZT 实现相位跟踪调制;2012 年,南京航空航天大学的刘宏月分别利用布拉格光栅和长周期光栅对航空复合材料典型结构的拉伸断裂状态进行了声发射检测;2013 年,哈尔滨理工大学的宋方超计算并仿真了非本征 F－P 腔传感器的结构设计及参数选取,搭建了强度型正交解调系统,利用电压-温度-中心波长的控制方式进行调节使系统达到合适的工作点;2014 年,南京航空航天大学胡志辉将熔融拉锥型光纤耦合器频率响应拓展到更低频段 15 Hz～200 kHz。同年,哈尔滨工业大学付涛在熔锥型耦合器基础上,利用毛细玻璃管封装传感器,研究了耦合区光纤纤芯间距与应力波的敏感特性,并在纤维复合材料中进行了定位研究;山东大学将光纤光栅进行封装,制作了抗机械应变且灵敏度较高的光纤光栅声发射传感器,并进行了定位研究;2015 年,哈尔滨理工大学张伟超等人依据弹性力学和有限元分析确定了 F－P 腔膜片结构设计,采用耦合石英膜和光纤接头构成 F－P 腔传感器,成功检测到局部放电声发射信号;同年,山东大学姜明顺等人使用四个 FBG 传感器形成传感网络,建立四边形阵列,利用多标准粒子群优化算法的信息融合进行了定位研究,定位误差 0.01 m;陆航学院和北京航空航天大学通过在轴承上预设各种故障,利用光纤光栅声发射传感器探究了直升机滚动轴承预设故障检测,取得了一定的研究效果。

　　从上述国内外光纤声发射研究的发展现状来看,我国的光纤声发射研究开始较晚,研究水平较国外相比有一定差距,很多研究都是实验室研究阶段,没有形成实际的检测手段,需要进一步的研究。结合国内外的研究,从光纤声发射传感器的种类来看,光纤光栅、光纤 F－P 腔、光纤耦合器这三种声发射传感器已有大量的研究报道,而干涉型光纤环声发射传感器只有西班牙部分学者在进行研究,且都是应用于液体里的光纤环声发射传感器,国内研究的学者更是寥寥无几。光纤环声发射传感器属于干涉型传感器,理论上具有高灵敏度,且由光纤绕制而成,成本较低、工艺简单,因此光纤环声发射检测技术的研究将会有更广阔的空间和价值。

第 2 章　光纤布拉格光栅声发射传感技术

2.1　声发射的产生机理

声发射(AE)是指材料局部因能量的快速释放而发出瞬态弹性波的现象。声发射也称为应力波发射。声发射是一种常见的物理现象,大多数材料在变形和断裂时都有声发射发生,如果释放的应变能足够大,就产生可以听得见的声音,例如在耳边弯曲的锡片,就可以听见噼啪声,这是由于锡受力产生孪晶变形的发声。大多数金属材料塑性变形和断裂时也会有声发射产生。

声发射波的频率范围很宽,从次声波、声波直到超声波,包括数 Hz 到数 MHz;其幅度从微观的位错运动到大规模的宏观断裂,在很大的范围内变化,按压电陶瓷传感器的输出可包括数 μV 到数百 mV,不过,多数为只能用高灵敏传感器才能探测到的微弱振动。

引发声发射的材料局部变化称为声发射事件。声发射源,是指声发射事件的物理源点或发生声发射波的机制源。在工程材料中,有许多损伤与破坏机制可产生声发射源,概括起来如图 2-1 所示。

1. 塑性变形

一切固体在受到外力的作用时,体积和形状都会发生变化,我们把这两种变化统称为变形。对于绝大多数固体,当外力不超过一定的范围,它在除去外力后能够回复到原有的形状和尺寸,这种性质称为弹性。除去外力后能够消失的变形称为弹性变形。而当外力过大时,除去外力后不能消失而残留下来的变形称为塑性变形。晶体材料的塑性变形就是形成声发射源的一个重要机制之一。塑性变形包括位错运动、滑动和孪晶变形。

2. 裂纹的形成与扩展

裂纹的形成和扩展也是一种主要的声发射源。裂纹的形成和扩展与材料的塑性变形有关,一旦裂纹形成,材料局部区域的应力集中得到卸载,产生声发射。材料

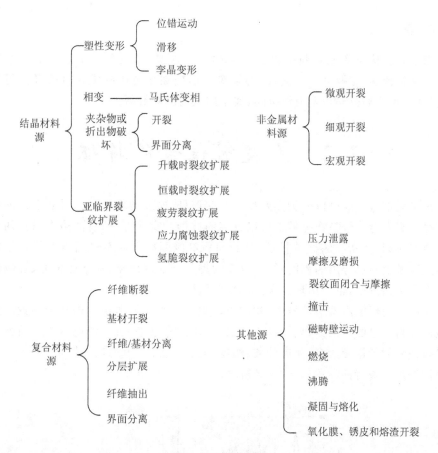

图 2-1　声发射源

的断裂过程可以分为三个阶段:裂纹形成、裂纹扩展、最终断裂。这三个阶段都可以成为声发射源,产生强烈的声发射。关于裂纹的形成已经提出不少模型,如位错塞积理论、位错反应理论、位错销毁理论等。在微观裂纹扩展成宏观裂纹之前,需要经过裂纹的慢扩展阶段。裂纹的扩展是间断进行的,大多数金属都具有一定的塑性,裂纹向前扩展一步,将积蓄的能量释放出来,这就产生了声发射信号。当扩展到接近临界裂纹长度时,就形成快速断裂。此时产生声发射的强度更大,比如在断裂韧性实验中,产生人耳可以听见的声音。

3. 纤维增强复合材料的声发射源

复合材料通常是以交错叠层的形式来构成整体承受载荷的。高的比强度和比模量是用复杂而高价的三维编织技术来达到的,这也就构成了复合材料的各向异性。纤维增强复合材料在受力并被破坏的过程中会出现大量的声发射信号,其强度和数量都比金属材料的声发射大得多。纤维增强复合材料的声发射源包括纤维断裂、基材开裂、纤维/基材分离、分层扩展、纤维抽出及界面分离等。

4. 其 它

以上是直接与变形和断裂机制有关的声发射源，都属于传统意义上的声发射源。而液体泄漏、摩擦、撞击、腐蚀、燃烧等与形变和断裂机制无直接关系的另一类弹性波源，也被划分到声发射源范畴，属于广义的声发射源。

2.2　声发射信号的特征

声发射信号一般可以分为突发型声发射信号、连续型声发射信号和混合型声发射信号。突发型信号是在时域上可以分离的波形。实际上，所有的声发射源的过程均为突发过程，如断续的裂纹扩展，复合材料纤维断裂等。不过当声发射信号的频度高达时域上不可分离的程度时，就以连续型信号显示出来，如泄露信号、燃烧信号等。在实际检测中，也会出现混合型声发射信号。

从超过门槛的声发射信号中，我们可以提取一些声发射信号的特征参数。如连续型声发射信号的特征参数有：振铃计数、平均信号电平、有效值电压等。而突发型声发射信号的特征参数有：撞击计数、幅度、能量计数、上升时间、持续时间等。常用的突发型声发射特征参数如图 2-2 所示。

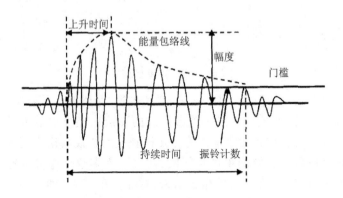

图 2-2　突发型声发射信号的特征参数

常用的声发射信号特性参数的含义和用途如表 2-1 所列。

表 2-1　声发射信号参数

参　数	含　义	特点与用途
撞击(Hit)和撞击计数	撞击时通过门槛并导致系统通道累计数据的任意声发射信号。撞击数则是系统对撞击的累计计数	反映声发射活动的总量和频度，常用于声发射活动性评价

参　数	含　义	特点与用途
事件计数	由一个或几个撞击鉴别所得声发射事件的个数	反映声发射活动的总量和频度,用于源的活动性和定位集中度评价
振铃计数	越过门槛信号的震荡次数	粗略反映信号的强度和频度,广泛用于声发射活动性评价,但受门槛的影响
幅度	时间信号波形的最大振幅值	与事件大小没有直接关系,不受门槛影响,直接决定事件的可测性,常用于波源的类型鉴别,强度及衰减测量
持续时间	事件信号第一次越过门槛至最终降至门槛所历程的时间间隔	与振铃计数十分类似,但常用于特殊波源类型和噪声鉴别
上升时间	时间信号第一次越过门槛至最大振幅所历程的时间间隔	用于部分噪声的鉴别
有 效 值 电 压（RMS）	采样时间内,信号电平的均方根值	与声发射的大小有关。测量简便,不受门槛影响,适用于连续信号,用于活动性评价
平 均 信 号 电 平（ASL）	采样时间内,信号电平的均值	提供信息与应用与 RMS 类似,也用于背景噪声水平的测量

2.3　声发射的传播

　　声发射在介质中传播根据质点振动方向和传播方向不同,可进行划分。声波在各向同性的固体中传播,固体中除体积形变外,还会产生切形变。因此,在固体中一般除了能传播压缩与膨胀的纵波外,同时还能传播切变波。在各向同性固体中,这种切变的质点振动方向与波的传播方向垂直的波称为横波。

　　体波:体波来自对地震波的研究。我们把震源发出的波分为两种:一种代表介质体积的涨缩,称为涨缩波,其质点振动方向与传播方向一致,又称纵波;另一种代表介质的变形,称为畸变波,其质点振动方向与传播方向垂直,又称横波。在固体介质中,纵波的传播速度较快,因而纵波又称 P 波,横波又称 S 波。在没有边界的均匀无限介质中,只能有 P 波和 S 波存在,它们可以在三维空间中向任何方向传播,所以叫做体波。

　　表面波:在对地震波研究时,由于地球是有限的、有边界的,在界面附近,体波衍生出另一种只能沿着界面传播的波,只要离开界面就很快衰减,这种波称为表面波。表面波的传播速度比体波慢,振幅往往很大,振动周期较长。在半无限大的理想固体介质的自由表面,可以形成瑞利波的传播。

2.4 光纤布拉格光栅与声发射应力波的相互作用

常见的光纤光栅是利用光纤材料（主要是掺锗光纤）的光敏性，在纤芯形成折射率周期性的变化，从而改变光原有的传输路径，使光的方向或传输区域发生改变，相当于在光纤中形成一定带宽的滤波器或反射器。通常的光纤，为了使纤芯的折射率高于包层的折射率，而在纤芯中掺入锗，包层仍是纯石英，掺入锗后的纤芯具有光敏性，纯石英则没有。因此，只有纤芯的折射率发生改变，而包层不变。

根据光纤光栅的周期长短，通常把周期小于 1 微米的光纤光栅称为短周期光纤光栅，又称为光纤布拉格光栅或反射光栅；而把周期为几十至几百微米的光纤光栅称为长周期光栅或透射光栅。短周期光栅的特点是传输方向相反的模式之间发生耦合，属于反射型带通滤波器。长周期光栅的特点是同向传输的纤芯基膜和包层模之间耦合，无后向反射，属于透射型带阻滤波器。

长周期光纤光栅（LPFC）可以制作出各种不同转换效率光纤模式变换器、偏振模变换器、单模光纤带阻和带通滤波器、掺铒光纤放大器增益平坦化光纤器件和光纤传感元件等高性能功能器件。

光纤布拉格光栅（FBG）可以作为激光器外腔反射镜，制成光纤光栅外腔半导体激光器。也可以做外 Fabry-Perot 谐振腔制成性能优良的光纤（DFB 或 MOPA）激光器、主动锁模或可调谐光纤激光器、DWDM 中的复用/解复用器、差分复用器及波长转换器、光栅路由器等；利用光纤光栅温度、应力特性还可以制成不同的光纤光栅传感器。

本课题就是利用光纤布拉格光栅作为传感器，来检测声发射信号的。

根据耦合模理论，在周期性的光纤布拉格光栅中，被反射的布拉格波长可由折射率和周期表示出来：

$$\lambda_{B0} = 2n_{eff}0\Lambda_0 \tag{2.1}$$

当一束宽带光入射进布拉格光栅时，符合上述光栅谐振条件的窄带频谱将被反射回来，当外界的物理量如压力、温度、声场作用在光纤光栅上时，有效折射率 n_{eff0} 和光栅周期 Λ_0 都会受到影响而发生改变，从而使布拉格波长发生偏移。若检测出这一参量的变化，便可知影响其变化的外界参量信息，这就是光纤布拉格光栅传感器的基本原理。

在未受外界物理量作用的情况下，光纤光栅布拉格光栅的纤芯轴向有效折射率为：

$$n_{eff}(z) = n_{eff0} - \Delta n \sin^2\left(\frac{\pi}{\Lambda_0}z\right), z \in [0, L] \tag{2.2}$$

其中 L 为光纤光栅长度，n_{eff0} 是原始折射率，Δn 是最大折射率改变量，Λ_0 是光栅栅区周期。

沿光栅轴向声发射应力波的应变场理论模型可表示为：

$$\varepsilon(t) = \varepsilon_{\text{m}} \cos\left(\frac{2\pi}{\lambda_{\text{s}}} z - w_{\text{s}} t\right) \tag{2.3}$$

其中，ε_{m} 为振幅，$\dfrac{2\pi}{\lambda_{\text{s}}}$ 为波数，w_{s} 为角频率，λ_{s} 为声发射应力波在介质中的波长。

光纤布拉格光栅与声发射应力波的相互作用示意图如图 2-3 所示。

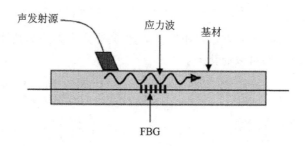

图 2-3　光纤布拉格光栅与声发射应力波的相互作用示意图

严格地说，在空间中，光栅受声发射应力波调制后的折射率 n_{eff} 不能够简单地用 $n_{\text{eff}}(z)$ 来描述。当光栅周期远小于作用在布拉格光栅上声发射应力波波长时，光栅整个长度所受的应变是均匀的。力波对光纤布拉格光栅的影响主要在两个方面：一是对光栅几何尺寸（光栅周期）的调制，即几何效应；二是由弹光效应引起的光栅纤芯有效折射率的变化。这两方面的影响都会直接引起布拉格波长的改变。

首先考虑几何效应的影响。以轴向 z 点为例，超声调制导致 z 点变化为 z'：

$$z' = f(z,t) = z + \int_0^z \varepsilon(\xi)\,\mathrm{d}\xi = z + \varepsilon_{\text{m}} \frac{\lambda_{\text{B}}}{2\pi} \sin\left(\frac{2\pi}{\lambda_{\text{s}}} z - w_{\text{s}} t\right) + \varepsilon_{\text{m}} \frac{\lambda_{\text{B}}}{2\pi} \sin(w_{\text{s}} t) z \in [0, L] \tag{2.4}$$

其中，$\int_0^z \varepsilon(\xi)\,\mathrm{d}\xi$ 为声发射应力波带来的感应位移。

把 $z = f^{-1}(z^1, t)$ 代入式（2.2），得新折射率 n'_{eff} 为

$$n'_{\text{eff}}(z', t) = n_{\text{nff0}} - \Delta n \sin^2\left(\frac{\pi}{\Lambda_0} f^{-1}(z', t)\right) \tag{2.5}$$

不过式（2.4）是超越方程，它的逆函数只能在形式上表示出来。

弹光效应的影响。要获得完整的有效折射率模型，弹光效应的影响也要加到式（2.4）的右边。在声发射应力波的作用下，由弹光效应引起的有效折射率变化可表示为：

$$\Delta n'(z',t) = -\left(\frac{n_{\text{eff0}}^3}{2}\right) \cdot [P_{12} - \nu(P_{11} + P_{12})] \cdot \varepsilon_{\text{m}} \cos\left(\frac{2\pi}{\lambda_{\text{s}}} z' - w_{\text{s}}t\right) \quad (2.6)$$

其中 P_{ij} 为弹光系数，ν 为泊松比。在二氧化硅中，以波长 1 550 nm 为例，$P_{11}=0.12$，$P_{12}=0.275$，$\nu=0.17$。

将式(2.6)加到式(2.5)，得到在声发射应力波调制下，光纤光栅有效折射率变化的表达式为：

$$n'_{\text{eff}}(z',t) = n_{\text{eff0}} - \Delta n \sin^2\left(\frac{\pi}{\Lambda_0} f^{-1}(z',t)\right)$$

$$- \left(\frac{n_{\text{eff0}}^3}{2}\right) \cdot [P_{12} - \nu(P_{11} + P_{12})] \cdot \varepsilon_{\text{m}} \cos\left(\frac{2\pi}{\lambda_{\text{s}}} z' - w_{\text{s}}t\right) \quad (2.7)$$

如式(2.7)所示，n'_{eff} 的表达式相当复杂，但是当声发射应力波波长 λ_s 远远大于光栅长度 L 时，式(2.7)可以简化为：

$$n'_{eff}(z',t) = n_{\text{eff0}} - \Delta n \sin^2\left(\frac{\pi}{\Lambda_0 \cdot [1 + \varepsilon_{\text{m}} \cos(w_{\text{s}}t)]} z'\right)$$

$$- \left(\frac{n_{\text{eff0}}^3}{2}\right) \cdot [P_{12} - \nu(P_{11} + P_{12})] \cdot \varepsilon_{\text{m}} \cos\left(\frac{2\pi}{\lambda_{\text{s}}} z' - w_{\text{s}}t\right) \quad (2.8)$$

由此，可以得到更加简化的表达式：

$$n'_{\text{eff}}(z',t) = n'_{\text{eff0}}(t) - \Delta n \sin^2\left(\frac{\pi}{\Lambda'_0(t)} z'\right) \quad (2.9)$$

其中，

$$n'_{\text{eff0}}(t) = n_{\text{eff0}} - \left(\frac{n_{\text{eff0}}^3}{2}\right) \cdot [P_{12} - \nu(P_{11} + P_{12})] \cdot \varepsilon_{\text{m}} \cos\left(\frac{2\pi}{\lambda_{\text{s}}} z' - w_{\text{s}}t\right)$$

$$(2.10)$$

$$\Lambda'_0(t) = \Lambda_0 \cdot [1 + \varepsilon_{\text{m}} \cos(w_{\text{s}}t)] \quad (2.11)$$

此时的布拉格波长可以改写为：

$$\lambda_{\text{B}}(t) = \lambda_{\text{B0}} + \Delta\lambda_0 \cos(w_{\text{s}}t) \quad (2.12)$$

其中，

$$\Delta\lambda_0 = \lambda_{\text{B0}} \varepsilon_{\text{m}} \left\{1 - \left(\frac{n_{\text{eff0}}^2}{2}\right) \cdot [P_{12} - V(P_{11} + P_{12})]\right\} \quad (2.13)$$

从式(2.12)可以看出，FBG 传感器的反射光谱被声发射应力波调制的过程，是一个布拉格波长发生移动的过程。

2.5　光纤布拉格光栅声发射传感系统的结构方案与理论论证

根据光纤布拉格光栅与声发射应力波相互作用的理论分析，本课题设计光纤布拉格光栅声发射传感系统结构方案如图 2-4 所示。

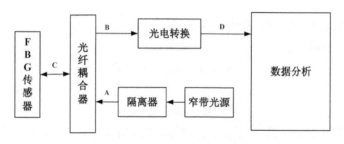

图 2-4　光纤布拉格光栅声发射传感系统结构图

　　窄带光源通过隔离器与 Y 型光纤耦合器(50:50)的 A 端口相连接;光纤耦合器的 B 端口与光电转换电路相连接,光纤耦合器的 C 端口与 FBG 传感器相连接;窄带光源输出的光通过隔离器,从光纤耦合器的 A 端口进 C 端口出,到达 FBG 传感器,符合光栅中心波长的光被 FBG 反射后,又从 C 端口返回 Y 型光纤耦合器,一半的光从端口 A 出射后被隔离器阻隔,另一半的光从 B 端口输出,进入光电转换电路转换为电信号,最后经过一系列数据分析得到最后结果。

　　此方案的传感原理为:声发射源产生的声发射应力波信号,在介质中传播,FBG传感器受应力波振动影响,光栅的有效折射率和栅距发生周期性改变,使光栅的中心波长发生漂移。由于声发射应力波的能量较小,传感光栅的中心波长位移较小,因此将窄带光源波长调至光纤布拉格光栅的半值全宽点,即波长变化最灵敏的线性区域,使反射光强随着应力波的变化频率发生周期性改变。再通过光电转换,将光强信号转变为电信号,最后进入处理电路进行分析处理。

　　此方案的理论论证如下:

　　窄带激光光源输出的光束(A 端口)可看成高斯束,表达式为:

$$R(\lambda) = I_0 \exp\left|(-4\ln2)\left|\frac{\lambda - \lambda_{DFB0}}{\Delta\lambda_{DFB0}}\right|^2\right| \tag{2.14}$$

其中,I_0 为最大光功率,λ_{DFB0} 为中心波长,$\Delta\lambda_{DFB0}$ 为半值全宽。

　　光纤布拉格光栅的反射谱函数可以用高斯曲线来表示:

$$R(\lambda) = R_s \exp\left|(-4\ln2)\left|\frac{\lambda - \lambda_{B0}}{\Delta\lambda_{B0}}\right|\right| \tag{2.15}$$

其中,R_s 为在 Bragg 波长的反射率,$\Delta\lambda_{B0}$ 是反射半值全宽。

　　当光源波长调谐到传感光栅透射谱的半值全宽(3 dB 带宽)点附近时,则光纤布拉格光栅反射谱函数可用一个线性谱函数近似,表示为:

$$R(\lambda) = R_0 + R'(\lambda) \tag{2.16}$$

其中,$R'(\lambda)$ 为谱线斜率,R_0 为常数。经声发射应力波调制后输入光电转换(B 端口)的光功率为:

$$P = k \int S(\lambda) R(\lambda) d\lambda \qquad (2.17)$$

其中，k 为传输损耗，积分范围是 $[\lambda_{DFB0} - \Delta\lambda(t), \lambda_{DFB0} + \Delta\lambda(t)]$。

由式(2.12)可得：

$$\lambda_B(t) = \lambda_{B0} + \Delta\lambda(t) \qquad (2.18)$$

其中，

$$\Delta\lambda(t) = \Delta\lambda_0 \cos(w_s t) \qquad (2.19)$$

当激光源的半值全宽 $\Delta\lambda_{DFB0} = 0.08$ nm 时，$\Delta\lambda_{DFBm} < 0.04$ nm，式(2.17)可改写为：

$$P = B\Delta\lambda(t) \qquad (2.20)$$

将式(2.19)代入式(2.20)，可得：

$$P = B\Delta\lambda_0 \cos(w_s t) \qquad (2.21)$$

其中，B 为常数，可以看出 P(B 端口)就是检测到的声发射应力波的交流信号。

经 FBG 反射输出的光信号经过光电探测器，转变为输出的电信号。由光电探测器原理可知，光电流的大小与输入光功率 P 成正比：

$$I_p = R_P \cdot P \qquad (2.22)$$

其中，R_P 为光电探测器的响应度。

光电探测器的输入光强和输出电压也是线性的：

$$U_P = N + b_0 P \qquad (2.23)$$

其中，N、b_0 为常数。

将式(2.21)代入式(2.23)，得光电探测器的输出(D 端口)为：

$$U_P = N + b_0 B\Delta\lambda_0 \cos(w_s t) \qquad (2.24)$$

即：

$$U_P = N + M\Delta\lambda_0 \cos(w_s t) \qquad (2.25)$$

其中，M 为常数。

由式(2.13)，$\Delta\lambda_0$ 中有 ε_m 的信息。因此根据式(2.25)只要检测 U_P，就可以推算出 ε_m、w_s 这两个特征参数，最后可得原始的声发射应力波表达式如式(2.3)所示，即 $\varepsilon(t) = \varepsilon_m \cos\left(\dfrac{2\pi}{\lambda_s} z - w_s t\right)$。

2.6　光纤布拉格光栅声发射传感系统的样机搭建

根据上述光纤布拉格光栅声发射传感系统的理论分析，我们搭建的传感系统样机组成结构如图 2-5 所示，此系统实现声发射信号从信号采集、转换、分析处理到最终的参数波形显示。

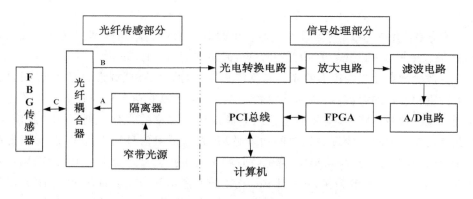

图 2 - 5　光纤布拉格光栅声发射传感系统样机结构图

　　光纤布拉格光栅声发射传感系统样机主要包括:光纤光栅传感部分和信号处理部分。光纤光栅传感部分包括:FBG 传感器、窄带光源、隔离器、Y 型光纤耦合器;信号处理部分包括光电转换电路、放大电路、滤波电路、A/D 电路和 FPGA 等。其中 FBG 传感器由胶紧固在封装材料,封装的 FBG 传感器与被检件之间添加耦合剂;窄带光源为可调谐窄带 DFB 激光器(分布式反馈激光器),谱宽小于 0.05 nm;窄带光源经过隔离器与 Y 型光纤耦合器的 A 端口相连接;光纤耦合器的 B 端口与信号处理部分的光电转换电路相连接,光纤耦合器的 C 端口与 FBG 传感器相连接;光源输出的光通过隔离器,从光纤耦合器的 A 端口进 C 端口出,到达 FBG 传感器,大部分光被 FBG 反射后,又从 C 端口返回 Y 型光纤耦合器,一半的光从端口 B 出射后被隔离器阻隔,另一半的光从 A 端口输出,进入光电转换电路转换为电信号,再依次经过放大电路、滤波电路、模数转换电路,进入 FPGA 进行数据综合处理,最后数据经过 PCI 总线进入计算机。

　　FBG 传感头与被检测物体之间需要添加耦合剂,如凡士林、水、黄油等,以填充接触面之间的微小空隙。通过耦合剂的过渡作用,能使传感器与检测表面之间的声阻抗差减小,从而减少能量在此界面的反射损失。另外,耦合剂还起到润滑的作用,减少接触面间的摩擦,减少传感器与试件表面的摩擦以及声波传导过程中的损耗。

　　光源的作用是将电信号电流变换为光信号功率,即实现电-光的转换,以便在光纤中传输。目前光纤光栅传感系统中常用的光源主要有:半导体激光器 LD、半导体发光二极管 LED、放大自发辐射 ASE 光源和半导体分布式反馈激光器 DFB 等。ASE 光源有着易于和光栅传感系统耦合、温度稳定性好、3 dB 谱宽宽、模式好等一系列优点,被大多数光纤光栅传感器所采用。

　　DFB 激光器的不同之处在于内置了布拉格光栅,属于侧面发射的半导体激光器,它以半导体材料为介质,包括锑化镓(GaSb)、砷化镓(GaAs)、磷化铟(InP)、硫化锌(ZnS)等。DFB 激光器最大特点是具有非常好的单色性,即光谱纯度,它的线宽普遍可以做到 1 MHz 以内,以及具有非常高的边模抑制比,目前可高达 40 dB~50 dB 以上。另外还具有动态单纵模窄线宽输出、波长稳定性好等优点。

本方案选用的是线宽窄功率高的波长可调谐 DFB 激光器,中心波长为 1 563 nm, 3 dB 带宽小于 0.05 nm,功率大于 5 mW,调谐带宽为±1.5 nm。

一般检测温度或者应力的光纤光栅传感器,用的是 ASE 宽带光源,它是通过光纤解调得到波长的漂移量,从而获得检测结果,对光源的功率要求较低。但是光纤光栅声发射检测传感器,需要通过检测光栅反射光功率的变化检测声发射源信号,因此对功率的要求比较高。光源的功率越高,光栅反射信号功率也越高,可以提高传感器的检测精度,提高信噪比,降低背景噪声的干扰。以总功率在 10 mW、频谱宽度 50 nm 的 ASE 光源为例,它在 1 nm 线宽的频谱功率为 0.2 mW,而以 DFB 激光器作为窄带光源,带宽 0.05 nm,功率 5 mW 为例,平均 1 nm 线宽的频谱功率为 100 mW,远远大于 ASE 光源。另外,将 DFB 激光器的窄带光中心波长与 FBG 传感器的反射光谱在 3 dB 带宽处附近相重合,可以使光栅的布拉格波长的微小漂移,都能带来一个相对较大传感器输出功率,使得此套系统的检测灵敏度高。

光电转换电路是光纤传感中的重要的组成部分,它能把光信号转化为电信号,它的性能直接影响传感系统的性能。考虑到光信号从光源经过一系列光纤通路后反射到光电探测器的光功率通常都在 nW 量级,以及光信号的波长范围 C 波段和光电转换速度的要求,本课题选用光伏探测器。光伏探测器具有多种类型,常用的包括硅光电池、普通硅光电二极管、雪崩光电二极管 APD 和 PIN 光电二极管。其中 InGaAs 半导体 PIN 光电二极管由于偏置电压低、频率响应高、光谱响应宽、光电转换效率高、稳定性好、噪声小等优点而被本课题所采用。

光纤光栅检测中,由于振动引起的光强变化十分微弱,经光电二极管转换后的光电流也十分微弱,所以需要放大电路对信号进行放大。此放大电路的作用就是提高整个检测系统的信噪比,具有高增益低噪声的特点。放大电路的输入与光电转换电路的输出相连接。

滤波电路常用于滤去整流输出电压中的纹波,一般由电抗元件组成,如在负载电阻两端并联电容器 C,或与负载串联电感器 L,以及由电容,电感组成的各种复式滤波电路。信号在放大电路和滤波电路中都是模拟电信号。滤波电路的输入与放大电路的输出相连接。

模数转换电路 ADC,是将模拟信号转变为数字信号。模数转换一般要经过采样、保持、量化及编码 4 个过程。在实际电路中,采样和保持、量化和编码在转换过程中是同时实现的。

数字化后的电信号进入信号处理模块,由 FPGA 进行采集运算与处理。FPGA 是作为专用集成电路(ASIC)领域中的一种半定制电路而出现的,既解决了定制电路的不足,又克服了原有可编程器件门电路数有限的缺点。再利用硬件描述语言(Verilog 或 VHDL)完成的电路设计,经过简单的综合与布局,烧录至 FPGA 上,从而实现控制数据采集、A/D 转换以及 PCI 数据传输的功能。FPGA 处理后的信号通过 PCI 总线进入计算机,计算机上的采集及界面显示软件将收到的信号显示出来,包括波形及特征参数等。

2.7　FBG 声发射传感器封装技术研究

由于裸光纤光栅纤细、质脆,尤其是剪切能力差,直接将光纤光栅作为传感器在工程实际中遇到了布设工艺上的难题。因此,对裸 FBG 进行保护性封装,是将 FBG 传感器在实际应用中推广的一个重要环节,对于研制满足航空、航天领域需要的体积小、质量轻 FBG 传感器具有重要的意义。它对栅区、光纤接头焊点及引纤加以保护,以提高光纤光栅传感器的使用寿命。

每一种封装都是为了实现一种功能,光纤光栅封装技术从功能上大致可以分为三类:保护性封装、敏化封装和补偿性封装。本书中的封装技术,是在不影响声发射应力波传输的前提下,找到一种轻巧可行的保护性封装方案。

在封装材料的选择上,现行的光纤光栅传感器主要用的是金属材料和高分子材料作为封装材料。

例如,2006 年武汉理工大学提出了一种光纤布拉格光栅的金属化封装工艺,并通过水浴法试验和等臂梁试验对其应变与温度传感特性进行了研究。如图 2-6 所示。封装后的实验结果表明,用金属化封装技术可以使光纤光栅传感器的温度敏感特性达到裸栅的 2-3 倍,达到 23.357 pm/℃,应变特性有良好的重复性,线性拟合度达到 0.9999。封装方法如下:将载氢光纤的外包层拨去,在裸光纤的位置用准分子激光器写入特定波长的光栅,然后对其表面进行金属化处理。将光纤光栅穿入金属管并分别固定在操作台上;将光纤光栅上加预应力,同时用光谱仪做监测,之后用金属焊料加热焊接光纤和金属管,焊接位置在光栅两侧拨去涂覆层的位置。

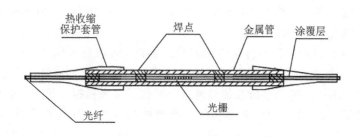

图 2-6　FBG 的金属化封装形式

2010年，昆明理工大学的田高洁等提出了碳纤维复合材料封装光纤布拉格光栅的方法，如图2-7所示。光纤布拉格光栅沿碳纤维方向粘贴于碳纤维复合材料的中心位置，并用裁剪好的顶层碳纤维复合材料将光纤布拉格光栅完全覆盖进行保护封装，粘贴时顶层碳纤维复合材料的纤维方向保持与碳纤维方向一致。其中，光纤布拉格光栅直径为125 nm，在裸纤外表面涂覆一层均匀的保护材料构成直径为250 nm的一次涂覆光纤，在涂覆光纤的外部再紧紧包裹一层橡胶护套即为紧套光纤，三者之间紧密相连不能移动。然后将紧套光纤从橡胶导管制成的护套中穿出，在将整个结构粘贴于碳纤维材料时，利用环氧树脂填充因光纤、紧套光纤和护套等结构外径不一所带来的空隙，并且向护套中灌注胶体，减小与紧套光纤的可移动性，达到更为有效地保护光纤的目的。

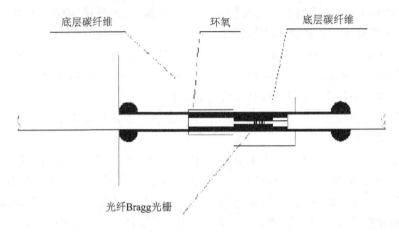

图2-7　FBG的碳纤维复合材料封装形式

比较上述两种材料，金属类封装材料热膨胀系数比较大，温度敏感性高；高分子材料中声波的传播是各向异性的，因此用这两种材料封装光纤光栅声发射传感器，都有所不足。

本课题选用声波的良导体有机玻璃(聚甲基丙烯酸甲酯，PMMA)作为传感器封装的基底材料。设计三种尺寸的封装结构进行对比实验。结构1：40 mm×10 mm×4 mm(长×宽×高)，结构2：40 mm×20 mm×2 mm，结构3：80 mm×20 mm×10 mm。如图2-8所示。

对比实验1：声发射信号传感性能实验。实验系统搭建如图2-9所示。分别用结构1、结构2、结构3这三种封装的FBG传感器检测声发射信号。这里用正弦波、模拟声发射(AE)波、铅笔芯折断信号波这三种信号源来模拟裂纹声发射信号。

实验结果显示，这三种封装结构的传感器检测到的标准的正弦波、模拟声发射(AE)波、铅笔芯折断信号波的波形基本一致。所以可以得出，封装结构与铝板的接触面积、封装结构的厚度对检测结果的影响不大，声发射应力波在有机玻璃中传输良好，损耗很小。

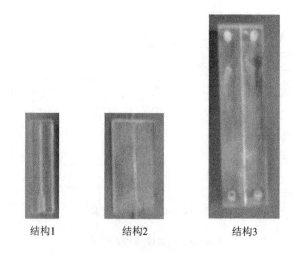

结构1　　　　　结构2　　　　　结构3

图 2 - 8　三种封装结构图

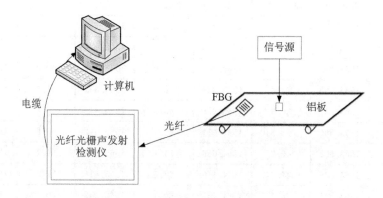

图 2 - 9　声发射信号传感性能实验示意图

　　对比实验 2：温度特性实验。有机玻璃封装的 FBG 传感器温度特性试验的实验装置如图 2 - 10 所示。主要包括：宽带光源、ANDO/AQ6331 光谱仪、FBG 传感器、DKB - 501A 型恒温水槽。宽带光源发出的宽谱光波，经光纤耦合器射到 FBG 上，满足 Bragg 条件的光被强烈反射回来，经光纤耦合器耦合进光谱分析仪显示处理。这样，当水浴改变 FBG 的温度时，FBG 不受任何应力作用，FBG 的 Bragg 波长漂移只与温度有关，这个漂移量可以用光谱分析仪测得。

　　调节水浴的工作温度，以改变 FBG 的环境温度。实验检测温度大约从 30 ℃到 60 ℃，温度每升高 3 ℃记录一次 FBG 中心反射波长值，共记录 10 组。

　　分别对三种结构的传感器和未封装的裸栅（结构 0）进行温度特性测试，其实验数据如下表。

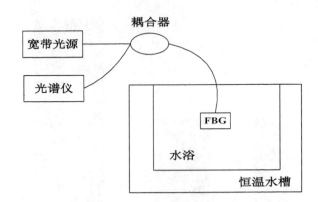

图 2 - 10   温度特性实验装置

表 2 - 2   温度特性测试表

结构 0		结构 1		结构 2		结构 3	
温度/℃	波长/nm	温度/℃	波长/nm	温度/℃	波长/nm	温度/℃	波长/nm
30.0	1563.754	28.8	1563.834	34.2	1564.957	34.2	1565.056
34.2	1563.805	30.7	1563.866	36.5	1565.071	36.5	1565.234
36.5	1563.839	32.6	1563.907	40.0	1565.204	40.0	1565.412
40.6	1563.869	34.4	1563.939	43.0	1565.331	43.0	1565.598
46.4	1563.927	36.3	1563.978	45.8	1565.448	45.8	1565.774
49.4	1563.959	38.3	1564.011	48.8	1565.562	48.8	1565.957
51.0	1563.958	40.2	1564.066	54.1	1565.691	54.1	1566.126
54.2	1564.008	42.2	1564.110	57.5	1565.811	57.5	1566.305
57.2	1564.041	44.1	1564.162	60.4	1565.943	60.4	1566.492
60.3	1564.072	51.3	1564.382	63.3	1566.062	63.3	1566.673

用 Matlab 进行线性拟合后,如图 2-11 所示。

四种结构的敏感度系数分别为 10.16 pm/℃、24.2 pm/℃、26.04 pm/℃、53.03 pm/℃,故封装结构 3 对温度的增敏效果最明显,也就是温度对传感器的影响最大。结构 1 与结构 2 的温度灵敏度系数接近,线性度系数也差不多,但考虑到结构 1 的封装形式更加小巧,因此本课题选用结构 1 的封装形式。封装结构的三视图如图 2-12 所示。设计尺寸为 40 mm×10 mm×4 mm,光纤光栅封装在 1 mm×32 mm×1 mm 的中线小槽中,光纤套管固定在 3 mm×8 mm×1.5 mm 的大槽中。

具体封装步骤如下。

1. 用细砂纸将有机玻璃表面打磨,并用酒精或者丙酮将其擦拭干净。

2. 拉直光纤,使栅区处于紧绷状态,放入有机玻璃块中的 1 mm×32 mm×1 mm 的中线凹槽中,两端用 502 胶固定。

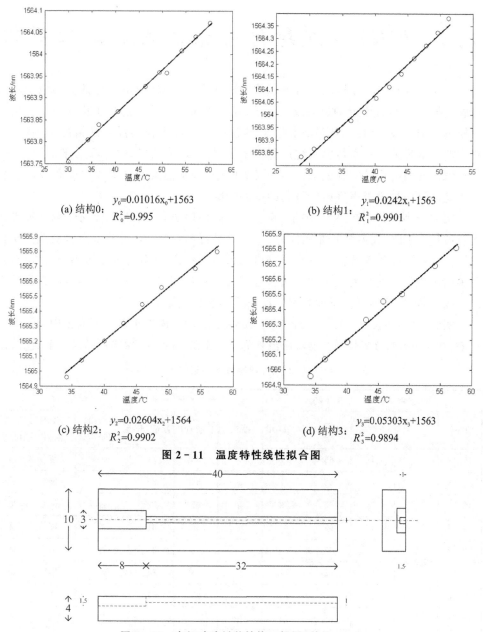

(a) 结构0：$y_0=0.01016x_0+1563$
$R_0^2=0.995$

(b) 结构1：$y_1=0.0242x_1+1563$
$R_1^2=0.9901$

(c) 结构2：$y_2=0.02604x_2+1564$
$R_2^2=0.9902$

(d) 结构3：$y_3=0.05303x_3+1563$
$R_3^2=0.9894$

图 2-11　温度特性线性拟合图

图 2-12　有机玻璃封装结构三视图(单位:mm)

3. 待胶干后,在光栅栅区滴加少量502胶,使栅区紧贴着基材固定。

4. 在凹槽中添加大量502胶,使其完全覆盖密封整条光栅。

5. 将光纤保护套管固定在 3 mm×8 mm×1.5 mm 的左端大槽中。

6. 尾纤的端面处理与固定。

7. 柔性封装的光纤布拉格光栅声发射传感器制作成功。

2.8 FBG 声发射传感系统的稳定性研究

对于光纤布拉格光栅声发射系统的理论研究可知,将窄带光源的输出波长对准传感光栅 3dB 带宽附近的近似线性区域,光纤光栅中心波长的微小扰动对系统信号的检测影响不大。因此,在没有特意对本系统进行温度补偿设计的情况下,在温度略有波动的环境中对本传感系统进行稳定性研究,评价系统的整体稳定性。

稳定性研究设计实验如下。在一段时间中,分别观察记录 150 kHz 正弦波和折断铅笔芯这两种模拟声发射信号源的检测情况。

实验分多天分别在早上、中午、晚上 3 个时间段进行,每次实验前先调试窄带激光器波长与 FBG 反射波长相匹配;一次实验进行 100 分钟,每隔 10 分钟监测一次正弦波信号和折断铅笔芯信号,记录信号幅值;并观察这 10 分钟内是否出现过噪声,10 分钟内出现噪声次数大于 10 时,认为有系统噪声出现,次数小于 10 时,认为是外界干扰噪声,可忽略不计。下面列举 3 次典型的实验数据进行分析。

实验一:时间段:12:18~13:48(100 min,2011.5)。用光谱仪检测光栅中心波长为 1 564.023 nm,调节窄带激光器输出波长为 1 563.87 nm。10 次检测结果如下表所列。

表 2-3 稳定性实验记录 1

	最低温度		25.5℃		最高温度		26.0℃			
时间	激光器 /nm	正弦波	门槛/dB	幅值/dB	断铅	门槛/dB	幅值/dB	是否出现噪声	能否断铅	是否保持
12:18		1	65	77	1	65	74	否	能	是
12:28		2	65	77	2	65	83	否	能	是
12:38		3	65	78	3	65	77	否	能	是
12:48		4	65	74	4	65	81	否	能	是
12:58	1563.87	5	65	75	5	65	85	否	能	是
13:08		6	65	77	6	65	84	否	能	是
13:18		7	65	76	7	65	81	是	能	是
13:28		8	65	78	8			是	不能	否
13:38		9	65	69	9	65	79	否	能	是
13:48		10	65	69	9	65	79	否	能	是

从表中可以看出,60~70 分钟、70~80 分钟时间段,出现噪声,60~70 分钟时间段的噪声为间歇性噪声,能做断铅实验;70~80 分钟时间段的噪声幅值进一步提高,成为连续性噪声,导致无法做断铅实验。

　　图 2-13 为 100 分钟内,10 次断铅与正弦实验测得的幅值统计曲线。可以看出,10 次检测中测得信号的幅值都至少高于所设门槛值 5 dB 以上,因此可以通过适当提高门槛来解决出现噪声无法做断铅实验的问题。

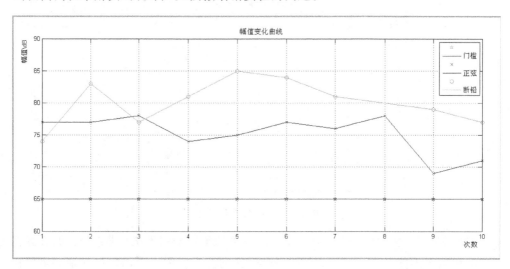

图 2-13　幅值变化曲线 1

　　实验二:时间段:19:07～20:37(100 min,2011.5)。用光谱仪检测光栅中心波长为 1 564.134 nm,调节窄带激光器输出波长为 1 563.994 nm。10 次检测结果如下表所列。

表 2-4　稳定性实验记录 2

	最低温度		20.0℃		最高温度		22.5℃		
时间	激光器 /nm	正弦波	门槛 /dB	幅值 /dB	断铅	门槛 /dB	幅值 /dB	是否出 现噪声	能否 断铅	是否 保持
19:07		1	70	89	1	70	80	否	能	是
19:17		2	70	89	2	70	81	否	能	是
19:27		3	70	86	3	70	78	否	能	是
19:37		4	65	82	4	65	74	否	能	是
19:47	1563.994	5	65	82	5	65	74	否	能	是
19:57		6	65	86	6	65	72	否	能	是
20:07		7	65	81	7	65	74	否	能	是
20:17		8	60	75	8	60	65	否	能	是
20:27		9	60	72	9	60	64	否	能	是
20:37		10	55	68	10	60	62	否	能	是

　　分析上表可得,此次 100 分钟的实验中,无持续性噪声出现,断铅实验可以顺利完成。

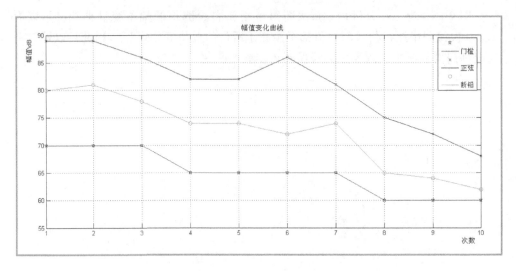

图 2-14 幅值变化曲线 2

如图 2-14 所示,分析 10 次断铅与正弦实验测得的幅值统计曲线,可知,在光谱左侧,随着温度的升高,光栅光谱向右偏移,使它与窄带激光器的输出光谱的重合面积逐渐变小,从而经光栅反射后的出射光强也逐渐变小,检测到的信号幅值逐渐降低。由于初始门槛值设得较高,因而通过两次对门槛值的降低,很好地解决了这个问题,而且没有出现多余的噪声,断铅实验很稳定。

实验三:时间段:9:55～11:25(100 min,2011.5)。用光谱仪检测光栅中心波长为 1 564.198 nm,调节窄带激光器输出波长为 1 564.04 nm。10 次检测结果如下表所列。

表 2-5 稳定性实验记录 3

最低温度		28.0℃			最高温度		30.0℃		
时间	激光器/nm	正弦波	门槛/dB	幅值/dB	断铅	门槛/dB	幅值/dB	是否出现噪声	能否断铅	是否保持
9:55		1	55	89	1	55	68	否	能	是
10:05		2	55	84	2	55	67	否	能	是
10:15		3	55	79	3	55	67	否	能	是
10:25		4	55	82	4	55	70	否	能	是
10:35		5	55	84	5	55	75	否	能	是
10:45	1564.04	6	55	80	6	55	73	否	能	是
10:55		7	55	79	7	55	71	否	能	是
11:05		8	55	79	8	55	68	否	能	是
11:15		9	55	76	9	55	70	否	能	是
11:25		10	55	75	10	55	69	否	能	是

　　分析上表可得,此次 100 分钟的实验中,无持续性噪声出现,断铅实验可以顺利完成。

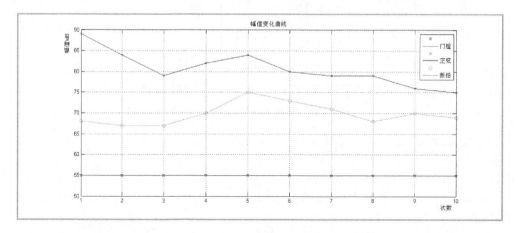

图 2 - 15　幅值变化曲线 3

　　如图 2 - 15 所示,分析 10 次断铅与正弦实验测得的幅值统计曲线,可知,虽然在 2℃的温差范围内,光栅光谱向右偏移,输出信号幅值逐渐降低。但是由于初始噪声小,门槛值设得较低,因而无须调节门槛值,就顺利地完成了 100 分钟的实验,无噪声出现。

　　综上所述,在温度变化不大的情况下,此套光纤布拉格光栅声发射传感系统的性能稳定性良好。

2.9　FBG 声发射传感系统的频率范围研究

　　窄带谐振式的压电陶瓷声发射传感器,具有最高的灵敏度,但工作频段窄;宽带式的压电陶瓷声发射传感器,工作频段较宽宽,但灵敏度低,因此存在不足。而本课题研究的光纤布拉格光栅声发射传感器,就很好地综合了上述两种传感器的优点,它不仅频带宽,而且灵敏度也很高。

　　根据国家军用标准国军标(GJB)声发射检测,金属裂纹的声发射信号的频率范围为 100 kHz～300 kHz,典型的裂纹声发射信号为 150 kHz。因此,我们搭建实验平台如图 2 - 16 所示。标准正弦波信号发生器通过压电换能器将电信号转换为声波信号,在铝板中传播,从而被 FBG 传感器所接收。标准正弦波信号发生器的输出频率分别调整为 60 kHz、150 kHz 、300 kHz。

　　实验测得的 60kHz、150 kHz、300 kHz 的正弦波形图如图 2 - 17 所示。

　　如上图所示,第一行是频域波形图,横轴为频率/Hz,纵轴为幅值/dB;第二行是

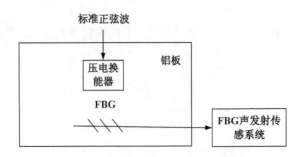

图 2 - 16　频率范围研究实验示意图

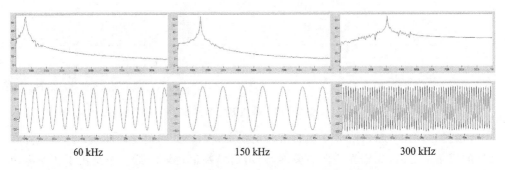

图 2 - 17　光纤光栅声发射传感系统的频率检测图

时域波形图,横轴为时间/s,纵轴为电压/mV。从图中可以看出,在频率点上的信号峰值十分突出,噪声频率弱,信噪比好。光纤光栅声发射传感系统的检测频率范围可以达到 60 kHz～300 kHz。

2.10　FBG声发射传感系统的温度补偿研究

　　光纤布拉格光栅本身也是温度的敏感元件,可以用来制作温度传感器。因此,在用光纤布拉格光栅检测声发射信号时,存在着微振动和温度交叉敏感的问题。当光纤布拉格光栅用于声发射应力波的传感测量时,信号的微振动和环境温度的改变,都会影响到 FBG 中心波长的漂移,而且很难分辨它们各自分别引起被测量的变化。虽然我们实验中研究的光纤布拉格光栅声发射系统在现阶段环境温度变化不大的短期测量情况下,稳定性良好,但如果应用在环境温度变化大的长期测量上,温度因素将是影响本系统稳定性的最大隐患。因此有必要对温度问题进行研究,采取一定的措施进行温度补偿或区分。

　　本文研究利用掺铒光纤激光器代替窄带光源,实现温度补偿。此方法需要搭建一个环形腔掺铒光纤激光器,结构如下图所示。主要由掺铒光纤(EDF)、波分复用器(WDM)、滤波器(本方案用 FBG 作为滤波器)、耦合器(Coupler)和隔离器(ISO)组成。

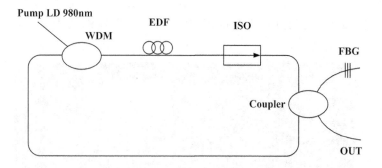

图 2 - 18　环形腔掺铒光纤激光器原理图

　　激光的产生必须具备激光工作介质、泵浦源和谐振腔这三个基本条件。能使激光工作介质吸收热量达到粒子数反转的外界能源称为泵浦源,光纤激光器通常采用光泵浦,光泵浦是指用强度很高的光直接照射工作介质,使粒子吸收泵浦能量后激励到较高能级,从而得到稳定的泵浦光输出。本书用到的 980 泵浦源的输出光谱如图 2 - 19 所示。中心波长为 974.54 nm,峰值功率为 6.77 dBm。

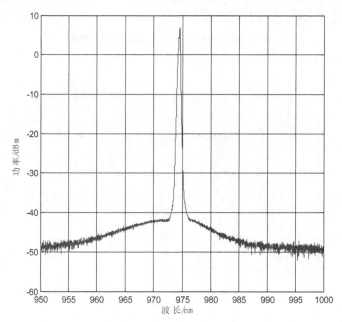

图 2 - 19　980 泵浦源输出光谱

　　激光器原理如下:波分复用器将 980 nm 的泵浦光引入掺铒光纤,光纤中的铒离子吸收能量后发生粒子数反转,进而产生放大的自发辐射,光信号被放大为1 550 nm,再通过隔离器传输到耦合器(40/60)上,耦合器的 60% 输出端提供激光输出,40% 输出端提供反馈,通过光纤光栅滤波后,1 550 nm 的光信号又被反射回腔内,这时耦合器又起着输出端镜的作用。反射光沿顺时针在腔内传输,再经过 WDM

耦合进掺铒光纤,完成一次循环。每一次循环过程中光波的能量均得到放大,当增益大于环路中的传输损耗时,产生振荡,从而形成环形掺铒光纤激光器。实验搭建实物图如图2-20所示。

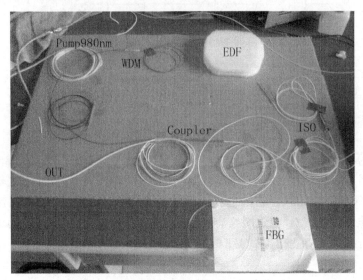

图2-20 环形腔掺铒光纤激光器实物图

环形腔掺铒光纤激光器的输出光谱如图2-21所示。中心波长为1 562.002 nm,

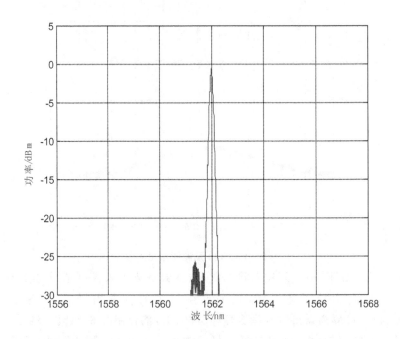

图2-21 环形腔掺铒光纤激光器的输出光谱

3 dB 带宽为 0.103 nm,峰值功率为—0.68 dBm。

　　由于这种环形腔掺铒光纤激光器的滤波器用的也是光纤布拉格光栅,将这个滤波器 FBG 与用于声发射信号传感的 FBG,选为参数接近、温度灵敏度系数一致的两 FBG,然后放在同一温度环境中,就可以补偿温度对 Bragg 波长漂移给传感系统带来的影响。后续还应用此环形腔掺铒光纤激光器进行各类声发射检测实验,来验证此方案的可行性与稳定性。

2.11　FBG 声发射传感系统实验用传感系统

　　FBG 声发射传感系统主要包括:光纤光栅传感部分和信号处理部分。光纤光栅传感部分包括:FBG 传感器、窄带光源、隔离器、Y 型光纤耦合器;信号处理部分包括光电转换电路、放大电路、滤波电路、A/D 电路和 FPGA 等。样机的实物图如图 2-22 所示。

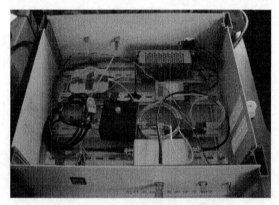

图 2-22　FBG 声发射传感系统

　　PZT 声发射传感系统主要包括:压电传感器、前置放大器、声发射采集卡等。PZT 传感样机实物图如图 2-23 所示。

图 2-23　PZT 声发射传感系统

2.12 声发射模拟源检测对比实验

为了了解光纤布拉格光栅声发射传感系统样机的传感性能,我们设计如下对比实验,比较光纤布拉格光栅声发射传感系统和压电陶瓷声发射传感系统的对声发射信号的传感性能。又因为在飞机上轴承、裂纹等故障所产生的声发射信号的频率主要集中在 150 kHz 左右,因此在实验室阶段,我们搭建了如下声发射检测对比实验平台,利用 150 kHz 的声发射模拟源进行声发射实验检测研究。

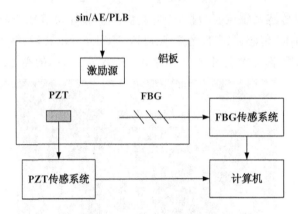

图 2-24 对比实验示意图

声发射模拟源又分为噪声源、连续波源和脉冲波源等三种类型。噪声源有氢气喷射、应力腐蚀和金镉合金相变等;连续波源可以由压电传感器、电磁超声传感器和磁致伸缩传感器等产生;脉冲波源可以由电火花、玻璃毛细管破裂、铅笔芯断裂、落球和激光脉冲等产生。

在脉冲波源的选择中,相较于电火花、玻璃毛细管破裂法,铅笔芯断裂法简单、经济、重复性好,是传感器标定的一种重要手段。在连续波源的选择中,压电传感器最为普遍和常用。因此,本书中用到的声发射模拟源选择为压电传感器产生的 150 kHz 的连续正弦波(sin)、模拟声发射(AE)波以及铅笔芯断裂产生的脉冲信号(PLB),用这三种模拟声发射源信号来进行实验。铅笔芯折断实验中所用的铅笔芯为直径 0.5 mm 的 2H 石墨铅笔芯,折断长度 2.5 mm,折断角度为 30°。如下图所示。

实验采集到的波形如图 2-26 所示,图中(a)是光纤光栅声发射检测系统的波形检测图,(b)是压电陶瓷声发射检测系统的波形检测图,纵轴表示电压/毫伏,横轴表示时间/秒。上中下三行的图形所对应的模拟裂纹声发射源波形分别是正弦波、AE波、铅笔芯折断信号波。从正弦波和 AE 波波形图可以看出,光纤光栅声发射检测系统的检测性能基本达到现有成熟的压电陶瓷检测系统性能水平,性噪比高,噪声小;

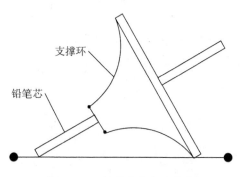

图 2 - 25　铅笔芯折断示意图

从断铅波形和 AE 波形的响应时间可以看出,FBG 传感系统的响应速度更快;从三组信号的响应幅值可以看出,FBG 传感系统检测到的信号幅值更大,灵敏度更高。

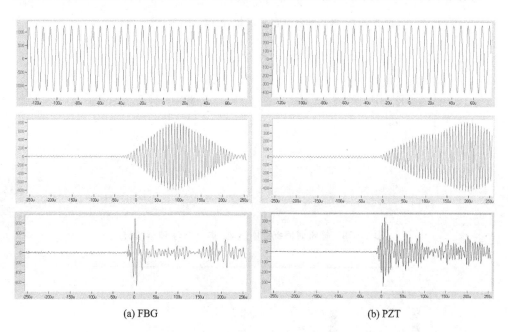

(a) FBG　　　　　　　　　　　　　　(b) PZT

图 2 - 26　检测波形对比图(纵轴:电压/毫伏;横轴:时间/秒)

以下再以正弦信号的各种撞击图为例,分析检测声发射信号的质量。

如图 2 - 27 所示,两行散点中上为 FBG 所测,下为 PZT 所测,FBG 检测的信号幅值稍有波动,但是每秒一个的撞击数两者检测的结果是完全一致的,这也可以从图 2 - 28 撞击的时间统计图中看出,图 2 - 29 显示的两个通道的撞击累计数也是一致的。图 2 - 30 所示的撞击统计三维图很好地将前三幅图的信息综合地体现了出来。

综上所述,本书所研发的光纤光栅声发射传感系统的检测性能基本达到现有成熟的压电陶瓷声发射传感系统的水平,并且在响应速度、灵敏度等方面都优于压电

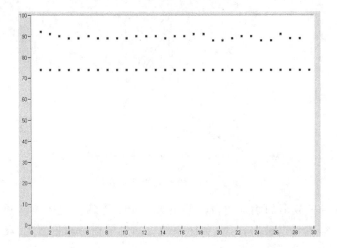

图 2 - 27　撞击幅值分布图(x 轴:时间/s;y 轴:幅值/dB)

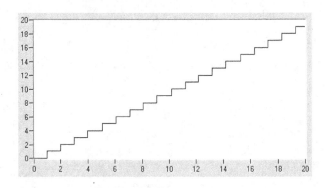

图 2 - 28　撞击时间统计图(x 轴:时间/s;y 轴:计数)

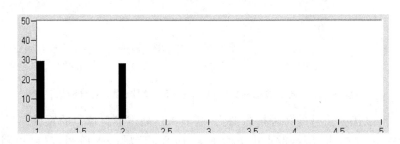

图 2 - 29　撞击累计图(x 轴:通道;y 轴:计数)

陶瓷声发射传感系统。再加上光纤本身所具有的压电陶瓷所无法比拟的优点,使得此套系统应用前景广阔。

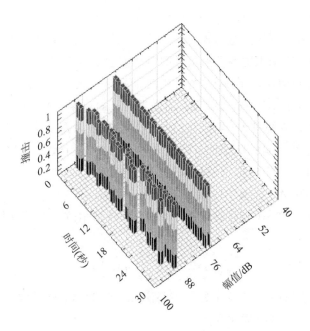

图 2 - 30　撞击统计三维图

2.13　FBG 声发射传感系统在滚动轴承故障检测对比实验

　　在运行不良的滚动轴承里面,突发型和连续型的声发射信号都有可能存在。轴承各组成部分(内圈、外圈、滚动体以及保持架)接触面间的相对运动、碰摩所产生的接触应力,以及由于失效、过载等产生的诸如表面下的裂纹(产生和扩展直至轴承表面的过程)和孪晶成长、磨损、压痕、切槽、咬合、润滑不良造成的表面粗糙、润滑污染颗粒造成的表面硬边以及通过轴承的电流造成的点蚀等故障,都会产生突发型的声发射信号。而直升机的结构中,有众多的旋转部件,其中又以轴承最为普遍。因此本书进行实验室阶段的滚动轴承故障声发射检测研究,为直升机现场飞行实验轴承故障检测做准备。

　　连续型声发射信号则主要来源于润滑不良(如润滑油膜的失效、润滑质中外来物的浸入)导致轴承表面产生氧化磨损而产生的全局性故障、过高的温度以及轴承局部故障的多发等,这些因素造成短时间内的大量突发型声发射事件,从而产生了连续型声发射信号。

　　本实验的目的在于在不同转速的情况下,观察并采集同一故障滚动轴承的声发射信号,并进行信号分析与处理,对比压电陶瓷声发射信号采集系统和光纤光栅声发射信号采集系统在检测性能上的差异。

实验方案如下：利用压电陶瓷声发射信号采集系统和光纤光栅声发射信号采集系统，采集故障滚动轴承的声发射信号的对比实验示意图如图 2-31(a) 所示。分别将 PZT 和 FBG 放置于轴承座上方，对比两个系统采集到的声发射信号的波形。实验中，取采样率为 500KSPS，模拟带通滤波器为 1 kHz 至 3 MHz，波形流采样时间为10 s。采用双通道系统，第一通道接 FBG 声发射信号采集系统，第二通道接 PZT 声发射信号采集系统。实验滚动轴承的滚动体个数为 9，在此滚动轴承的外圈用电火花加工均匀分布的 9 个模拟点蚀故障，载荷工况为 5 KN，转速工况为 1 200 RPM、600 RPM、300 RPM。实验现场如图 2-31(b) 所示。

从理论分析可知：在空载的情况下，外圈滚动轴承故障的特征频率可以由下式计算得到：

$$f_0 = \frac{Z}{2}\left(1 - \frac{d}{D}\cos\partial\right) \cdot f_r \tag{2.26}$$

其中，d 为滚珠直径，D 为节径，Z 为滚珠数，f_r 为轴承转动频率。

在本实验中，上式可简化为：

$$f_0 = 0.41 \cdot Z \cdot f_r \tag{2.27}$$

其中，

$$f_r = n/60 \tag{2.28}$$

n 为轴承的转速。

外圈滚动轴承的故障周期为：

$$t_0 = 1/f_0 \tag{2.29}$$

因此，本实验中，Z＝9，在转速 n＝1 200 r/min、n＝600 r/min、n＝300 r/min 的情况下，故障周期 $t_0 = 14$ ms、$t_0 = 28$ ms、$t_0 = 56$ ms。

需要说明的是，由于带着负载运行，转速可能存在不稳定性，因此计算得到的故障频率会有相应的误差。

实验时域采集结果如下：

1. n＝1 200 r/min 转速下的轴承故障信号(见图 2-32)

在随机选取的 13 500 000 μs ～13 700 000 μs 内，FBG(左)和 PZT(右)各有 14个明显的周期间隔，故障周期 FBG：$t_0 = 204.983/14 = 14.64$ ms，PZT：$t_0 = 202.715/14 = 14.50$ ms，符合理论分析的结果。两种传感器相比，FBG 检测到的轴承故障声发射信号更加明显，幅值更大，信噪比更高。

2. n＝600 r/min 转速下的轴承故障信号(见图 2-33)

在随机选取的 8 000 000 μs ～8 200 000 μs 内，FBG(左)有 7 个周期间隔，故障

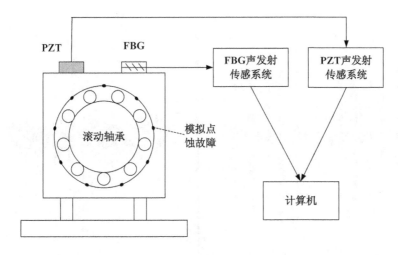

(a) 对比实验示意图

(b) 滚动轴承实验现场图

图 2 - 31

周期 $t_0 = 208.143$ ms/7 = 29.73 ms，符合理论分析的结果；PZT(右)没有明显的周期间隔。所以。两种传感器相比，FBG 的灵敏度更高，检测范围更广。

3. n＝300 r/min 转速下的轴承故障信号(见图 2 - 34)

在随机选取的 8 600 000 μs～8 800 000 μs 内，FBG(左)和 PZT(右)都没有明显的故障周期间隔。因此，在转速较低的情况下，故障冲击不明显，声发射信号较弱，

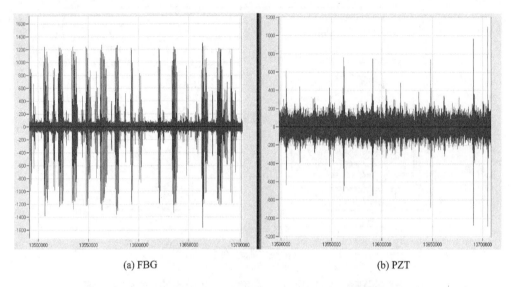

(a) FBG (b) PZT

图 2 - 32　n＝1 200 时轴承故障声发射信号波形图

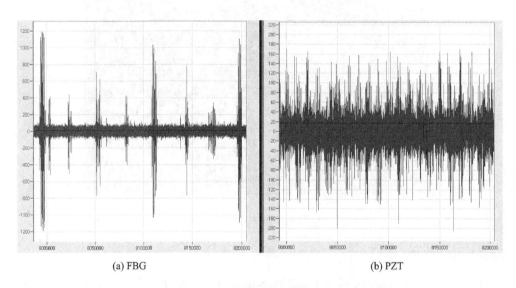

(a) FBG (b) PZT

图 2 - 33　n＝600 时轴承故障声发射信号波形图

难以被两种传感器所拾取。

由上可以得到表 2 - 6 所列的结果。

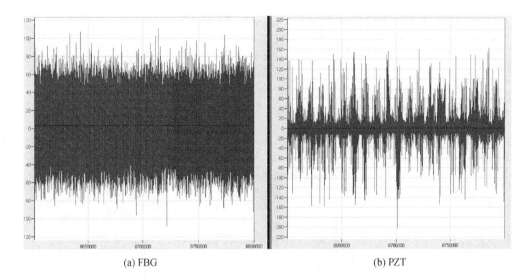

(a) FBG　　　　　　　　　　　　　　　(b) PZT

图 2 - 34　n＝300 时轴承故障声发射信号波形图

表 2 - 6　滚动轴承对比实验结果列表

转速工况 /rpm	理论故障 周期/ms	FBG 测得 周期/ms		FBG 平均 /ms	PZT 测得 周期/ms		PZT 平均 /ms
1 200	14	14.44	14.64	14.54	14.36	14.50	14.43
600	28	29.73	29.61	29.67	不能直接看出		
300	56	不能直接看出			不能直接看出		

从中可以看出：

1）在转速较低的情况下，故障冲击不明显，声发射信号较弱，检测效果不明显。

2）增加转速与负载后，故障冲击加强。相比于 PZT 传感器，FBG 传感器的灵敏度更高，在中等转速的情况下已经能从波形流图形中看到轴承故障声发射信号，而 PZT 传感器则不能直接看出；在高转速的情况下，FBG 与 PZT 都能检测到轴承故障声发射信号，但 FBG 检测到的轴承故障声发射信号更加明显，幅值更大，信噪比更高。

3）从实测的故障周期与理论故障周期比较可以看出，在可检范围内，FBG 与 PZT 检测准确性基本相近，都能准确地检测出滚动轴承的故障。

利用共振解调的方法对上述两类信号进行分析与处理，可以得到更加清晰的实验结果。在 2 - 35 的分析谱图中，蓝色标示表示轴承故障频率及其倍频；绿色标示表示转频及其半倍频；橙色表示为干扰频率。

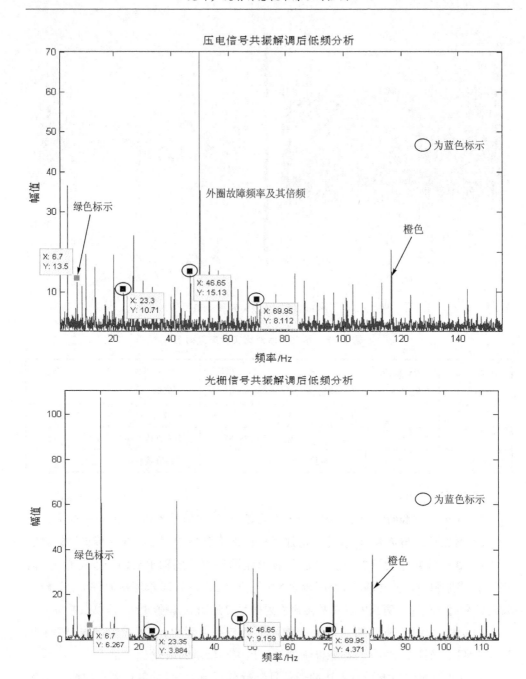

图 2－35　300 r/min 转速下的轴承故障信号分析图

1. 300 r/min 转速下的轴承故障信号(见图 2－35)

通过分析可以发现：

（1）压电传感器采集的信号明显受到 50 Hz 工频信号干扰，且该频率被转频及其半倍频调制；在上图中可以观察到，存在轴承外圈故障频率及其倍频，但故障能量较小，被淹没在强背景信号中。

（2）光纤光栅传感器采集的信号受到了自身光学系统的 10 Hz 干扰频率的影响，且其倍频 20 Hz～60 Hz 非常明显，使得频谱上的轴承外圈故障频率及其倍频几乎被淹没。

综上所述，两类传感器在低速情况下采集故障信号均不理想。

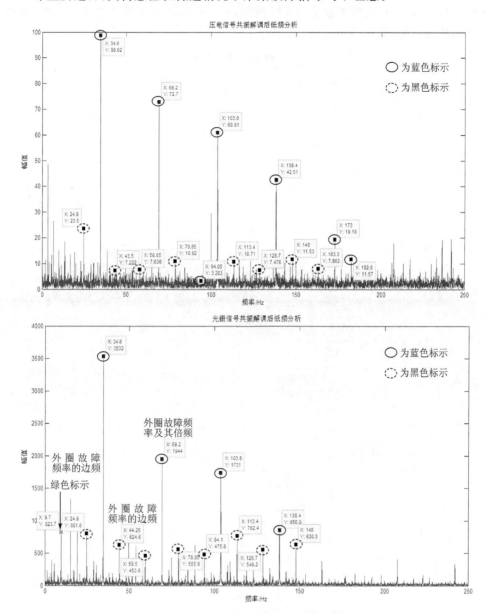

图 2-36　600r/min 转速下的轴承故障信号分析图

2. 600 r/min 转速下的轴承故障信号(见图 2 - 36)

通过对比发现:两类传感器所采集到的信号均能有效地反映出轴承外圈故障频率及其倍频颜色(如蓝色标示)。需要说明的是,压电传感器采集到的信号在分析故障频率的边频时,受到谱底噪声的干扰较为严重;而光纤光栅传感器则能够更为干净地反映出外圈故障频率的边频成分(如黑色标示),这样将有助于分析故障的严重程度。边频越多,且边频的幅值占主频幅值的比例越高,则故障越严重。因此,此转速下的故障检测,光纤光栅传感器更为适用。

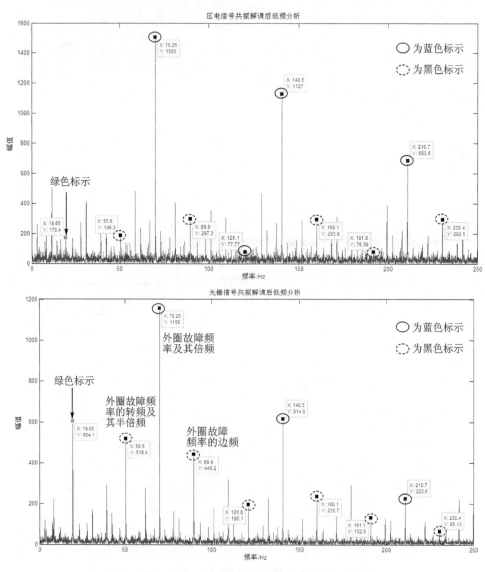

图 2 - 37 1 200 r/min 转速下的轴承故障信号分析图

3. 1 200 r/min 转速下的轴承故障信号(见图 2 - 37)

通过对比可以得到类似在 600 r/min 转速下的结论,即:光纤光栅传感器采集到的信号谱底较为干净,有利于分析出故障频率及其倍频,同时能较好地分辨出故障频率的边频成分,有利于确定轴承的故障严重程度。

由此可以得出结论:

(1) 高转速情况下(>600 r/min),光纤光栅传感器比压电传感器能够更准确地采集到轴承的故障信号;

(2) 在低速情况下(<300 r/min),光纤光栅传感器受到自身光学系统的频率干扰严重,而压电传感器则受工频影响较大,两类传感器都不能准确地检测到有效信号。

2.14　光纤 FBG 光栅传感系统在某型飞机上的工程应用

在直升机的传动轴设计中,很多地方也都用到了滚动轴承,这些轴承对直升机旋翼尾翼等部件的传动起着至关重要的作用。

我们将封装好的光纤光栅传感器表贴在直升机故障传动轴承的固定件上,如图 2 - 38 所示。在地面上模拟直升机飞行状态,发动机全开,旋翼尾翼全速转动。

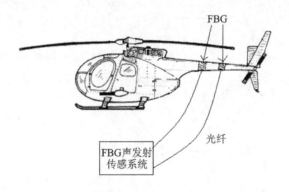

图 2 - 38　直升机故障传动轴承声发射检测示意图

工作状态下,直升机传动轴承的转速在 2 000 RPM～4 000 RPM,FBG 传感器在这种轴承高转速的情况下,很好的检测到了轴承故障的声发射信号。这也与上一节得到的结论相符。

2.15 基于BP神经网络的声发射信号模式识别研究

神经网络分析方法是近几年随着计算机技术的发展而发展起来的一门新兴技术方法,它对一些同时出现的大量信号和大量参数的复杂问题提供了不同于传统手段的方法。由于人工神经网络具有自组织、自适应、自学习功能,因此可以很好地解决声发射检测中存在的噪声干扰问题,可以较准确地判断声发射源的活动情况。

人工神经网络是由大量的神经元广泛互连组成的网络。各个神经元之间的连接不是一个单纯的传输信号通道,而是在每对神经元之间的连接上有一个加权系数,它可以加强或减弱上一个神经元的输出对一个神经元的刺激。人工神经网络结构分为两类基本形式,一类是BP(Back - Propagaton)网络结构,另一类是Hamming网络结构。

BP网络模型结构如图2-39所示,网络不仅有输入层节点,输出层节点,而且有隐含层节点(隐含层可以是一层或多层)。对于输入信号,要先向前传播到隐含节点,经过激活函数后,再把隐含节点的输出信息传播到输出节点,最后给出输出结果。节点的激活函数通常选取标准Sigmoid型函数。

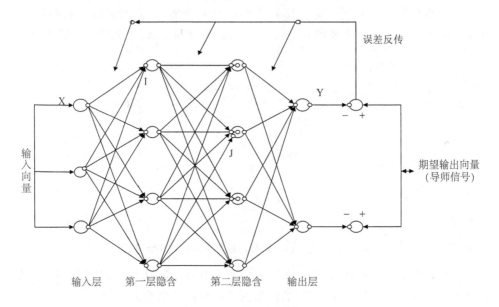

图 2 - 39　BP 网络模型结构

BP算法的主要思想是把学习过程分为两个阶段:

第一阶段(正向传播过程)给出输入信息通过输入层经隐含层处理并计算每个

单元的实际输出值。

第二阶段(反向传播过程)若在输出层未能得到期望的输出值,则逐层递归地计算实际输出与期望输出之间的差值(即误差),以便根据此差调节权值。具体地说,就是可对每一个权重计算出接收单元的误差值与发送单元的激活值的积。因为这个积和误差对权重的(负)微商成正比(又称梯度下降算法),把它称作权重误差微商。权重的实际改变可由权重误差微商按各个模式分别计算出来。

这两个过程的反复运用,使得误差信号最小。实际上,误差达到人们所希望的要求,网络的学习过程就结束。

本书采用 BP 神经网络提取声发射信号特征参数的方法,对声发射信号与噪声信号进行模式识别。

BP 神经网络的模式识别原理是通过网络自身的学习来实现输入 l 维学习样本向量 X 和输出 n 维分类向量 Y 的高度非线性映射,映射关系表示为:

$$Y = f_2(w_{nm} \times f_1(w_{ml} \times X)) \tag{2.30}$$

式中,w_{ml} 为输入和隐层之间的连接权值矩阵,w_{ml} 为隐层和输出层之间的连接权值矩阵,f_1 和 f_2 是神经网络的转换函数。

神经元之间的连接权值修正公式为:

$$w_{ij}(n+1) = w_{ij}(n) + \Delta w_{ij}(n+1) \tag{2.31}$$

$$\Delta w_{ij}(n+1) = -\eta \frac{\partial E}{\partial w_{ij}} \tag{2.32}$$

根据 Kolmogorov 定理,一个 3 层的神经网络足以实现任意的 n 维到 m 维的映射。BP 神经网络隐含层元个数的计算公式为:

$$N = \sqrt{n + m + a} \tag{2.33}$$

N:隐单元数;m:输出神经元数;n:输入神经元数;a:[0—10]之间的常数。

灵敏度是用来反映特征参数对模式状态变化的敏感程度。特征参数 x 对设备状态 y 的灵敏度 $\xi(y|x)$ 可定义为

$$\xi(y \mid x) = \left| \frac{\partial x}{\partial y} \right| \tag{2.34}$$

在实际应用中,如设备状态监测和故障诊断问题,设备所处状态 y 和特征参数 x 之间通常存在单调性,即随故障程度的提高,特征参数 x 也呈上升趋势。因此,在应用中一般选择灵敏度较高的特征参数。

本课题采用的 3 层(输入层、隐含层、输出层)BP 神经网络,其隐含层和输出层之间采用的变换函数为线性函数,输入层和隐含层之间的变换函数采用 S 型函数,其中,$x_i (i=1,2,\ldots,L)$,$z_j (j=1,2,\ldots,M)$,$y_k (k=1,2,\ldots,M)$ 分别代表输入层、隐含层、和输出层的输出,δ_k 和 σ_j 分别为隐含层、输出层的阈值,则有:

$$y_k = \sum_{i=1}^{M} u_{ji} z_j - \delta_k \tag{2.35}$$

有：

$$\frac{\partial_{y_k}}{\partial_{x_i}} = \sum_{i=1}^{M} w_{ij} u_{jk} \zeta_j \tag{2.36}$$

其中，

$$\zeta_j = \frac{\exp(-\mu_j)}{[1 + \exp(-\mu_j)]^2} \tag{2.37}$$

由于 ζ 与 x_i 直接关联，而评价标准最好与 x_i 无关；因 ζ 非负，而且当样本数量越多，又符合遍历性条件时，$\frac{\partial y_k}{\partial x_i}$ 与 ζ 的关系是是随着样本数量的增多而减弱。因此，可以认为：

$$\underset{n\to\infty}{\zeta_{ik}} = \frac{\partial y_k}{\partial x_i} \infty \sum_{j=1}^{M} w_{ij} u_{jk} \tag{2.38}$$

式中 n 为学习样本数量，如果不考虑变化的方向性，上式可变为

$$\underset{n\to\infty}{\zeta_{ik}} = \left| \frac{\partial y_k}{\partial x_i} \right| \infty \left| \sum_{j=1}^{M} w_{ij} u_{jk} \right| \tag{2.39}$$

至此，可以把这个式子作为特征参数提取的依据。

特征参数提取的流程图如图 2-40 所示。

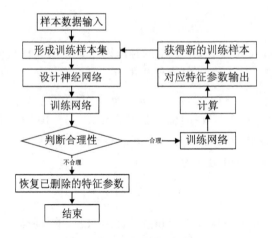

图 2-40　特征参数提取流程

其中 ζ_i 为各个参数的灵敏度，排除灵敏度低的特征参数。根据此流程循环筛选，最后选出最能表征信号特性的特征参数。将相同特征参数的集合归为一类，也就是算一个模式。从而可以实现声发射信号的模式识别。

本实验采用折断铅笔芯信号来进行声发射信号的模拟，并且同时记录敲击信号用于声发射信号的特征提取和分类的对比研究。所用到的声发射系统采集的各种声发射参数包括：上升时间(c1)、能量(c2)、计数(c3)、绝对能量(c4)、幅值(c5)、持续

时间(c6)、平均频率(c7)、有效电压值 RMS(c8)、平均信号电平值 ASL(c9)、峰值频率(c10)、信号强度(c11)、质心频率(c12)等等,利用这些声发射特征参数来识别各种声发射信号,并提取出几个最能表征断铅声发射的特征参数。

实验采集的断铅信号和敲击信号共 32 组样本,其中 10 组断铅信号样本和 10 组敲击信号样本用于训练,6 组断铅信号样本和 6 组敲击信号样本用于网络的检验。由于只需要判别出 2 种结果,所以输出神经元数为 1 个,输入层神经元个数为 12 个,隐含层神经元数为 5 个。实验数据与波形分别如图 2-41、图 2-42 所示,表 2-7、表 2-8 所列。

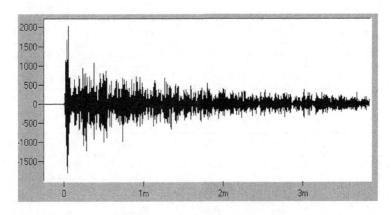

图 2-41　一组断铅样本的波形

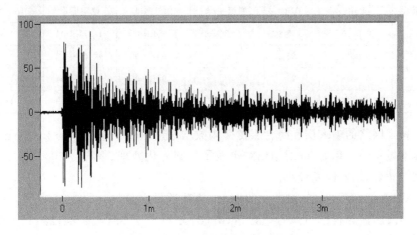

图 2-42　一组敲击样本的波形图

表 2 - 7　一组断铅样本的各个参数值

通道	上升时间	计数	能量	持续时间	幅值	平均频率
3	3808	2181	5606	22446	91	97
2	37	2160	3101	22495	85	96
1	4202	2228	4927	22600	88	99
4	90	1161	188	8960	67	130
通道	RMS	ASL	峰值频率	信号强度	绝对能量	中心频率
3	0.0726	60	556	3.50E+07	2.64E+07	178
2	0.038	54	7	1.94E+07	7.24E+06	174
1	0.0616	58	618	3.08E+07	1.91E+07	179
4	0.0024	30	21	1.18E+06	3.95E+04	239

表 2 - 8　一组敲击样本的各个参数值

通道	上升时间	计数	能量	持续时间	幅值	平均频率
3	13	375	110	6692	64	56
2	323	337	74	5690	59	59
1	79	399	120	7055	64	57
4	278	384	95	6834	60	57
通道	RMS	ASL	峰值频率	信号强度	绝对能量	中心频率
3	0.0018	28	2	6.90E+05	1.97E+04	134
2	0.0012	25	39	4.68E+05	9.10E+03	137
1	0.0018	28	10	7.54E+05	2.18E+04	130
4	0.0016	26	4	5.48E+05	7.66E+03	149

　　此神经网络的输入层和隐含层传递函数均选用双曲正切 S 型的 tansig 函数,同时对样本做了归一化处理,对输出结果做了反归一化处理。经过 2000 多次训练,其输出结果较好,均方误差较小。

　　由式(2.39)得 ζ_{ik},为 13×1 的矩阵,转秩后得向量 $\zeta_l=[0.78,1.35,-0.11,-0.93,1.82,-0.42,-1.28,-1.71,0.53,0.09,-2.38,-1.84,2.13]$。此结果从左到右依次为 $c1$ 至 $c12$ 类特征参数对分类结果的灵敏度大小。由此,根据图 2 - 40 的流程,可以删除最小的 $c10$ 类特征参数。

　　重复前面的神经网络特征参数识别和判断过程,可依次删除特征参数 $c3,c4,c6$,$c7,c8,c10,c11$,进而不断降低特征空间的维数,最终提取出 5 个最能表征断铅声发射的特征参数:$c1,c2,c5,c9$ 和 $c12$,设为 A 类。

同理,也可以得到最能表征敲击信号声发射的特征参数为 c_1, c_2, c_4, c_7 和 c_{11},设为 B 类。最后,对剩余的 12 组实验数据打乱顺序进行检验,网络识别出 A 类 B 类的模式各六组,与实际情况完全相符,识别率为 100%。

综上所述,本书利用 BP 神经网络,在断铅信号和敲击信号的 12 个声发射特征参数中,成功的提取出 5 个最为显著的参数,并用实验样本进行了识别与验证,为研究金属断裂、塑性变形、腐蚀泄露等其他声发射信号模式识别的工程应用奠定了理论基础。

2.16　本章小结

本章详细阐述了基于光纤布拉格光栅的声发射传感系统,它是集光学、声学、电子学为一体的新型声发射传感系统,具有检测频带宽,检测灵敏度高,响应速度快等特点;传输距离远,光纤的低损耗传输使得检测现场与监控现场可以距离很远;抗电磁干扰、抗震动、抗潮湿、抗腐蚀等能力很强,使得此套系统在恶劣环境中也能长期正常地使用。并且本传感系统以光纤材质制作的光纤光栅传感器具有质量轻、体积小、埋入性好等优点。因而此套基于光纤布拉格光栅的声发射传感系统在航空航天的大背景下具有广泛的应用前景。本章主要包括以下内容:

(1) 本章首先研究了光纤布拉格光栅声发射传感理论,提出并论证了光纤布拉格光栅声发射传感系统的构建方案,创新性地提出了利用窄带激光器作为传感器的光源输入。在此理论的基础上,本章设计了一套光纤布拉格光栅声发射传感系统,以窄带激光器作为光源输出,对准光纤布拉格光栅传感器 3dB 带宽附近的近似线性区域点。在温度变化不大的情况下,系统稳定性良好。在温度变化较大的情况下,设计了一种环形腔掺铒光纤激光器来代替窄带光源,将这种掺铒光纤激光器结构内的滤波光纤布拉格光栅,与系统中的传感光纤布拉格光栅一起放置于同一温度环境中,从而达到温度补偿的目的。

(2) 本章在光纤光栅声发射传感器封装技术的研究中,提出了有机玻璃开槽 502 胶密封的封装方法,该方法操作简单,成本低廉,封装后的光纤光栅传感器具有体积小、质量轻,灵敏度和可靠性好,能够长期稳定地正常工作的优点。传感系统的稳定性研究,证明了此套光纤光栅声发射传感系统在温度变化不大的情况下稳定、可靠、实用。对于频率范围的研究说明了光纤布拉格光栅的检测频率范围可达 60 kHz～300 kHz,频带范围基本覆盖了主要声发射信号频段,因此光纤布拉格光栅传感器频带宽灵敏度高,性能优于压电传感器。

(3) 本章介绍了神经网络进行模式识别的思想,提出了一种利用 BP 神经网络对声发射信号进行特征参数的提取,最后实现信号模式识别的方法。在断铅信号和敲击信号的 12 个声发射特征参数中,成功地分别提取出 5 个表征信号特征最为显著的参数,并用实验样本进行了识别与验证,识别率为 100%。这为研究金属裂纹、塑性变形、腐蚀泄露等其他声发射信号模式识别的工程应用奠定了理论基础。

（4）本章进行了模拟声发射信号检测和滚动轴承声发射信号检测的对比实验,从结果可以看出,光纤布拉格光栅声发射传感系统的性能已经基本达到压电声发射传感系统的检测水平。而直升机的传动轴承故障声发射检测实验,也说明了在轴承高转速的情况下,光纤布拉格光栅传感器所具有的优势,为光纤布拉格光栅声发射传感系统走出实验室走向工业现场奠定了基础。

第 3 章　分布式光纤光栅的
声发射传感技术

光纤光栅是一种利用光纤材料的光敏性,通过紫外光曝光的方法在纤芯内产生沿纤芯轴向的折射率周期性变化形成的光栅。以轴向折射率分布的形式来分类的话,光纤光栅可以被分为均匀光纤光栅和非均匀光纤光栅两类。一般的光纤布拉格光栅属于均匀光纤光栅,而相移光纤光栅属于非均匀光纤光栅。这两种光纤光栅与声发射应力波的相互作用机理是本书需要研究的重点内容。只有了解清楚了二者的关系才能更好地利用光纤光栅检测声发射信号,也更能通过将声发射信号从光学参量的变化中解调出来。同时,本书还将研究这两种光纤光栅进行多点测量时主要采用的复用方式,分析这些复用方式可以研究光纤光栅用于进行分布式声发射检测的可行性。

3.1　光纤布拉格光栅的声发射传感原理研究

3.1.1　光纤布拉格光栅的基本原理

在未受到外界温度或应力作用的情况下,光纤布拉格光栅纤芯某点 z 的有效折射率沿着纤芯轴向分布 $n_{eff}(z)$ 可以表示为:

$$n_{eff}(z) = n_{eff0} - \Delta n sin^2 \left(\frac{\pi}{\Lambda} z \right), z \in [0, L] \tag{3.1}$$

其中,n_{eff0} 为纤芯未经调制的折射率,Δn 是最大折射率改变量,Λ 是光栅周期,L 为光栅长度。

光纤布拉格光栅只会反射宽带光中满足布拉格条件的波长成分,其余的波长成分会透过这个光纤布拉格光栅继续传输。根据耦合模理论,光纤布拉格光栅的反射光中心波长 λ_B 和光栅周期 Λ 与有效折射率 n_{eff} 之间的关系可以由下式表示:

$$\lambda_B = 2 n_{eff0} \Lambda \tag{3.2}$$

任何影响光栅周期 Λ 与有效折射率 n_{eff} 这两个参量的物理过程都将引起光纤布拉格光栅的反射光中心波长偏移。实际使用过程中,这样的物理过程主要是光纤布拉格光栅受到应变作用或者外界温度的变化。根据上式推导出应变和温度变化引起的光纤布拉格光栅中心波长的变化 $\Delta\lambda_B$ 为：

$$\frac{\Delta\lambda_B}{\lambda_B} = \varepsilon\left\{1 - \left(\frac{n_{eff0}^2}{2}\right) \cdot [P_{12} - \sigma(P_{11} + P_{12})]\right\} + \beta\Delta T \tag{3.3}$$

式中，ε 为作用在光纤布拉格光栅上的轴向应变，P_{11} 和 P_{12} 为光纤的弹光系数，σ 为泊松比，β 为光纤布拉格光栅的温度灵敏度系数，ΔT 为温度变化量。由上式可知，应变和温度变化对光纤布拉格光栅反射光中心波长的影响是相互独立的。

光纤布拉格光栅支持波分复用和时分复用构建传感网络。波分复用的原理是在单根光纤上布设多个具有不同反射中心波长的布拉格光栅，每个光栅都具有各不相同的波长空间。当宽带光射入光纤时，接收到的布拉格光栅反射回的波长信号中就包含了各个测量点的物理量变化的信息。对反射信号进行解调和数据处理，就可以获得所测各个物理量的变化信息，而且波长信息互相之间不存在干扰。多个光纤布拉格光栅的复用可以实现在一个通道内的远距离、多点、多参数测量，具有较高的功率利用效率和信噪比。缺点是复用的最大光纤布拉格光栅数目受到宽带光波长宽度的限制。时分复用是指光纤布拉格光栅传感器的布设会间隔一段距离，接收到的返回的信号会存在时间差异，根据这个差异可以将这两个信号区分开，因此可以在同一根光纤上间隔一段距离复用相同的中心波长。由于后面的传感器接收到的光源功率会减小，造成能复用的光栅数目有一定限制。

3.1.2　光纤布拉格光栅与声发射波相互作用机理

声发射波可以被视为一种应力波。沿着光纤光栅轴向传播的声发射应力波的应变场 $\varepsilon(t, z)$ 可以用下式表示：

$$\varepsilon(t, z) = \varepsilon_m \cos\left(\frac{2\pi}{\lambda_s}z - \omega_s t\right) \tag{3.4}$$

式中，应变场的振幅为 ε_m，波数为 $\frac{2\pi}{\lambda_s}$，角频率为 ω_s，声发射应力波在介质中传播的波长为 λ_s。

光纤布拉格光栅的长度一般为毫米量级，远小于声发射应力波的厘米量级波长，这样可以认为整个光栅在声发射波的作用下产生的应变是均匀的。声发射应力波不仅会对光栅的栅格周期产生调制，也会由于弹光效应对光栅纤芯的有效折射率产生调制。这两种调制都会引起光纤布拉格光栅的中心波长的改变。

假设外界温度不变，光纤布拉格光栅仅受到声发射波作用。首先考虑声发射波对光栅的栅格周期产生的调制。沿着光纤布拉格光栅轴向的 z 点在声发射波的调制作用下变化为 z' 点：

$$z' = f(z, t) = z + \int_0^z \varepsilon_m \cos\left(\frac{2\pi}{\lambda_s}\xi - \omega_s t\right)d\xi$$

$$= z + \varepsilon_m \cos \omega_s t \int_0^z \cos\left(\frac{2\pi}{\lambda_s}\xi\right) d\xi + \varepsilon_m \sin \omega_s t \int_0^z \sin\left(\frac{2\pi}{\lambda_s}\xi\right) d\xi \tag{3.5}$$

$$= z + \varepsilon_m \frac{\lambda_s}{2\pi} \sin\left(\frac{2\pi}{\lambda_s}z - \omega_s t\right) + \varepsilon_m \frac{\lambda_s}{2\pi} \sin(\omega_s t)$$

将 $z = f^{-1}(z',t)$ 代入公式(3.1)得到新的轴向折射率分布 $n'_{eff}(z',t)$：

$$n'_{eff}(z',t) = n_{eff0} - \Delta n \sin^2\left[\frac{\pi}{\Lambda}f^{-1}(z',t)\right] \tag{3.6}$$

这样光栅的栅格周期就被声发射波调制为 $\frac{f^{-1}(z',t)}{\Lambda}$。然后考虑声发射波对有效折射率产生的调制。将公式(3.4)中声发射波产生的应变代入公式(3.3)，弹光效应引起的轴向 z' 点的有效折射率变化可以用公式(3.7)表示为：

$$\Delta n'(z',t) = -\left(\frac{n_{eff0}^3}{2}\right) \cdot [P_{12} - \sigma(P_{11}+P_{12})] \cdot \varepsilon_m \cos\left(\frac{2\pi}{\lambda_s}z' - \omega_s t\right) \tag{3.7}$$

结合公式(3.6)和公式(3.7)可以得到总体上的光纤布拉格光栅有效折射率随声发射应力波变化的表达式为：

$$n'_{eff}(z',t) = n_{eff0} - \Delta n \sin^2\left[\frac{\pi}{\Lambda}f^{-1}(z',t)\right] - \left(\frac{n_{eff0}^3}{2}\right) \cdot [P_{12} - \sigma(P_{11}+P_{12})]$$

$$\cdot \varepsilon_m \cos\left(\frac{2\pi}{\lambda_s}z' - \omega_s t\right) \tag{3.8}$$

在声发射应力波的波长 λ_s 远远大于光纤布拉格光栅的长度 L 的条件下，公式(3.8)可以被简化为：

$$n'_{eff}(z',t) = n_{eff0} - \Delta n \sin^2\left(\frac{\pi}{\Lambda \cdot [1+\varepsilon_m \cos(\omega_s t)]}z'\right)$$

$$- \left(\frac{n_{eff0}^3}{2}\right) \cdot [P_{12} - \sigma(P_{11}+P_{12})] \cdot \varepsilon_m \cos(\omega_s t) \tag{3.9}$$

由公式(3.9)可以得到更加简化的表达式：

$$n'_{eff}(z',t) = n'_{eff0}(t) - \Delta n \sin^2\left(\frac{\pi}{\Lambda'(t)}z'\right) \tag{3.10}$$

其中，

$$n'_{eff0}(t) = n_{eff0} - \left(\frac{n_{eff0}^3}{2}\right) \cdot [P_{12} - \sigma(P_{11}+P_{12})] \cdot \varepsilon_m \cos(\omega_s t) \tag{3.11}$$

$$\Lambda'(t) = \Lambda \cdot [1+\varepsilon_m \cos(\omega_s t)] \tag{3.12}$$

将公式(3.10)代入公式(3.2)，可以得到光纤布拉格光栅的中心波长随声发射波的变化：

$$\lambda_B(t) = 2n'_{eff0}(t)\Lambda'(t)$$

$$= 2n_{eff0}\Lambda + 2n_{eff0}\Lambda\varepsilon_m \cos(\omega_s t)$$

$$- 2\Lambda\left(\frac{n_{eff0}^3}{2}\right)[P_{12} - \sigma(P_{11}+P_{12})]\varepsilon_m \cos(\omega_s t)$$

$$-2\Lambda\left(\frac{n_{eff0}^3}{2}\right)\left[P_{12}-\sigma(P_{11}+P_{12})\right]\left[\varepsilon_m\cos(\omega_s t)\right]^2 \qquad (3.13)$$

将 $2n_{eff0}\Lambda$ 记做 λ_{B0}，同时由于 $\left[\varepsilon_m\cos(\omega_s t)\right]^2$ 较小，所以将公式（3.13）的最后一项省略，最终可以得到：

$$\lambda_B(t)=\lambda_{B0}+\lambda_{B0}\varepsilon_m\cos(\omega_s t)-\lambda_{B0}\left(\frac{n_{eff0}^2}{2}\right)\cdot\left[P_{12}-\sigma(P_{11}+P_{12})\right]\varepsilon_m\cos(\omega_s t)$$

$$=\lambda_{B0}+\lambda_{B0}\varepsilon_m\left\{1-\left(\frac{n_{eff0}^2}{2}\right)\cdot\left[P_{12}-\sigma(P_{11}+P_{12})\right]\right\}\cos(\omega_s t)$$

$$(3.14)$$

将 $\lambda_{B0}\varepsilon_m\left\{1-\left(\frac{n_{eff0}^2}{2}\right)\cdot\left[P_{12}-\sigma(P_{11}+P_{12})\right]\right\}$ 记做 $\Delta\lambda_0$，可以得到：

$$\lambda_B(t)=\lambda_{B0}+\Delta\lambda_0\cos(\omega_s t) \qquad (3.15)$$

从公式（3.15）中可以看出，声发射应力波使得光纤布拉格光栅的中心波长发生变化，波长变化的频率与声发射波的频率一致，波长变化量与声发射波的振幅 ε_m 成正比。这样，通过一定的方式解调出光纤布拉格光栅中心波长的变化，就可以得到光纤布拉格光栅感受到的声发射信号的变化情况，实现光纤光栅声发射检测。再利用光纤布拉格光栅的复用特性，就能够实现分布式声发射检测。

3.2 分布反馈光纤激光器的声发射传感原理研究

3.2.1 相移光纤光栅的基本原理

相移光纤光栅名字中的"相移"指的是在光纤光栅纤芯轴向折射率调制中的特定位置处引入的一个相位跳变。与光纤布拉格光栅类似，在未受到外界温度或应力作用的情况下，相移光纤光栅的纤芯轴向有效折射率可以表示为公式（3.16）的形式：

$$n_{eff}(z)=n_{eff0}-\Delta n\sin^2\left[\frac{\pi}{\Lambda}z+\varphi(z)\right],z\in[0,L] \qquad (3.16)$$

式中，$\varphi(z)$ 为光栅轴向 z 点处引入的相位跳变，通常只在某个位置处为 π 或者 $\frac{\pi}{4}$ 等常数值。这个相位跳变会使得光纤布拉格光栅的透射谱的阻带中出现一个带宽极窄的透射峰，其实际的透射光谱图如图 3-1 所示。这个透射峰对应的波长就是相移光纤光栅的中心波长 λ_{B0}。相移光纤光栅与光纤布拉格光栅类似，它的中心波长同样满足公式（3.2）中的关系，应变和温度变化引起的相移光纤光栅中心波长的变化也可以用公式（3.4）描述。

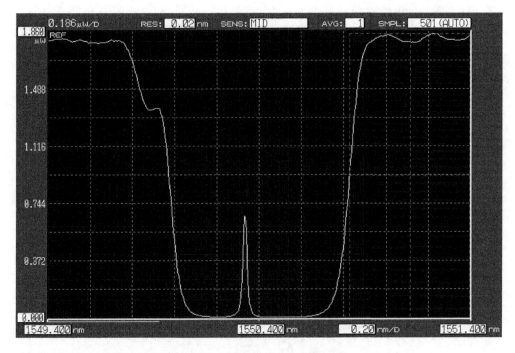

图 3 - 1 实测相移光栅透射光谱图

3.2.2 分布反馈光纤激光器传感原理

分布反馈光纤激光器是一种在掺杂有稀土离子的光纤上制作的相移光纤光栅。由于这种特殊的相移光纤光栅在特定泵浦光的作用下会激射出特定波长的激光,而且这种激光器的谐振腔和工作介质都是在光纤中,因而又被叫做分布反馈光纤激光器。分布反馈的含义是激光器中光栅的每一部分都可以进行反馈以保证单纵模输出。

分布反馈光纤激光器中掺杂的稀土离子通常是铒离子(Er^{3+}),这种离子在吸收 980 nm 波长的泵浦光后,会从基态能级跃迁到高能级。由于铒离子在高能级不太稳定,会以无辐射跃迁的形式回到上能级。上能级是亚稳态能级,铒离子在这一能级上的寿命较长,因此粒子数能够不断增加。随着泵浦光的不断注入,上能级的粒子数将大于下能级,满足粒子数反转的条件。在注入 1 550 nm 波段的入射光后,铒离子会发生自发辐射,同时会引发受激辐射,使得上能级的粒子跃迁回到下能级,辐射产生的能量对该波段的光进行放大。产生的激光可以从相移光纤光栅反射光谱中的特定窗口输出,形成出射光。总之,分布反馈光纤激光器可以利用泵浦光提供的能量,通过刻蚀的相移光纤光栅的透射谱两端的阻带形成谐振腔,并利用透射谱中极窄的透射峰进行选频选模,从而实现窄线宽激光的输出。激光器输出的波长与相移光纤光栅的透射峰波长有关。

和光纤布拉格光栅类似,分布反馈光纤激光器的复用方式主要是波分复用。在同一根光纤上依次串接不同激射波长的分布反馈光纤激光器,再通过特定的波分复用器将不同波长的激射光分离出来,就能实现分布反馈光纤激光器的波分复用。由于不同的光纤激光器串接于同一根光纤上由同一个泵浦源泵浦,每一个激光器都会吸收部分泵浦光。因此,泵浦光的功率是限制波分复用规模的一个重要因素。同时,根据激光器的原理,在谐振腔中形成稳定的激射需要一定的时间,使用持续时间较短的脉冲光泵浦会影响激光器工作的稳定性,因此分布反馈光纤激光器不能实现时分复用。

3.2.3 分布反馈光纤激光器与声发射波相互作用机理

对于分布反馈光纤激光器所使用的相移光纤光栅,我们用和光纤布拉格光栅类似的方法研究它与声发射波的相互作用机理。假设外界温度不变,相移光纤光栅仅受到声发射波作用。首先考虑声发射波对栅格周期产生的调制。沿着相移光纤光栅轴向的 z 点在声发射波的调制作用下变化为 z' 点:

$$z' = f(z,t) = z + \varepsilon_m \frac{\lambda_s}{2\pi} \sin\left(\frac{2\pi}{\lambda_s}z - \omega_s t\right) + \varepsilon_m \frac{\lambda_s}{2\pi} \sin(\omega_s t) \qquad (3.17)$$

将 $z = f^{-1}(z',t)$ 代入公式(3.16),得到新的等效折射率沿轴向的分布 n'_{eff}:

$$n'_{eff}(z',t) = n_{eff0} - \Delta n \sin^2\left[\frac{\pi}{\Lambda}f^{-1}(z',t) + \varphi(z')\right] \qquad (3.18)$$

同样,弹光效应引起的轴向 z 点的有效折射率变化可以用公式(3.19)表示为:

$$\Delta n'(z',t) = -\left(\frac{n_{eff0}^3}{2}\right) \cdot [P_{12} - \sigma(P_{11} + P_{12})] \cdot \varepsilon_m \cos\left(\frac{2\pi}{\lambda_s}z' - \omega_s t\right) \qquad (3.19)$$

将公式(3.19)加到公式(3.18)上,得到在声发射应力波的调制下,相移光纤光栅的有效折射率变化的表达式为:

$$n'_{eff}(z',t) = n_{eff0} - \Delta n \sin^2\left[\frac{\pi}{\Lambda}f^{-1}(z',t) + \varphi(z')\right]$$
$$- \left(\frac{n_{eff0}^3}{2}\right) \cdot [P_{12} - \sigma(P_{11} + P_{12})] \cdot \varepsilon_m \cos\left(\frac{2\pi}{\lambda_s}z' - \omega_s t\right) \qquad (3.20)$$

当声发射应力波的波长 λ_s 远远大于相移光纤光栅的长度 L 时,公式(3.20)可以被简化为:

$$n'_{eff}(z',t) = n_{eff0} - \Delta n \sin^2\left\{\frac{\pi}{\Lambda \cdot [1 + \varepsilon_m \cos(\omega_s t)]}z' + \varphi(z')\right\}$$
$$- \left(\frac{n_{eff0}^3}{2}\right) \cdot [P_{12} - \sigma(P_{11} + P_{12})] \cdot \varepsilon_m \cos(\omega_s t) \qquad (3.21)$$

由公式(3.21)可以得到更加简化的表达式:

$$n'_{eff}(z',t) = n'_{eff1}(t) - \Delta n \sin^2\left[\frac{\pi}{\Lambda'(t)}z' + \varphi(z')\right] \tag{3.22}$$

其中,

$$n'_{eff1}(t) = n_{eff0} - \left(\frac{n_{eff0}^3}{2}\right) \cdot [P_{12} - \sigma(P_{11} + P_{12})] \cdot \varepsilon_m \cos(\omega_s t) \tag{3.23}$$

$$\Lambda'(t) = \Lambda_0 \cdot [1 + \varepsilon_m \cos(\omega_s t)] \tag{3.24}$$

将公式(3.22)代入公式(3.2)可以得到相移光纤光栅的中心波长随声发射波的变化

$$\lambda_B(t) = \lambda_{B0} + \Delta\lambda_0 \cos(\omega_s t) \tag{3.25}$$

其中,

$$\Delta\lambda_0 = \lambda_{B0}\varepsilon_m \left\{1 - \left(\frac{n_{eff0}^2}{2}\right) \cdot [P_{12} - \sigma(P_{11} + P_{12})]\right\} \tag{3.26}$$

从公式(3.25)中可以看出,声发射应力波使得相移光纤光栅的中心波长发生变化,波长变化的频率与声发射波的频率一致,波长变化量与声发射波的振幅 ε_m 成正比。这样,通过一定的方式解调出相移光纤光栅中心波长的变化,也就是分布反馈光纤激光器的激射波长的变化,就可以得到分布反馈光纤激光器感受到的声发射信号的变化情况,实现光纤光栅声发射检测。再利用分布反馈光纤激光器的复用特性,就能够实现分布式声发射检测。

3.3　干涉式声发射信号解调原理

3.3.1　干涉信号解调原理

系统需要检测的声发射信号的频率范围是 100 kHz～200 kHz,而常用的光纤光栅解调仪由于采样频率的限制很难用于直接解调声发射信号。传统的边缘滤波解调方式存在诸如受温度影响较大和需要精确调节窄带激光器输出波长等问题。本书中使用非平衡马赫曾德干涉仪,采用干涉解调方式。

非平衡马赫曾德干涉是一种常用的产生干涉信号的方式。一束中心波长为 λ_B 的光经过干涉仪入端分束后形成两束光,分别进入干涉仪的两臂中传播,然后在出端汇聚并发生干涉。由于臂长差 h 的存在,汇聚的两束光存在相位差 ϕ:

$$\varphi = \frac{2\pi nh}{\lambda_B} \tag{3.27}$$

式中,nh 为光在干涉仪两臂中传播的光程差。

当这束光的中心波长 λ_B 发生变化时,会导致两束光经过干涉仪后产生的相位

差 φ 发生变化。对公式(3.27)两端求微分可以得到相位差随时间的变化 $\Delta\phi$ 与中心波长的变化 $\Delta\lambda_B$ 之间的关系：

$$\Delta\varphi = -\frac{2\pi nh}{\lambda_B{}^2}\Delta\lambda_B \qquad (3.28)$$

根据非平衡马赫曾德干涉仪的原理，在干涉仪出端汇聚并发生干涉的两路光波 $\vec{E_1}(t)$ 和 $\vec{E_2}(t)$ 可以用下面两个公式表示：

$$\vec{E_1}(t) = \vec{A_1}exp\ \{j\ [2\pi f_0 t + \phi]\} \qquad (3.29)$$

$$\vec{E_2}(t) = \vec{A_2}exp\ [j(2\pi f_0 t)] \qquad (3.30)$$

式中，$\vec{A_1}$ 和 $\vec{A_2}$ 分别为两路光信号的光矢量，f_0 为光信号的频率。

根据光的干涉原理，干涉仪输出端的光强 I 可以表示为：

$$I = \|\vec{A_1}\|^2 + \|\vec{A_2}\|^2 + 2\|\vec{A_1}\|\|\vec{A_2}\|\cos\phi \qquad (3.31)$$

可见，输出端的光强中包含有直流成分 $\|\vec{A_1}\|^2 + \|\vec{A_2}\|^2$ 和交流成分 $2\|\vec{A_1}\|\|\vec{A_2}\|\cos\phi$。这样，通过非平衡马赫曾德干涉仪可以将相位变化转换为光强变化，而相位变化又与波长变化有关。

将这种解调方法应用于声发射检测时，以光纤布拉格光栅为例，结合公式(3.14)可以得到相位差随时间的变化 $\varphi(t)$ 和中心波长随时间的变化 $\lambda_B(t)$ 的关系：

$$\phi(t) = \frac{2\pi nh}{\lambda_B(t)} = \frac{2\pi nh}{\lambda_{B0} + \Delta\lambda_0\cos(\omega_s t)} \approx \frac{2\pi nh}{\lambda_{B0}} - \frac{2\pi nh}{\lambda_{B0}{}^2}\Delta\lambda_0\cos(\omega_s t) \quad (3.32)$$

可见，声发射信号产生的应变作用在光纤光栅上使得光纤光栅反射的中心波长或者分布反馈光纤激光器的激射波长 λ_{B0} 发生变化，然后波长变化导致光在干涉仪两臂中传播产生的相位差 $\phi(t)$ 发生变化，进而实现声发射信号的检测。

与传统的通过可调窄带激光光源光谱与光纤布拉格光栅反射谱的重叠面积变化解调声发射信号的方法相比，干涉式声发射信号解调不需要事先将窄带激光光源的输出波长调节到光纤布拉格光栅反射谱的特定位置，只要有反射光信号变化就可以发生干涉。而且根据公式(3.3)，外界温度变化也会使得中心波长发生移动，这对系统造成的影响只是在干涉仪输出的光强信号中包含有温度变化造成的波长漂移产生的相位差分量，可以通过后续信号解调减少这种影响，而不会像原有的解调方式那样，当温度变化较大时中心波长漂移较多造成光谱重叠面积降低甚至不存在重叠面积，使系统不能正常工作。因此理论上这种解调方法的温度适应范围更广。

从公式(3.31)中可以看出，非平衡马赫曾德干涉仪输出的是相位被调制的信号，需要通过算法将相位变化 $\phi(t)$ 从被调制的信号中解调出来。与常用的 PGC 解调算法相比，NPS 解调算法不需要引入载波，从而大大降低了系统解调复杂度和采样率要求，增大了系统动态范围。NPS 算法需要干涉仪系统通过一种 3×3 光纤耦合器输出干涉信号，耦合器的三路光输出信号的相位互成 $120°$。对于非平衡马赫曾德干涉仪，耦合器的三路输出信号 $I_1(t)$、$I_2(t)$ 和 $I_3(t)$ 可以表示为：

$$I_n(t) = D + I_0 \cos\left[\varphi(t) - (n-1)\frac{2}{3}\pi\right], n = 1, 2, 3 \qquad (3.33)$$

式中，$D = \|\overrightarrow{A_1}\|^2 + \|\overrightarrow{A_2}\|^2$，$I_0 = 2\|\overrightarrow{A_1}\|\|\overrightarrow{A_2}\|$，$\phi(t) = \phi(t) + \eta(t)$，$\phi(t)$为声发射信号作用产生的信号，$\eta(t)$为外界环境的干扰信号(如温度漂移所产生的干扰信号)。

NPS算法通过对 3×3 光纤耦合器的三路输出光强进行一定运算解算出相位信息 $\varphi(t)$，算法示意图如图 3-2 所示。

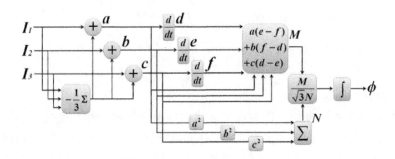

图 3-2　NPS 算法示意图

NPS 具体计算过程如下所示：

(1) 将三路输出信号相加后再乘以 $-\frac{1}{3}$，得到：

$$\frac{1}{3}\sum_{n=1}^{3} I_n(t) = -D \qquad (3.34)$$

(2) 三路输出分别与 $-D$ 相加，得到：

$$a = I_0 \cos[\varphi(t)] \qquad (3.35)$$

$$b = I_0 \cos\left[\varphi(t) - \frac{2}{3}\pi\right] \qquad (3.36)$$

$$c = I_0 \cos\left[\varphi(t) - \frac{4}{3}\pi\right] \qquad (3.37)$$

(3) 将 a、b、c 分别经过三个相同的微分器，微分可得：

$$d = -I_0 \dot\varphi(t)\sin[\varphi(t)] \qquad (3.38)$$

$$e = -I_0 \dot\varphi(t)\sin\left[\varphi(t) - \frac{2}{3}\pi\right] \qquad (3.39)$$

$$f = -I_0 \dot\varphi(t)\sin\left[\varphi(t) - \frac{4}{3}\pi\right] \qquad (3.40)$$

(4) 将 a、b、c 与另外两路微分后的差相乘可得：

$$a(e-f) = \sqrt{3}I_0^2 \dot\varphi(t)\cos^2[\varphi(t)] \qquad (3.41)$$

$$b(f-d) = \sqrt{3}I_0^2 \dot\varphi(t)\cos^2\left[\varphi(t) - \frac{2}{3}\pi\right] \qquad (3.42)$$

$$c(d-e)=\sqrt{3}\,I_0^2\dot{\varphi}(t)\cos^2\left[\varphi(t)-\frac{4}{3}\pi\right] \tag{3.43}$$

(5) 将 $a(e-f)$、$b(f-d)$ 和 $c(d-e)$ 相加,可得:

$$M=a(e-f)+b(f-d)+c(d-e)=\frac{3\sqrt{3}}{2}I_0^2\dot{\varphi}(t) \tag{3.44}$$

(6) 再将输入信号求平方和,可得:

$$N=a^2+b^2+c^2=\frac{3}{2}I_0^2 \tag{3.45}$$

(7) 最后将 M 除以 $\sqrt{3}\,N$,可得:

$$P=\sqrt{3}\,\dot{\varphi}(t) \tag{3.46}$$

(8) 积分后得到 $\varphi(t)$

NPS 算法虽然在理论上能够从干涉仪的输出中解调出相位变化,但是实际内部包含的微分和积分等运算不容易通过硬件实现,因此考虑对 NPS 算法进行化简。在 3×3 耦合器的三路输出光完全对称的情况下,可以简化 NPS 算法的运算过程,使得相位变化 $\varphi(t)$ 可以通过下式解算出来:

$$\tan\phi(t)=\frac{\sqrt{3}\,I_2(t)-\sqrt{3}\,I_3(t)}{2I_1(t)-I_2(t)-I_3(t)} \tag{3.47}$$

3.3.2　干涉信号解调算法仿真

首先在 MATLAB 中对公式(3.47)进行了仿真。设定 $I_1(t)=\cos(t)$,$I_2(t)=100\cos\left(t+\frac{2\pi}{3}\right)$,$I_3(t)=\cos\left(t-\frac{2\pi}{3}\right)$,对应的 $\varphi(t)=t$。使用 MATLAB 生成时间 t 从 0 到 10 按照等间隔 0.001 增加时对应的 10001 组数据。三组输入波形如下图 3-3a 所示:

将波形数据直接带入公式中进行计算,得到的波形结果如图 3-3b 所示。分析仿真结果可知,当通过反正切函数计算出的角度范围大于 $\frac{\pi}{2}$ 时计算结果会产生跳变。为了去除这种跳变,对直接反正切后的波形进行处理。通过前后两个数据之间的差值判断跳变的产生及跳变的方向,然后将跳变的值补偿给后面数据。处理后的结果如图 3-3c 所示,与实际输入的 $\phi(t)=t$ 波形一致。仿真结果表明通过公式(3.47)可以简单解调出 $\phi(t)$,但是要注意输入波形范围较大时反正切函数可能会产生的相位跳变现象。

考虑到在实际系统中的干涉解调装置搭建中,公式(3.47)的运算将会在赛灵思公司的现场可编程门阵列中进行,因此在集成设计环境 Vivado 2018.2 软件中通过 Block Design 模块设计对硬件解调电路进行设计。Block Design 能够根据用户的定

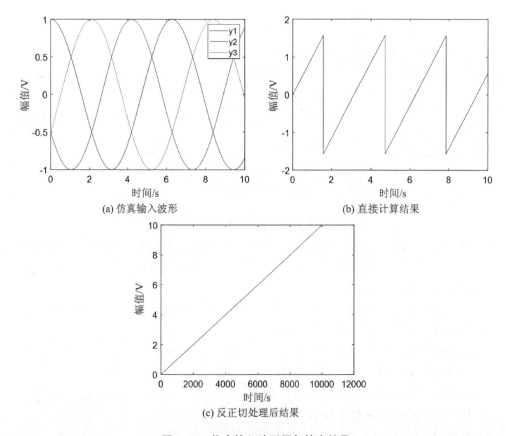

(a) 仿真输入波形　　　　　　　(b) 直接计算结果

(c) 反正切处理后结果

图 3 - 3　仿真输入波形图与输出结果

制需求自动选择、组合以及连接不同的 IP 模块。用户可以使用已经封装好的 IP 模块，也可以根据需求添加自定义 IP 模块。

　　硬件解调电路主要由数据类型转换部分和运算部分组成。首先通过自定义的符号位扩展 IP 将三个通道输入的 12 位二进制补码扩展为 32 位二进制补码，然后通过 Floating - point 7.1 IP 中的 Fixed - to - float 功能将 32 位定点数转换为 32 位单精度浮点数。三路输出信号均经过转换后分别通过 Floating - point 7.1 IP 中的 Subtract，Multiply，Divide 以及 Square - root 等功能进行减、乘、除和开方运算，最后通过 CORDIC 6.0 IP 进行反正切运算。总体的流程图如图 3 - 4 所示。

　　在完成最终的硬件解调模块电路前，首先通过在 Vivado 2018.2 中编写 test-bench 文件对使用到的 IP 模块分别进行仿真。通过仿真可以验证模块的基本功能，以及模块输入和输出之间的时序关系，帮助用户更好的设计电路。

　　根据解调模块的流程图，三个通道传来的十二位补码数据需要先扩展到十六位补码才能更好地进行后续模块的运算。补码位数扩展的原则是：如果是正数则在前面补 0000，如果是复数则最高位前补上 1111。根据这一原则，在 Vivado 2018.2 中

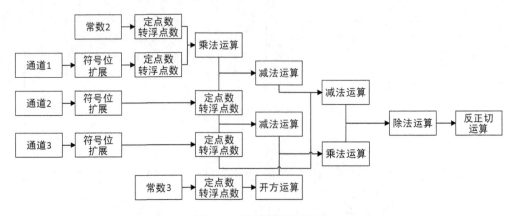

图 3-4　解调模块流程图

使用 Verilog HDL 语言的 if 语句判断最高位是否为 1，根据判断结果执行相应的补数操作。编写完成后可以在开发环境中封装成符号位扩展 IP 模块，在 Block Design 中可以被自由调用。

由于解调算法会涉及开方运算和除法运算，使用浮点数进行运算会比用定点数得到的结果更精确。而模数转换器直接读取到的是定点数，因此需要在开始阶段将定点数转换为浮点数。定点数转浮点数模块可以将输入的 32 位整型数据（S_AXIS_A）转换为单精度浮点数（M_AXIS_RESULT）（符号位 1 位，阶码 8 位，尾数 23 位），如图 3-5 所示。定点数转浮点数模块的仿真结果如图 3-6 所示。设定输入值为十二位二

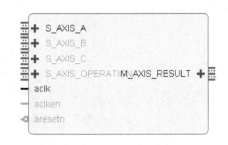

图 3-5　浮点数转换模块示意图

进制 111111111100（对应整数 4092），转换后的输出值用十六进制表示为 457fc000（对应浮点数 4092.0）。

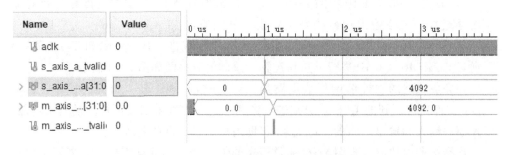

图 3-6　定点数转浮点数模块仿真结果

浮点数开方运算模块可以计算出输入的 32 位单精度浮点数（S_AXIS_A）的开方结果（M_AXIS_RESULT），这个模块用于计算公式中的系数 $\sqrt{3}$，如图 3-7 所示。浮点数开方运算模块的仿真结果如图 3-8 所示。设定输入值用十六进制表示为 3fb851ec（对应浮点数 1.44），计算后的开方结果用十六进制表示为 457fc000（对应浮点数 1.2）。

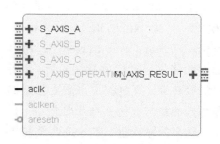

图 3-7 浮点数开方运算模块示意图

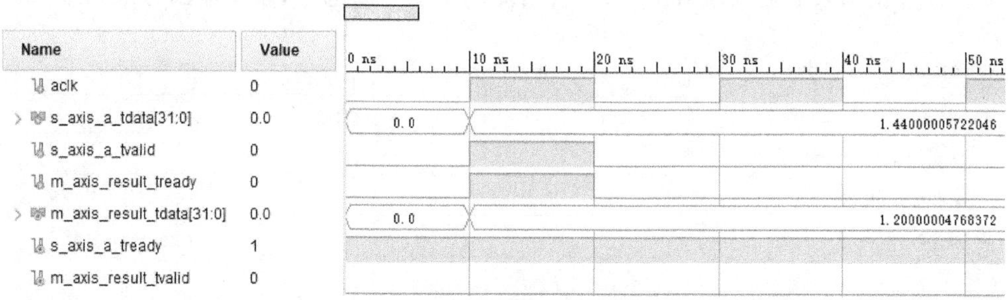

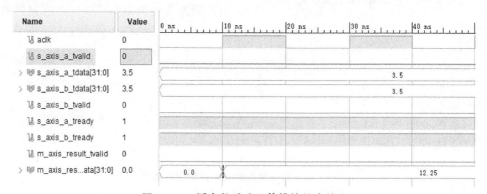

图 3-8 开方运算仿真结果

浮点数乘法运算模块可以计算出输入的两个 32 位单精度浮点数（S_AXIS_A 和 S_AXIS_B）相乘的结果（M_AXIS_RESULT），如图 3-9 所示。浮点数乘法运算模块的仿真结果如图 3-10 所示。设定输入值用十六进制表示为 40600000（对应浮点数 3.5），计算后的输出值用十六进制表示为 41440000（对应浮点数 12.25）。

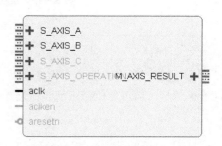

图 3-9 浮点数乘法运算模块示意图

图 3-10 浮点数乘法运算模块仿真结果

反正切运算模块如图 3－11 所示。该模块利用 CORDIC（Coordinate Rotation Digital Computer）算法，用基本的加和移位运算代替乘法运算，使得矢量的旋转等计算过程不再需要复杂的三角函数的参与。仿真结果如图 3－12 所示。仿真的输入量 i 和 q 是两个相等

图 3－11　反正切模块示意图

的数 1.996，输出量是计算出的 $\arctan\frac{q}{i}$ 的值 0.785，对应弧度为 $\frac{\pi}{4}$，表明计算结果正确。计算出结果后输出端 out_valid 会由低电平变为高电平，表示输出有效结果。

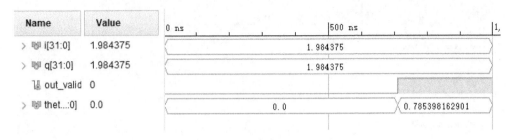

图 3－12　反正切模块仿真结果

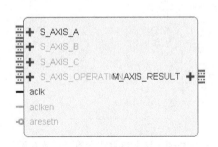

图 3－13　浮点数转定点数模块示意图

浮点数转定点数模块如图 3－13 所示，它可以将输入的单精度浮点数转换为 32 位整型数据。浮点数转定点数模块的仿真结果如图 3－14 所示。当输入值为八位十六进制 457fc000（对应的浮点数 4092.0）时，输出值用十六进制表示为 00000001（对应整数 1）。

单个 IP 仿真结束后，根据解调算法流程图连接各个 IP 的端口，形成完整的

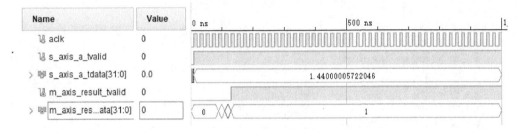

图 3－14　浮点数转定点数模块仿真结果

硬件解调电路。然后同样对硬件解调电路进行仿真。仿真时设置一个输入端口：时钟（aclk），设置六个输出端口，用于显示输入三个通道的数值以及解调算法输出的中间结果以及最终结果。总体的信号解调模块电路结构图如图3-15所示。

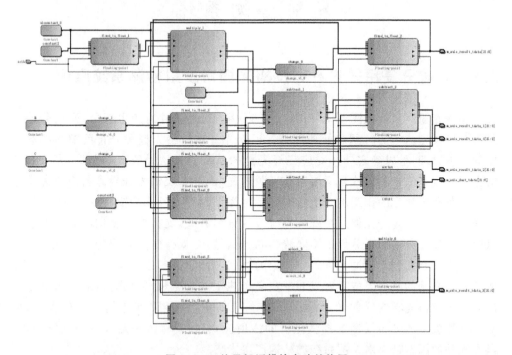

图3-15　信号解调模块电路结构图

仿真时设置三个通道的输入量分别为10,5和1,计算结果如下图所示。公式中分子计算出的结果是6.875,分母计算出的结果是14,求反正切后的结果是0.450。仿真计算结果与实际计算结果 $\arctan \dfrac{6.875}{14} = 0.4565$ 之间存在一定误差,但是误差不大,应当是由内部数据位数限制造成的舍入误差。仿真结果表明信号解调模块电路能够很好地进行解调算法运算,可以用在干涉解调装置上。

Name	Value	0 ns	200 ns	400 ns	600 ns	800 ns	1,000 ns	1,200 ns	1,400 ns	1,600 ns	1,
aclk	0										
m_axis_result_tdata[31:0]	0.0					10.0					
m_axis_resul...a_1[31:0]	0.0					5.0					
m_axis_resul...ata_2[31:0]	0.0					1.0					
m_axis_resul...ata_3[31:0]	0.0					6.875					
m_axis_resul...ata_4[31:0]	0.0					14.0					
m_axis_dout_tdata[31:0]	0.0		0.0				0.450353322550654				

图3-16　信号解调模块仿真结果

3.4 波分复用式光纤布拉格光栅声发射检测系统

3.4.1 波分复用式光纤布拉格光栅声发射检测系统原理

光纤光栅声发射检测系统一般由三部分组成:光信号的产生部分,光信号的分离部分以及光信号的解调和处理部分。根据光纤布拉格光栅和分布反馈光纤激光器的基本原理,可以确定使用对应光纤光栅的系统的光信号的产生方式:光纤布拉格光栅产生光信号的方式是反射宽带光源的光,而分布反馈光纤激光器产生光信号的方式是在泵浦光的作用下产生激射光。再根据两种光纤光栅支持的复用方式,可以确定使用对应光纤光栅的系统的光信号的分离方式:支持波分复用的光纤光栅可以通过密集波分复用器分离出不同波长的光信号,而支持时分复用的光纤光栅可以通过将连续光调制成脉冲光再利用特定的光路分离出。对于光信号的解调和处理,两种光纤光栅的反射光或激射光的带宽会影响干涉仪臂长差的选择:对于带宽较宽的光纤布拉格光栅的反射光,可以在干涉仪光路中接入精确调节臂长差的器件;而对于带宽极窄的分布反馈光纤激光器的激射光,只需要接入一定长度的光纤即可。以上提到的因素都会对检测系统的结构产生影响。

根据光纤布拉格光栅的基本原理以及波分复用原理,搭建波分复用式光纤布拉格光栅声发射检测系统。系统结构如图 3-17 所示。

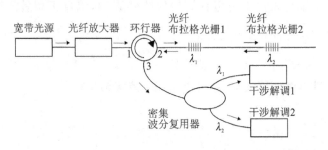

图 3-17 波分复用式光纤布拉格光栅声发射检测系统结构图

波分复用式光纤布拉格光栅声发射检测系统的基本原理为:宽带光源发出的光经由光纤放大器放大后进入环行器的 1 端口,再通过 2 端口离开环行器,进入两个串联连接的中心波长不同的光纤光栅(中心波长分别为 λ_1 和 λ_2)。两个光纤光栅分别反射宽带光源中不同的波长成分,反射光进入环形器的 2 端口后由 3 端口离开,再进入密集波分复用器的公共输入端。反射光经过密集波分复用器后,两个特定波长的光纤布拉格光栅反射光从密集波分复用器的特定波长输出通道离开后连接两个干涉解调装置进行解调。

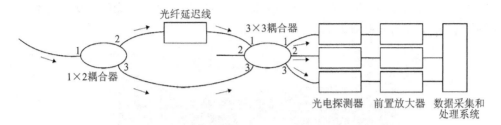

图 3 - 18　适用于波分复用系统的干涉解调装置结构图

　　干涉解调装置由光纤干涉仪、光电转换器、前置放大器、数据采集和处理系统四部分组成，装置结构如图 3 - 18 所示。1×2 耦合器将光纤布拉格光栅的反射光分成两束进入干涉仪两臂中传播，在两个干涉臂的其中一路上连接手动可调光纤延迟线，另一路直接用光纤跳线将两个耦合器相连。两个干涉臂的两束光分别进入 3×3 耦合器的任意两个输入端汇合并发生干涉。3×3 耦合器的三个输出端分别连接光电探测器进行光电转换，再分别连接前置放大器进行滤波放大后进入数据采集和处理系统进行后续信号处理。搭建完成的系统实物图如图 3 - 19 所示。

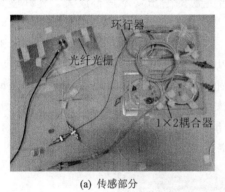
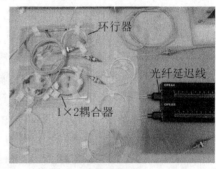

(a) 传感部分　　　　　　　　　　　　　　(b) 解调部分

图 3 - 19　波分复用式光纤布拉格光栅声发射检测系统实物图

3.4.2　检测系统硬件选型及参数配置

　　宽带光源是整个系统产生光信号的器件。系统中使用的宽带光源需要具有足够宽的输出波长范围，这样系统才能够连接足够多个不同中心波长的光纤布拉格光栅。同时光源的输出功率要足够高，而且输出光谱的平坦度要好，这样能够保证反射光功率足够大而且不同波长的反射光功率较为一致。系统中使用的宽带光源为北京朗普达光电科技有限公司生产的宽带光源模块，如图 3 - 20 所示。这款宽带光源的输出波长范围是 1 527 nm～1 564 nm，标称最大输出功率可以达到 20 mW，不同波长对应的光功率平坦度为 1.36 dB。在波分复用式光纤布拉格光栅声发射检测系统中,宽带光源的光功率被设定为最大值 20 mW,以保证反射光的光功率足够高,而不需要接下来的光纤放大器输出过高的光功率。

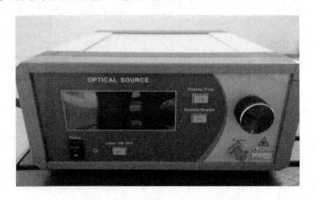

图 3 - 20　宽带光源实物图

由于一般的宽带光源输出功率在整个输出波长范围上只有数十毫瓦量级,而光纤布拉格光栅的反射谱带宽比较窄,反射光的功率只占宽带光源的输出功率中很小的一部分,因此需要使用光纤放大器对宽带光源的输出功率进行放大。光纤放大器的输出功率要足够大,而且放大波长范围需要与宽带光源的波长范围相匹配,而且要能方便地对输出功率等参数进行调节。系统中使用的光纤放大器为北京中讯光普科技有限公司生产的掺铒光纤放大器模块,如图 3 - 21 所示。这种放大器可以对1 550 nm 附近的连续光进行放大,最大输出功率可以设置为 100 mW。放大器可以通过 RS232 接口与计算机进行通信,在计算机软件上设置相关参数,监视放大器各项性能指标。在该系统中,放大器的输出功率被设置为 50 mW,这样既能保证光信号得到了足够的放大,又能够减少输出功率过高时从光纤放大器引入的噪声。

图 3 - 21　掺铒光纤放大器

光纤布拉格光栅是系统中感受声发射信号并产生受声发射信号调制的光信号

的部分。光纤布拉格光栅的中心波长要与宽带光源的输出波长范围相匹配,栅区长度足够短能够保证感受到的声发射信号均匀。光纤布拉格光栅的反射率要足够高,这样反射光的功率才能足够大。同时反射光的带宽要足够窄,这样干涉效果才会好。系统中使用的光纤布拉格光栅是在单模光纤上利用掩模板刻写的。这种光纤布拉格光栅的栅区长度约为 1 cm,反射光的中心波长在 1 550 nm 附近,反射率大于90%。为了使得光纤布拉格光栅反射光的干涉效果更好,在刻写过程中还通过切趾工艺减小反射谱两侧的旁瓣强度。切趾后的光纤布拉格光栅反射谱如下图所示。从图中可以看出反射谱的带宽约为 0.2 nm。

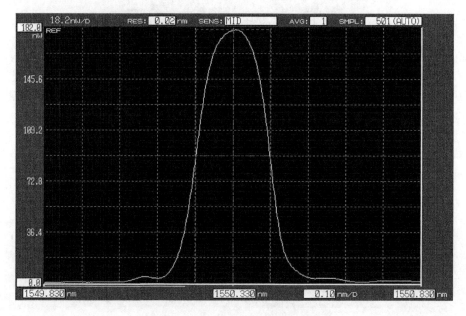

图 3 - 22　光纤布拉格光栅反射谱

密集波分复用器的作用是将不同波长的光纤布拉格光栅的反射光精确分离出来。波分复用器覆盖的波长范围要足够广,波长通道数要足够多,以便适应不同中心波长的光纤光栅。每个通道的带宽要足够窄才能将反射光准确分离开。系统中使用的密集波分复用器为成都北亿纤通科技有限公司生产的 G - C161C41FM34 -01 型密集波分复用器,如下图所示。这种密集波分复用器有 16 个输出通道(分别记做 C41~C26),波长范围从 1 544.508 nm~1 556.550 nm,每个通道带宽约为 0.6 nm,最大承受光功率为 300 mW。波分复用器标称的插入损耗小于 5.5 dB,相邻通道的隔离度大于 30 dB,非相邻通道的隔离度大于 40 dB,通道之间的隔离性能良好。

3×3 光纤耦合器在系统中不仅是作为光纤干涉仪的接收端产生干涉信号,而且还作为功率分配器可以将干涉产生的光信号等功率分为三路,同时还使得每个输出信号的相位相差 120°。耦合器三路输出信号的分光比越平均,后续使用公式(3.47)进行信号解调的误差越小。系统中使用的 3×3 光纤耦合器如图 3 - 24 所示。经过

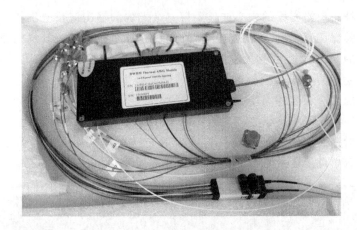

图 3-23　密集波分复用器实物图

测试,耦合器三个输出通道的分光比接近 33∶33∶33,可以满足后续解调算法的要求。

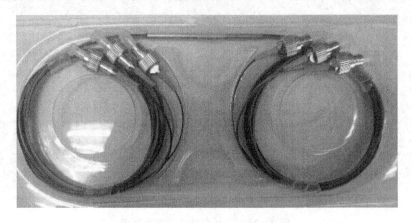

图 3-24　3×3 光纤耦合器实物图

　　由于系统中使用光纤布拉格光栅反射谱的带宽约为 0.2 nm,根据相干性原理,反射光对应的相干长度约为 $\dfrac{\lambda_{B0}^2}{\Delta\lambda_{B0}}=\dfrac{(1\,550\times10^{-9})^2}{0.2\times10^{-9}}$ m＝0.012 m。已知干涉仪两臂的臂长差小于相干长度时才能产生干涉现象,因此需要调整两臂的臂长差使之小于 0.012 m。而且由公式(3.28)可以看出,相位差的变化量 $\Delta\varphi$ 与臂长差 h 成正比。为了产生良好的干涉现象,需要较为精确的对臂长差进行调节。然而与在空间中传输的光相比,在光纤中传输的光的光程差很难直接调节。系统中使用天津峻烽光仪科技有限公司生产的 OM-VDL-MAN-R-C-66 型 1 550 nm 单模手动光纤延迟线进行臂长差调节,如图 3-25 所示。这种延迟线可以通过旋钮调节内部反射镜的位置,使得光通过延迟线输入端进入内部再经由反射镜反射由输出端射出的这一段传播路程的光程差发生变化,进而实现延迟量的调节。光纤延迟线的最大延迟量为 660 ps,足够满足系统臂长差的调节要求。

图 3 - 25　光纤延迟线实物图

调节时,由于光纤光栅返回光带宽较窄不易通过光谱仪观察干涉现象,可以将宽带光源直接接入带有光纤延迟线的非平衡马赫曾德干涉仪,干涉仪输出端连接光谱仪,通过光谱仪观察宽带光源的干涉谱。当旋转光纤延迟线的旋钮时可以观察到干涉谱会逐渐出现细密的锯齿状波纹,这是由于引入的臂长差使得宽带光源中的特定波长发生相消干涉形成波谷,而特定波长出现发生相长干涉形成波峰,如图 3 - 26a~c 所示:

当干涉谱的波峰和波谷之间差距达到最大时,如上图 c 所示,可以认为非平衡马赫曾德干涉仪的臂长差已经调节到最合适的长度,此时干涉条纹可见度最高,干涉效果最好。

干涉仪产生的光强信号需要借助光电探测器转换成电信号后才能进入数据采集和处理系统。系统所选用的光纤光栅的中心波长一般在 1 550 nm 左右,声发射信号导致的光强的变化频率范围一般在 100 kHz~200 kHz 内,系统中使用的光电探测器是美国 New Focus 公司的铟镓砷光电探测器模块,如图 3 - 27 所示。这款光电探测器模块可以通过旋钮调节带通滤波器的频率范围,它的波长响应曲线在 1 550 nm 波段较为平坦,灵敏度一致性较好。该光电探测器模块的暗电流噪声也较低,更适合应用于声发射检测领域。

光电转换后得到的电压信号一般幅值较小,采集卡无法正常采集,需要在采集卡之前用前置放大器把光电转换后得到的电压信号进行放大。由于采集的是高频信号,频率范围为 100 kHz~200 kHz,所以前置放大器的带宽必须包含信号频率范围。系统中使用的前置放大器是美国 Physical Acoustics 公司生产的 2/4/6C 型前置放大器,如图 3 - 28 所示。这种前置放大器的带宽为 10 kHz~2 MHz,支持单端输入和差分输入两种方式,放大倍数可以调节为 20 dB(10 倍)、40 dB(100 倍)、60 dB(1 000 倍)。系统中的前置放大器的放大倍数一般调节为 40 dB,这一放大倍数可以确保采集到的信号幅值足够高。

为了提高信号解调的速度,同时降低系统的复杂程度,选择使用简单的模数转

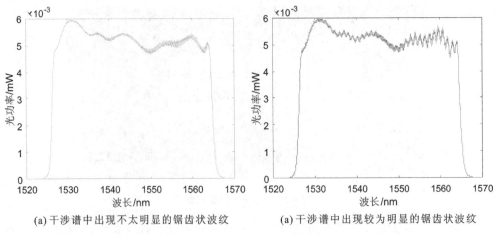

(a)干涉谱中出现不太明显的锯齿状波纹　　　　　　(a)干涉谱中出现较为明显的锯齿状波纹

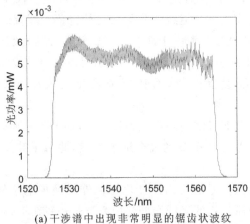

(a)干涉谱中出现非常明显的锯齿状波纹

图 3 - 26　臂长差逐渐改变时的宽带光源干涉谱

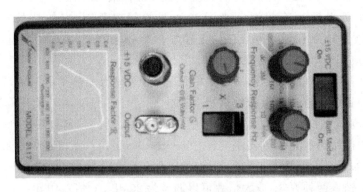

图 3 - 27　光电探测器实物图

换器进行信号采集,搭配现场可编程逻辑门阵列芯片进行硬件解调的方式组成数据采集和处理系统,如图 3 - 29 所示。选择芯驿公司的 AN926 高速数据采集模块进行

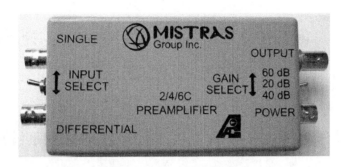

图 3-28　前置放大器实物图

数据采集。数据采集模块上有两片 ADI 公司的 12 位模数转换器 AD9226,采样频率为 65 MHz,能够满足系统对 100 kHz~200 kHz 的声发射信号检测的要求。数据采集模块允许的输入电压为 -5 V~5 V,然后通过模块上的衰减电路将其转换为 AD9226 允许的 1 V~3 V 电压。最终,转换得到的数字信号通过采集模块上的 12 个输出引脚输出 12 位二进制补码 000000000000~111111111111。

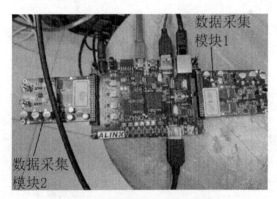

图 3-29　数据采集和处理系统实物图

选择芯驿公司的 AX7010 开发板搭建硬件平台。开发板上搭载有赛灵思公司的 Zynq-7010 可编程片上系统,该片上系统在单芯片内集成了双核微处理器和赛灵思公司的现场可编程逻辑门阵列,使得系统同时具备现场可编程逻辑门阵列的灵活性和微处理器的可编程性等特点,不仅将两个分立的器件整合在了一起节约了空间,也为开发人员提供了更为多元化的开发方式。这样所设计的硬件解调电路可以在片上系统的现场可编程逻辑门阵列上实现。两个数据采集模块可以插在开发板的两个 40 针扩展插槽上,片上系统芯片可以直接读取数据采集模块输出的信号并通过片内总线交给内部的数字电路进行运算。现场可编程逻辑门阵列部分具有 28 000 个逻辑单元和 80 个数字信号处理单元,为执行解调运算提供了足够的硬件资源。声发射检测系统配套的显示软件功能可以在微处理器上执行。

3.5 时分复用式光纤布拉格光栅声发射检测系统

3.5.1 时分复用式光纤布拉格光栅声发射检测系统原理

波分复用式光纤光栅声发射检测系统虽然结构简单,但是系统正常工作会要求密集波分复用器的通道范围要与光纤布拉格光栅的中心波长相匹配,否则密集波分复用器对应的通道就没有光信号输出,检测系统也就不能正常工作了。考虑到光纤布拉格光栅的时分复用技术,使用分时读取实现不同光纤布拉格光栅的反射光的分辨也是可行的。分时读取就是利用不同光纤布拉格光栅的位置差造成的时间差,在不同时刻读取不同的光纤布拉格光栅的反射光信号,从而将多个光纤布拉格光栅的反射光分离出来。

根据分时读取的原理搭建时分复用式光纤布拉格光栅声发射检测系统,系统结构示意图如下图所示:

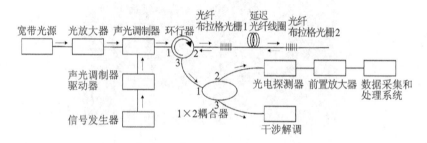

图 3-30 时分复用式光纤布拉格光栅声发射检测系统结构图

时分复用式光纤布拉格光栅声发射检测系统的基本原理为:宽带光源发出的光经由光纤放大器放大后被声光调制器调制成脉冲光,脉冲光进入环行器的 1 端口,再通过 2 端口离开环行器,进入两个串联连接的中心波长不同的光纤光栅(中心波长分别为 λ_1 和 λ_2)。两个光纤光栅分别反射宽带光源中不同的波长成分,反射光进入环形器的 2 端口后由 3 端口射出,再进入一个 1×2 耦合器后被分成两路。一路连接干涉解调装置进行声发射信号解调,另一路连接光电探测器、前置放大器以及数据采集和处理系统用于光纤布拉格光栅反射光信号的分辨。

由于采用了相同的光纤布拉格光栅和相同的干涉解调原理,干涉解调装置与波分复用式光纤布拉格光栅声发射检测系统结构一致,这里不再赘述。

3.5.2　检测系统时分复用原理

为了实现分时读取,首先需要将宽带光源发出的连续光调制成脉冲光。因为系统使用的光放大器无法放大脉冲光,所以选择在掺铒光纤放大器和环行器之间加入声光调制器。声光调制器是一种光调制器件,可以将输入的电信号转换为内部晶体的振动声信号,从而通过晶体振动控制光路的通断。系统中使用的声光调制器为 Gooch & Housego 公司的 T-M080-0.4C2J-3-F2S,如图 3-31 所示,其允许入射波长为 1 550 nm,调制频率为 80 MHz,上升时间 35 ns,标称插入损耗小于 3 dB,最大可承受光功率 1 W。声光调制器可由配套的驱动器控制。当向驱动器的输入端施加大于 3 V 的电压信号时,驱动器输出端产生 80 MHz 的正弦波信号。将驱动器的输出端与声光调制器的输入端连接,当声光调制器输入端接收到 80 MHz 的正弦波信号时,调制器光路才接通,否则光不能通过声光调制器。因此,通过向驱动器输入端施加一定频率和占空比的方波信号,可以控制声光调制器所在光路的通断,使得连续光被调制成为脉冲光。

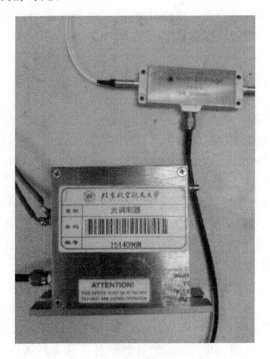

图 3-31　声光调制器和驱动器实物图

为了分辨出两个光纤布拉格光栅反射的光信号,在环行器的 3 端口后面使用一个 1×2 的耦合器进行分光。1×2 耦合器的输出端口 3 连接干涉解调装置,而输出端口 2 连接一个光电探测器,用于分离出返回的脉冲信号。分离原理如下:当两个光纤光栅之间的间隔足够远时,输出端口 2 连接的光电探测器可以接收到有一定时间间隔的脉冲信号,对应着两个光纤光栅的反射光,脉冲信号的示意图如图 3-32 所示。假设光源在 T_0 时刻产生一束脉冲光,则在经过一段时间后的 T_1 时刻输出端口 2 的光电探测器会收到光纤布拉格光栅 1 的反射光信号,再经过一段时间后的 T_2 时刻又会收到光纤布拉格光栅 2 的反射光信号。

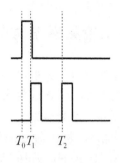

图 3-32　光电探测器接收脉冲光示意图

而 1×2 耦合器的输出端口 3 连接的干涉解调装置也会接收到相同顺序的脉冲光信号。这样通过对脉冲光信号进行计数编号,就可以将与输出端口 2 的光电探测器收到的脉冲光的序号对应起来。

　　考虑到入射的脉冲光有一定持续时间,有可能存在前一个光纤光栅的反射光仍在干涉仪中而后一个光纤光栅的反射光已经到达的情况。为了避免两个光纤光栅的反射光信号在干涉仪处发生混叠,需要适当减少脉冲光的持续时间,并增加脉冲光在两个光纤光栅之间往返的时间。可以通过输入声光调制器驱动器输入端的方波的频率和占空比调节脉冲光的持续时间,通过在两个光纤光栅之间加入一定长度的光纤作为延迟光纤线圈去调节脉冲光在两个光纤光栅之间往返的时间。设方波频率为 p,占空比为 τ,两个光纤光栅之间的距离为 S,脉冲光的持续时间应小于光走过两个光纤光栅之间的光程的两倍所用的时间:

$$\frac{\tau}{p} < \frac{2S}{v} \tag{3.48}$$

　　这样,在 Agilent 33120A 型信号发生器中设定输入声光调制器驱动器输入端的方波频率为 400 kHz,占空比为 10% 时,计算出 $S > 25.86$ m。也就是在两个光纤光栅之间需要连接上长度至少为 25.86 m 的一段光纤。考虑到信号发生器的上升沿时间、声光调制器的上升时间以及光电探测器的响应时间等因素使得接收到的信号不是完整的矩形脉冲信号,增加的光纤长度会略长于计算出的理论值。可以通过带有圈数计数功能的绕线机在光纤绕线盘上绕制特定长度的光纤。当光纤盘的直径约为 30 cm 时,绕制约 26 m 长的光纤至少需要转 28 圈。

　　为了对 1×2 耦合器输出端口 2 的脉冲光信号进行计数编号,在数据采集和处理系统的现场可编程逻辑门阵列中设计计数硬件电路对接收到的矩形波信号进行计数,并根据计数结果对硬件解调模块电路处理的信号进行标记,最终判定信号是来自哪一个光纤布拉格光栅。设计完成的计数硬件电路包括阈值检测模块、计数模块和分配模块,如图 3-33 所示。计数模块使用 Vivado 自带的 Binary Counter 12.0 IP 模块,阈值检测模块和分配模块为自编 IP 模块,是在开发环境中用 Verilog HDL 语言描述后封装成的。计数硬件电路的功能如下:阈值检测模块通过判断输入电压是否超过设定电压值对非矩形的脉冲进行整形,整形后得到的矩形脉冲被输入计数模块作为计数值增加的时钟信号。当系统中只串联连接两个光纤布拉格光栅时,设定计数模块从 0 开始计数,计数值超过 1 后自动清零,计数模块输出的 0 和 1 就对应着两个光纤布拉格光栅的序号。将计数模块的输出端与分配模块的输入端相连。分配模块根据计数值将采集到的信号分配到不同显示通道进行显示。当计数值为 0 时,认为当前脉冲信号来自光纤布拉格光栅 1,则将信号分配到对应光纤布拉格光栅 1 的通道进行显示,计数值为 1 的情况与此类似。

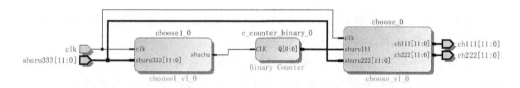

图 3 - 33　阈值检测模块、计数模块与分配模块电路结构图

通过在 Vivado 2018.2 中编写 testbench 文件仿真验证计数硬件电路的功能,仿真结果如图 3 - 34 所示。在阈值检测模块中设定阈值为 000000111111,当大于等于该阈值时输出 1,否则输出 0。仿真过程中设置输入量 shuru333[11:0] 为近似方波的波形,最大值为 011111111111,最小值为 0。输出量 shuchu 在输入波形大于设定阈值时为 1,否则为 0。计数模块的输出量 Q 的值随着输入方波的周期在 0 和 1 之间跳变,分配模块也根据 Q 值的变化将输入量 shuru333[11:0] 的波形分配到不同的输出端输出,当 Q 为 0 时 ch111 有信号输出,ch222 无信号输出;Q 为 1 时则是 ch111 无信号输出,ch222 有信号输出。仿真表明自编模块能够对脉冲波形起到分配的作用。这样,通过光路上的脉冲光调制,结合硬件上的阈值计数,就可以搭建时分复用式光纤布拉格光栅声发射检测系统。

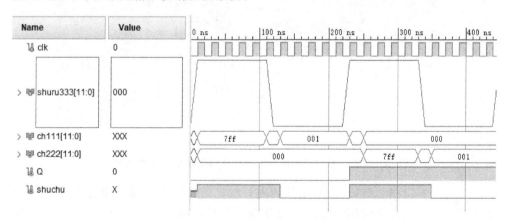

图 3 - 34　阈值检测模块、计数模块与分配模块仿真结果

3.6 分布反馈光纤激光器声发射检测系统

3.6.1 分布反馈光纤激光器声发射检测系统原理

根据分布反馈光纤激光器的工作原理以及波分复用原理,搭建分布反馈光纤激光器声发射检测系统。系统结构如图 3-35 所示。

分布反馈光纤激光器声发射检测系统的基本原理为:由泵浦光源发出的波长为980 nm 的连续光连接粗波分复用器的 980 nm 波段端口,然后进入粗波分复用器的公共端口(980 nm/1 550 nm 波段端口)。两个激射波长不同的分布反馈光纤激光器 1 和 2 在 980 nm 光源泵浦作用下激射出 1 550 nm 波段的光,返回的激射光经由粗波分复用器的公共端口进入后从 1 550 nm 波段端口射出。同时,980 nm 的泵浦光也会被两个分布反馈光纤激光器反射,进入粗波分复用器的公共端口后从 980 nm 波段端口射出。为了防止反射的 980 nm 泵浦光进入泵浦光源中影响光源的工作稳定性,需要在泵浦光源和粗波分复用器的 980 nm 波段端口之间加入 980 nm 光隔离器。它能够让特定波长的光单向通过。同样,为了光纤激光器的工作稳定,需要在粗波分复用器的 1 550 nm 波段端口后加入 1 550 nm 光隔离器。激射光经由光纤放大器适当放大之后,再经由密集波分复用器分离出两个特定波长的光,最后分别连接两个干涉解调装置。

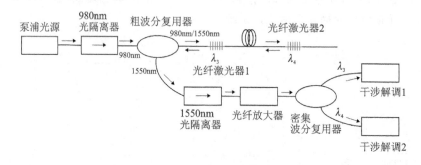

图 3-35 分布反馈光纤激光器声发射检测系统结构图

与光纤布拉格光栅相比,分布反馈光纤激光器的输出光谱带宽更窄,根据相干性原理可知其输出光的相干长度可以达到数公里。因此在分布反馈光纤激光器声发射检测系统的干涉解调装置中,不再需要借助光纤延迟线精确调节非平衡马赫曾德干涉仪的臂长差。同时根据公式(3.28)可知,臂长差越长,声发射检测灵敏度越好。考虑到过长的臂长差对光功率造成的衰减等影响,干涉解调系统中干涉仪的臂长差被设置为 50 m,通过外接一段 50 m 的光纤来实现。适用于光纤激光器系统的干涉解调装置结构图如图 3-36 所示。

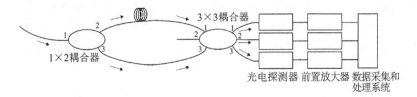

图 3-36 适用于分布反馈光纤激光器系统的干涉解调装置结构图

3.6.2 光纤激光器相关器件选型

分布反馈光纤激光器声发射检测系统与波分复用式光纤布拉格光栅声发射检测系统的最大区别在于加入了大量与光纤激光器泵浦有关的光器件,其他的器件与波分复用式光纤布拉格光栅声发射检测系统大致相同。

泵浦光源可以为分布反馈光纤激光器的激射提供足够的能量,因此需要激光器的输出功率足够大,而且要能方便地对输出功率等参数进行调节。系统中使用的泵浦光源为天津峻烽光仪科技有限公司生产的 Pump-LSM-980-200-SM 型泵浦光源模块,如下图 3-37 所示。这种光源可以连续输出波长范围在 970 nm~981.5 nm 内的连续光,输出功率可调,最大可以达到 200 mW。光源同样可以通过 RS232 接口与计算机进行通信,在计算机软件上设置相关参数,监视各项性能指标。在分布反馈光纤激光器声发射检测系统中,泵浦光源的光功率被设置为 200 mW,这样才能使得光纤激光器的激射光功率足够高。

图 3-37 980 nm 泵浦光源实物图

隔离器主要起到限制光路方向,保护泵浦光源不受反射光影响的作用。隔离器的中心波长要与所连接光路中传播的光的中心波长相匹配,隔离度要足够高,而且能够承受的最大光功率要高于系统中的最大光功率。系统中使用的 980 nm 光隔离器带宽为 20 nm,峰值隔离度可以达到 40 dB,插入损耗为 0.8 dB,最大可以承受 300 mW 的光功率。系统中使用的 1 550 nm 光隔离器为天津峻烽光仪科技有限公司生产的 OM - ISO 型光隔离器。这种光隔离器的典型隔离度为 58 dB,最大插入损耗为 0.65 dB,最大可以承受 500 mW 的光功率。两种光隔离器的实物图分别如图 3 - 38 和图 3 - 39 所示。

图 3 - 38　980 nm 光隔离器

图 3 - 39　1 550 nm 光隔离器

　　粗波分复用器是一种粗略分离出不同波段光的器件,对带宽的要求不像密集波分复用器那样高,一般为数十纳米。但是系统要求粗波分复用器的隔离度要足够高,否则杂散光的进入会影响泵浦光源的正常工作。同时要求粗波分复用器能够承受足够高的光功率。系统中使用的粗波分复用器为天津峻烽光仪科技有限公司生产的 OM - WDM 型 980/1 550 型波分复用器,如图 3 - 40 所示。粗波分复用器的三个通道中,蓝色为 980 nm/1 550 nm 公共端口,白色为 980 nm 波段端口,红色为 1 550 nm 波段端口。980 nm 波段端口的带

图 3 - 40　粗波分复用器

宽为 60 nm,1 550 nm 波段端口的带宽为 100 nm。这种粗波分复用器的三个通道每个隔离度都可达到 20 dB,最大插入损耗为 0.15 dB,最大可以承受 300 mW 的光功率。

　　目前分布反馈光纤激光器仍主要处于实验室研究阶段,并没有进行大规模工业化生产,因此很难像光纤布拉格光栅那样直接购买到完全符合要求的产品,对于光纤激光器的中心波长和栅区长度等指标不能做过多要求。系统中使用的分布反馈光纤激光器为中国科学院半导体研究所制作的超窄线宽光纤激光器。如图 3 - 41 所示,这种激光器是将两段长度均为 1 米的 HI1060 光纤与一段长度为 6 cm 的在掺杂有铒离子的光纤上刻蚀的长度为 4 cm 的相移光纤光栅熔接制作而成的。在 100 mW 的泵浦光作用下,激射光功率可以达到大于 −20 dBm,线宽小于 3 kHz。可以通过将两端的尾纤熔接的方式串联连接多个光纤激光器。

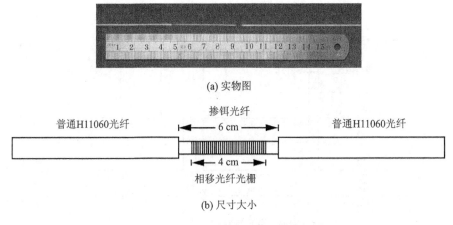

(a) 实物图

掺铒光纤

普通H11060光纤　　　← 6 cm →　　　普通H11060光纤

← 4 cm →

相移光纤光栅

(b) 尺寸大小

图 3 - 41　分布反馈光纤激光器

3.7　分布式光纤光栅声发射检测
系统显示软件编写

3.7.1　硬件平台配置

　　干涉解调装置中的数据采集和处理系统使用的硬件平台是 AX7010 开发板,开发板上带有 HDMI 图像输出接口,可以通过 HDMI 线连接显示器实现图像输出。为了实现从开发板到显示器的图像输出,需要先在 Zynq - 7010 可编程片上系统芯片的现场可编程逻辑门阵列部分设置驱动 HDMI 接口输出的硬件电路。

　　首先在 Vivado 2018.2 的模块设计界面中添加 Progressing_system7 模块,并选择使用该模块的 FCLK_CLK0、FCLK_CLK1 和 FCLK_CLK2 这三个时钟,对应的时钟频率分别为 100 MHz 、140 MHz 和 65 MHz。其中 FCLK_CLK0 时钟作为低速外设 AXI4 - Lite 的时钟,用于外设的寄存器读写和控制;FCLK_CLK1 是作为系统 AXI - Stream 的图像数据流的时钟,用于高速数据传输;FCLK_CLK2 作为 ARM 时钟,用于读取开发板上连接的数据采集模块数据的时钟源和信号解调模块的时钟源。

　　如图 3 - 42 所示,图像数据是从 Progressing_system7 IP 模块的高速 AXI_HP0 口输出。首先使用 Axi_vdma IP 模块通过 Axi_mem_intercon IP 模块连接 ZYNQ7 Progressing system IP 模块的 HP0 口。Axi_vdma IP 是主设备,Processing_system7 IP 模块是从设备。传输的协议使用 AXI4 - Stream 突发传输协议。然后从 Axi_vdma IP 模块发出的图像数据再传输给 Axis_Subset_converter IP 模块进行数据格式的转换。因为 axi4 接口的数据总线宽度为 24 位,所以通过 Axis_Subset_converter IP 模块把数据转换成 24 位的数据格式。24 位的图像数据输入到 V_axi4s

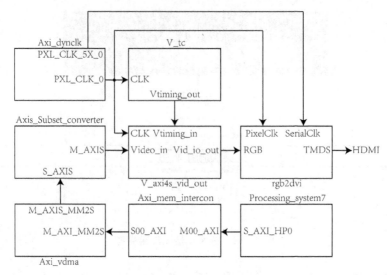

图 3 - 42　图像输出模块流程图

_vid_out IP 模块。通过 V_axi4s_vid_out IP 模块和 V_tc IP 模块把 AXI4 - Stream 的图像流转换成 RGB888 的图像格式信号。把 V_axi4s_vid_out IP 模块产生的 video 信号输出到用户自定义的 rbg2dvi IP 模块,在这里 video 信号被转换成差分的 TMDS 信号输出到 HDMI 接口上,驱动显示器显示图像。另外自定义的 Axi_dynclk IP 模块用来产生视频图像的像素时钟和 5 倍频率的串行时钟信号。

高速数据采集模块采集到的数据也需要被送到 Progressing_system7 IP 模块中进行显示。如图 3 - 43 所示,经过信号解调模块处理后的数据首先通过自定义的

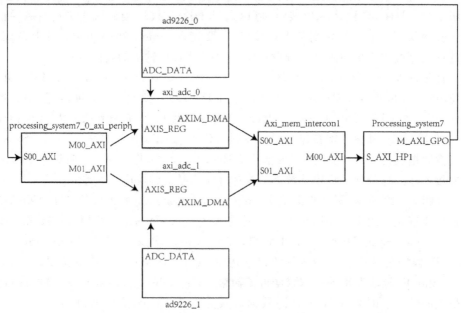

图 3 - 43　数据采集模块流程图

ad9226 IP 模块将 12 位数据转换成 64 位数据,然后通过 axi_adc IP 模块将数据通过 axi 总线传输给 axi_mem_intercon IP 模块,由高速 AXI_HP1 口读入 Progressing_system7 IP 模块实现数据采集。

3.7.2 声发射检测信号显示软件编写

为了更美观地将采集到的信号波形显示出来,利用 Qt 开发环境编写了声发射检测显示软件。Qt 基于标准的 C++语言编写,特别适合于图形用户界面的开发。编写完成后的软件主界面如图 3-44 所示:

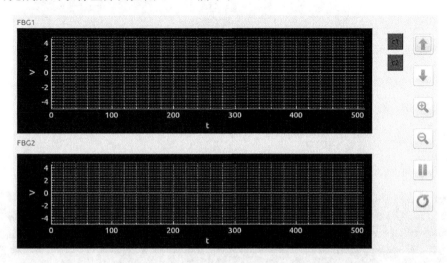

图 3-44 信号显示程序界面

软件主要分为三部分。功能键部分主要是对界面右侧的按键提供响应。在 Qt 开发环境的 Design 界面添加属于 QPushButton 类的 Push Button 对象,并根据每个按键的功能编写相应的函数。软件中的按键可以实现坐标轴上下平移、范围放大缩小、暂停显示以及撤销更改等功能。波形图部分主要是利用二维图表绘制库 QCustomPlot 在界面上绘制出分别代表两个光纤光栅信号的两个波形图 customPlot 和 customPlot_2,并配置相应的线条颜色、线宽、图例、标签等显示信息。数据读取部分首先负责检测数据采集卡是否连接在开发板上,在检测到设备后才进行数据读取,并将读到的二进制补码乘以 10 再除以 4 096 使其转换为实际的电压值,显示在波形图上。这一部分程序还通过配置定时器 recvFileTimer1 和 recvFileTimer2,使软件每隔 50 ms 从数据采集设备中读取 512 个数据,并刷新波形图显示的内容。软件流程图如图 3-45 所示。软件运行时界面如图 3-46 所示。

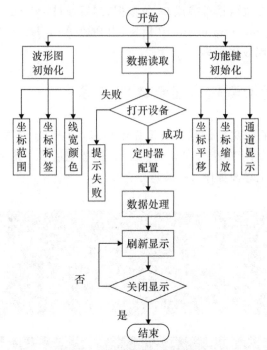

图 3 - 45　信号显示软件流程图

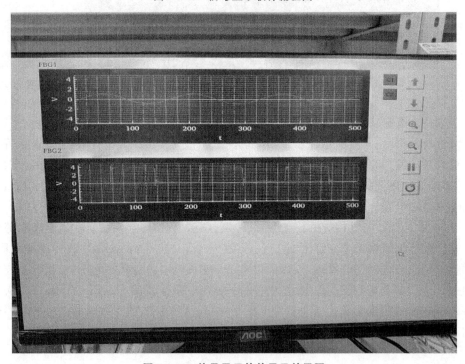

图 3 - 46　信号显示软件显示效果图

3.8 波分复用式光纤布拉格光栅声发射检测系统实验

用一块厚度为 2 mm 的矩形铝板作为实验中待检测的金属结构件。将两个串联的中心波长分别为 1 549 nm 和 1 555 nm 的光纤布拉格光栅用普通的 502 胶水沿着同一条直线粘贴在铝板上，两个光纤布拉格光栅的间距为 10 cm。粘贴完成后再将密集波分复用器的 C35 通道输出端（对应 1 549 nm 中心波长）和 C27 通道输出端（对应 1 555 nm 中心波长）分别与两个干涉解调装置连接。

3.8.1 铝板上的波分复用式系统幅频响应特性实验

使用 PAC 公司的 WSα 型压电陶瓷作为声发射信号的激励源，这种压电陶瓷在 100 kHz～200 kHz 频率范围内的灵敏度曲线比较平坦，可以保证在施加幅值相同而频率不同的电信号时产生强度一致的声发射波。通过安捷伦 33120A 型信号发生器施加标准正弦波信号给压电陶瓷。正弦波的频率分别设置为 100 kHz，110 kHz，120 kHz，130 kHz，140 kHz，150 kHz，160 kHz，170 kHz，180 kHz，190 kHz，200 kHz。将压电陶瓷底面涂上凡士林耦合剂后放置在铝板上。考虑到光纤布拉格光栅对于轴线方向的应变灵敏度较高，压电陶瓷的粘贴位置将位于两个光纤布拉格光栅轴线方向连线的中点上，这样产生的声发射波可以通过铝板传递同时作用在两个光纤布拉格光栅上，如图 3 - 47 所示。

图 3 - 47　铝板上的波分复用式系统幅频响应特性实验布置

为了验证系统检测声发射信号频率的准确性，首先将正弦波的频率设定为 160 kHz，对光纤布拉格光栅 1 检测到的信号进行傅里叶变换得到频谱图，如下图所示。从图中可以看出，信号的频谱图在 160 kHz 处出现一个尖峰，检测到的信号的频率范围主要集中于 160 kHz 处，与压电陶瓷的激励频率相同。这表明光纤布拉格光栅 1 能够准确检测到特定频率的声发射信号。

然后将正弦波的峰峰值设定为 10 V。这一激励强度较为接近一般的声发射波的强度。按照预先的设定从 100 kHz 开始调节信号发生器施加信号的频率，并通过

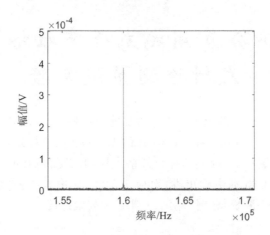

图 3-48　检测到的正弦信号频域图

干涉解调装置分别读取两个光纤布拉格光栅检测到的不同激励频率下的声发射信号的电压幅值,同时记录下不施加声发射激励时两个光纤布拉格光栅检测到的电压幅值(记做噪声幅值)。实验结果如表 3-1 和表 3-2 所列。

表 3-1　光纤布拉格光栅 1 不同频率正弦信号幅值数据表

频率/kHz	信号幅值/mV	噪声幅值/mV	频率/kHz	信号幅值/mV	噪声幅值/mV
100	20	2	160	10	2
110	18	2	170	9	2
120	12	2	180	8	2
130	18	2	190	10	2
140	9	2	200	8	2
150	8	2			

表 3-2　光纤布拉格光栅 2 不同频率正弦信号幅值数据表

频率/kHz	信号幅值/mV	噪声幅值/mV	频率/kHz	信号幅值/mV	噪声幅值/mV
100	20	2	160	10	2
110	19	2	170	10	2
120	13	2	180	9	2
130	18	2	190	10	2
140	9	2	200	8	2
150	10	2			

从表 3-1 和表 3-2 中可以看出,波分复用式光纤布拉格光栅声发射检测系统

中串联的两个光纤布拉格光栅均能够检测到给定频率的声发射信号。光纤布拉格光栅 1 在 100 kHz、110 kHz、120 kHz 和 130 kHz 频率处的信号幅值较高,在 140 kHz、150 kHz、160 kHz、170 kHz、180 kHz、190 kHz、200 kHz 频率处的信号幅值较低,最大信号幅值出现在 100 kHz 处,随着激励频率增加,响应幅值也逐渐减小。光纤布拉格光栅 2 的幅频响应特性大致与光纤布拉格光栅 1 相同,这是由于两个光纤布拉格光栅的返回光功率接近,由公式(3.28)可知光纤布拉格光栅中心波长的微小差异对声发射检测的灵敏度影响不大。两个光纤布拉格光栅检测到的噪声幅值在 2 mV 左右,因此系统进行声发射检测的信噪比可以达到 $20 \log_{10} \frac{8}{2} = 12$ dB。

实验结果表明,根据波分复用原理搭建的光纤布拉格光栅声发射检测系统能够利用串联的两个光纤布拉格光栅进行声发射检测。

3.8.2　加热板上的窄范围温度实验

本研究除了进行分布式声发射检测外,还要求检测系统能在温度变化的环境下正常工作。检测系统使用的干涉式声发射信号解调方法,理论上能够比传统的边缘滤波方法拥有更好的在温度变化环境下正常工作的能力。因此,需要通过实验验证检测系统在铝板上的温度响应特性。

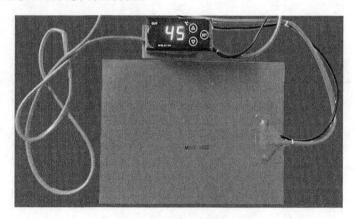

图 3-49　硅橡胶加热板实物图

在铝板下方放置一张尺寸为 150 mm×250 mm 的硅橡胶加热板,加热板如图 3-49 所示。加热板外置有一个数显表,可以通过按键控制加热板的温度,同时也能够读取加热板内置的温度传感器的数据。加热板标称的温度控制范围是−20 ℃～280 ℃,标称的温度显示范围是−20 ℃～300 ℃,精度为 1 ℃。加热板面积远大于铝板面积,能够使得板表面温差控制得较小,保证铝板表面温度均匀。

温度响应实验的温度调节范围需要综合考虑多个参数。由于密集波分复用器每个通道的带宽约为 0.6 nm,而普通光纤布拉格光栅的温度灵敏度约为

0.01 nm/℃,所以为了使得光纤布拉格光栅的中心波长不移动出密集波分复用器的特定输出通道,温度调节范围应不大于 30 ℃。此外,根据普通 502 胶水的使用温度范围—40 ℃～70 ℃,耦合剂凡士林的熔化温度约为 50 ℃,以及压电陶瓷标称的工作温度范围—60 ℃～175 ℃,最终设定温度调节范围为室温 20 ℃～45 ℃。

由幅频特性实验结果可知,光纤布拉格光栅在 100 kHz 频率处的响应幅值最高,因此将压电陶瓷的激励频率固定为 100 kHz,从室温 20℃ 开始调节加热板的温度。考虑到加热板标称的整面温差为 5 ℃,设定每次实验时将加热板温度升高 5℃。每次等到加热板温度达到设定温度并稳定一段时间后,记录下稳定的电压幅值,作为每个光纤布拉格光栅在当前温度环境下的 100 kHz 响应幅值。实验结果如表 3－3 和表 3－4 所列。

表 3－3　光纤布拉格光栅 1 不同温度 100 kHz 正弦信号幅值数据表

温度/℃	信号幅值/mV	噪声幅值/mV
20	19	2
25	20	2
30	22	2
35	22	2
40	21	2
45	22	2
50	20	2

表 3－4　光纤布拉格光栅 2 不同温度 100 kHz 正弦信号幅值数据表

温度/℃	信号幅值/mV	噪声幅值/mV
20	19	2
25	20	2
30	21	2
35	21	2
40	19	2
45	20	2
50	20	2

从表 3－3 和表 3－4 中可以看出,波分复用式光纤布拉格光栅声发射检测系统中串联的两个光纤布拉格光栅均能够在给定温度下检测到 100 kHz 的声发射信号。随着温度升高,信号幅值与噪声幅值略有波动,但是变化不大。光纤布拉格光栅属于无源器件,一定范围内温度对应变灵敏度的影响可以忽略。实验结果表明,根据波分复用原理搭建的光纤布拉格光栅声发射检测系统能够在温度变化的环境下进行多点声发射检测。

3.9　时分复用式光纤布拉格光栅声发射检测系统实验

由于时分复用式光纤布拉格光栅声发射检测系统与波分复用式均使用光纤布拉格光栅作为传感器,在实验时使用两个串联的光纤布拉格光栅和铝板进行实验。

3.9.1　铝板上的时分复用式系统幅频响应特性实验

实验布置如上图所示。使用压电陶瓷作为声发射信号的激励源,通过信号发生器施加峰峰值电压为 10 V 的标准正弦波信号给压电陶瓷,频率分别设定为 100 kHz,110 kHz,120 kHz,130 kHz,140 kHz,150 kHz,160 kHz,170 kHz,180 kHz,190 kHz,200 kHz。将压电陶瓷底面涂上凡士林耦合剂后放置在铝板上两个光纤布拉格光栅轴线方向连线的中点上。

图 3 - 50　铝板上的时分复用式系统幅频响应特性实验布置

调节信号发生器施加信号的频率,通过干涉解调装置分别读取两个光纤布拉格光栅检测到的不同激励频率下的信号幅值,同时记录下不施加声发射激励时两个光纤布拉格光栅的噪声幅值。实验结果如表 3 - 5 和表 3 - 6 所列。

表 3 - 5　光纤布拉格光栅 1 不同频率正弦信号幅值数据表

频率/kHz	信号幅值/mV	噪声幅值/mV	频率/kHz	信号幅值/mV	噪声幅值/mV
100	30	4	160	14	4
110	27	4	170	13	4
120	24	4	180	14	4

频率/kHz	信号幅值/mV	噪声幅值/mV	频率/kHz	信号幅值/mV	噪声幅值/mV
130	28	4	190	13	4
140	13	4	200	13	4
150	14	4			

表 3 - 6 光纤布拉格光栅 2 不同频率正弦信号幅值数据表

频率/kHz	信号幅值/mV	噪声幅值/mV	频率/kHz	信号幅值/mV	噪声幅值/mV
100	20	2	160	9	2
110	19	2	170	10	2
120	14	2	180	10	2
130	18	2	190	10	2
140	10	2	200	9	2
150	10	2			

从表 3 - 5 和表 3 - 6 中可以看出,时分复用式光纤布拉格光栅声发射检测系统中串联的两个光纤布拉格光栅均能够检测到给定频率的声发射信号。光纤布拉格光栅 1 在 100 kHz、110 kHz、120 kHz 和 130 kHz 频率处的响应幅值较高,在 140 kHz、150 kHz、160 kHz、170 kHz、180 kHz、190 kHz、200 kHz 频率处的响应幅值较低,最大响应幅值出现在 100 kHz 处,随着激励频率增加,响应幅值也逐渐减小。光纤布拉格光栅 2 的幅频响应特性大致与光纤布拉格光栅 1 相同,但是由于延迟光纤线圈的存在使得光纤布拉格光栅 2 的反射光比光纤布拉格光栅 1 走过了更长的路程,在光纤中的衰减更多,所以同频率下的响应幅值略小于光纤布拉格光栅 1。虽然系统中接入了声光调制器,而且还通过耦合器分光用于计数,但是省去的密集波分复用器的插入损耗为 5.5 dB,总体上的插入损耗会比使用密集波分复用器更小,因而响应幅值更高。两个光纤布拉格光栅的噪声幅值在 4 mV 左右,比波分复用式声发射检测系统的噪声幅值有所增加,推测可能与光调制器件和延迟光纤线圈引入的噪声有关。以 160 kHz 频率时的最小信号幅值来计算,系统进行声发射检测的信噪比至少为 $20\lg_{10}\dfrac{9}{2}=13$ dB。实验结果表明,根据时分复用原理搭建的分布式光纤布拉格光栅声发射检测系统能够利用串联的多个光纤布拉格光栅进行多点声发射检测。

3.9.2 加热板上的宽范围温度实验

与波分复用式光纤布拉格光栅声发射检测系统相比,时分复用式光纤布拉格光栅检测系统不再通过密集波分复用器分离出串联的两个光纤布拉格光栅的返回光。这样当外界温度变化时,不再需要考虑光纤布拉格光栅的中心波长是否会移动出密集波分复用器的特定输出通道,理论上的温度适应范围会比波分复用式光纤布拉格光栅声发射检测系统更宽。但是在实际实验时,考虑到其他因素如凡士林和 502 胶水的温度适应范围,实验时将温度范围稍微扩展,设定为室温 20 ℃～60 ℃。由幅频特性实验结果可知,光纤布拉格光栅在 100 kHz 频率处的响应幅值最高,因此将压电陶瓷的激励频率固定为 100 kHz。然后从室温 20 ℃开始调节加热板的温度,每次升高 5 ℃。每次等到加热板温度达到设定温度并稳定一段时间后,记录下稳定的电压幅值,作为每个光纤布拉格光栅在当前温度环境下的响应幅值。实验结果如表 3-7 和表 3-8 所列。

表 3-7　光纤布拉格光栅 1 不同温度 100 kHz 正弦信号幅值数据表

温度/℃	信号幅值/mV	噪声幅值/mV
20	30	4
25	29	4
30	30	4
35	30	4
40	29	4
45	30	4
50	28	4
55	29	4
60	28	4

表 3-8　光纤布拉格光栅 2 不同温度 100 kHz 正弦信号幅值数据表

温度/℃	信号幅值/mV	噪声幅值/mV
20	20	2
25	18	2
30	19	2
35	19	2
40	21	2
45	20	2
50	19	2
55	20	2
60	20	2

从表 3-7 和表 3-8 中可以看出,时分复用式光纤布拉格光栅声发射检测系统中串联的两个光纤布拉格光栅均能够在设定温度下检测到 100 kHz 的声发射信号。与波分复用式光纤布拉格光栅声发射检测系统较为相似的是,信号幅值与噪声幅值随着温度升高会略有波动,但是总体变化不大。光纤布拉格光栅 2 的信号幅值比光纤布拉格光栅 1 的更小。实验结果表明,根据时分复用原理搭建的分布式光纤布拉格光栅声发射检测系统能够在温度变化的环境下进行多点声发射检测。

3.10　分布反馈光纤激光器声发射检测系统实验

将两个中心波长分别为 1 544 nm 和 1 546 nm 的光纤激光器依次用普通的 502 胶水粘贴在铝板上。首先,将绕放在圆盘形盒中的光纤激光器拿出,整理盘绕的尾纤后将其轻放在铝板上。用胶带将光纤激光器的掺铒光纤部分的一端暂时与铝板固定,在尾纤上熔接跳线接头,再连接与泵浦相关的器件,输出端连接光谱仪。然后,用手将光纤激光器的另一端慢慢拉平,在拉直的过程中通过光谱仪观察激光器的激射波长和功率是否与标称值相符合。由于系统中使用的光纤激光器的掺铒光纤部分和尾纤部分是通过熔接的方式连接在一起的,而且由于工艺的限制栅区缺少涂覆层的保护,所以在拉直的过程中应缓慢拉动光纤避免熔接点处出现断裂,同时也应当避免掺铒光纤部分出现弯折。弯折会使泵浦光在光纤中的传播以及在光栅两端的反射受到影响,进而影响激光器的激射稳定性。当掺铒光纤部分被拉平而且激射稳定后,用胶带将另一端与铝板暂时固定,并用小刷子蘸取胶水轻轻刷在整个掺铒光纤部分。经过四五个小时的常温固化后,掺铒光纤部分会与铝板紧密粘贴。最后去掉两端的胶带,通过光谱仪确认激光器的激射功率正常后再连接另一个光纤激光器,这样就将两个光纤激光器都粘贴在待测铝板上。确认光纤激光器工作正常后,再将输出端与后续器件连接。

3.10.1　铝板上的分布反馈光纤激光器幅频响应特性实验

使用压电陶瓷作为声发射信号的激励源,通过信号发生器施加峰峰值电压为 10 V 的标准正弦波信号给压电陶瓷,频率分别设定为 100 kHz,110 kHz,120 kHz,130 kHz,140 kHz,150 kHz,160 kHz,170 kHz,180 kHz,190 kHz,200 kHz。将压电陶瓷底面涂上凡士林耦合剂后放置在铝板上两个分布反馈光纤激光器轴线方向连线的中点上。

调节信号发生器施加信号的频率,通过干涉解调装置分别读取两个分布反馈光纤激光器检测到的不同激励频率下的信号幅值,同时记录下不施加声发射激励时两个分布反馈光纤激光器的噪声幅值。实验结果如表 3 - 9 和表 3 - 10 所列。

表 3 - 9　分布反馈光纤激光器 1 不同频率正弦信号幅值数据表

频率/kHz	信号幅值/mV	噪声幅值/mV	频率/kHz	信号幅值/mV	噪声幅值/mV
100	118	20	160	120	20
110	200	20	170	202	20
120	122	20	180	125	20
130	205	20	190	206	20
140	126	20	200	119	20
150	203	20			

表 3 - 10　分布反馈光纤激光器 2 不同频率正弦信号幅值数据表

频率/kHz	信号幅值/mV	噪声幅值/mV	频率/kHz	信号幅值/mV	噪声幅值/mV
100	116	20	160	120	20
110	203	20	170	205	20
120	120	20	180	125	20
130	204	20	190	207	20
140	123	20	200	116	20
150	202	20			

从表 3 - 9 和表 3 - 10 中可以看出,分布反馈光纤激光器声发射检测系统中串联的两个光纤激光器均能够检测到频率为 100 kHz～200 kHz 的声发射信号。光纤激光器 1 在 100 kHz、120 kHz、140 kHz、160 kHz、180 kHz 和 200 kHz 频率处的响应幅值较低,在 110 kHz、130 kHz、150 kHz、170 kHz 和 190 kHz 频率处的响应幅值较高,最大响应幅值出现在 190 kHz 处。同频率下光纤激光器 2 的响应幅值大致与光纤激光器 1 相同,可见对于只串联两个光纤激光器的情况,泵浦光的损耗对响应幅值的影响不是很明显。对于相同强度的声发射信号激励,分布反馈光纤激光器声发射检测系统比两种分布式光纤布拉格光栅声发射检测系统检测到的信号幅值更高,未施加声发射激励时的噪声幅值也更高,推测原因是光纤出射光的带宽更窄,干涉效果更好,但是光纤激光器较长的尺寸以及泵浦的不稳定性会引入更多噪声。两个光纤激光器的噪声幅值在 20 mV 左右,因此系统进行声发射检测的信噪比为 $20\lg_{10}\dfrac{200}{20}=20$ dB。实验结果表明,根据波分复用原理搭建的分布反馈光纤激光器声发射检测系统能够利用串联的多个光纤激光器进行多点声发射检测。

3.10.2　分布反馈光纤激光器窄范围温度实验

用硅橡胶加热板对粘贴有两个分布反馈光纤激光器的铝板进行加热控温。通过文献调研可知,分布反馈光纤激光器的输出波长与温度呈线性变化,在温度范围 $-25\ ℃\sim60\ ℃$ 内波长随温度变化系数为 $0.0109\ nm/℃$,与普通光纤布拉格光栅的波长随温度变化系数接近。再结合密集波分复用器每个通道的带宽 $0.6\ nm$,普通502胶水的使用温度范围 $-40\ ℃\sim70\ ℃$,耦合剂凡士林的熔化温度 $60\ ℃$,以及压电陶瓷标称的工作温度范围 $-60\ ℃\sim175\ ℃$,实验时设定温度调节范围为室温 $20\ ℃\sim50\ ℃$ 。

由幅频特性实验结果可知,两个光纤激光器均是在 $190\ kHz$ 频率处的响应幅值最高,因此将压电陶瓷的激励频率固定为 $190\ kHz$ 。然后从室温 $20\ ℃$ 开始调节加热板的温度,每次升高 $5\ ℃$ 。每次等到加热板温度达到设定温度并稳定一段时间后,记录下稳定的电压幅值,作为每个光纤激光器在当前温度环境下的响应幅值。同时记录下不施加声发射激励时两个分布反馈光纤激光器的噪声幅值。两个光纤激光器的实验结果如表 3-11 和表 3-12 所列。

表 3-11　光纤激光器 1 不同温度 190 kHz 正弦信号幅值数据表

温度/℃	信号幅值/mV	噪声幅值/mV
20	206	20
25	204	20
30	203	21
35	204	23
40	196	25
45	190	26
50	185	29

表 3-12　光纤激光器 2 不同温度 190 kHz 正弦信号幅值数据表

温度/℃	信号幅值/mV	噪声幅值/mV
20	207	20
25	204	20
30	205	22
35	203	23
40	195	25
45	191	26
50	186	30

从表 11 和表 12 中可以看出,分布反馈光纤激光器声发射检测系统中串联的两个光纤激光器均能够在设定温度下检测到 190 kHz 的声发射信号。在 20℃、25℃、30℃、35℃时的信号幅值与噪声幅值变化不大,而随着温度的升高两个光纤激光器检测到的信号幅值逐渐降低,噪声幅值逐渐上升。查阅相关文献后认为出现这种现象的原因可能是较高的温度使得光纤中部分高能级的粒子获得能量以自发辐射的形式跃迁到低能级而不再以受激辐射的形式跃迁,输出功率因此降低。可见,分布反馈光纤激光器比普通的光纤布拉格光栅对外界环境温度变化更敏感。

3.11　本章小结

通过幅频响应实验对三种分布式光纤光栅声发射检测系统利用两个串联的光纤光栅进行分布式声发射检验的能力进行检验,通过温度响应实验对三种检测系统在温度变化环境下正常工作的能力进行检验。实验结果表明,三种检测系统均能够实现频率范围在 100 kHz~200 kHz 范围内的分布式声发射检测,串联的两个光纤光栅检测到声发射信号的信噪比均可以大于 10 dB。对于相同强度的声发射信号激励,分布反馈光纤激光器声发射检测系统检测到的信号信噪比较高,因为分布反馈光纤激光器的输出光带宽更窄,干涉效果更好。波分复用式光纤布拉格光栅声发射检测系统检测到的信号信噪比也较低,因为光路中接入的密集波分复用器会引入更多的损耗。时分复用式光纤布拉格光栅声发射检测系统检测到的信号幅值受光纤布拉格光栅位置影响,总体上与波分复用式光纤布拉格光栅声发射检测系统接近。温度响应部分,三种检测系统均能够在设定的大于 10 ℃的温度范围下检测到给定频率的声发射信号,但是分布反馈光纤激光器声发射检测系统对于外界环境的升高更敏感。考虑到使用硅橡胶加热片进行加热和温度控制的效果不如使用标准的恒温箱,因此温度响应实验仅能证明检测系统在温度变化环境下正常工作的可行性,对于更深入的温度特性的研究仍需要借助更精确的控温环境。

第4章　零差法光纤环声发射系统理论研究

4.1　声发射产生及传播

声发射就是声音放出的意思,是材料变形或者破坏时积蓄起来的应变能所释放的声音的传播现象。声发射波是一种特殊形式的声波,或者称为机械波或应力波,通常意义上进行材料声发射无损检测所用的频段都处在高频段,是一种超声波,下面就实际应用中声发射波的传播过程进行简要阐述。

1. 液体中的声发射波的传播

正如声波在液体中的传播规律一样,声发射波在液体中的传播也只有一种模式,即纵波传播。由于绝大多数的液体的黏滞性不大,可以考虑在理想的液体中不存在切向力,内压力总是垂直于所取的表面,因此声波在液体中的传播过程中横波是无法传播过去的。根据弹性力学的基本知识可以得出液体中声波的传播速度为:

$$v = \sqrt{\frac{K}{\rho_{液}}} \tag{4.1}$$

其中 K 是液体的绝热体积弹性模量,$\rho_{液}$ 是液体的密度。可以看出液体中的声发射波的速度与液体的密度和绝热体积弹性模量有关,一般情况下液体中声波的色散很小,可以忽略,所以可以认为液体中声发射波的速度就是液体中声波的速度。由于一般情况声发射波不是单一频率的声波,不同频率的声波在传播的过程中色散较小,这对于液体中声发射检测基于时差法的定位而言是有利的。

2. 固体中的声发射波的传播

固体物质在声发射波的扰动下发生局部变形时,不仅会产生体积变形,还会发生剪切变形,因此固体中除了纵波(压缩波)以外,还会产生横波(切变波),根据Christoffel 方程可以得到两个解:

$$v_{\mathrm{L}} = \sqrt{\frac{\lambda + 2\mu}{\rho_{固}}}$$

$$v_{\mathrm{T}} = \sqrt{\frac{\mu}{\rho_{\boxed{\text{固}}}}} \tag{4.2}$$

其中，v_{L} 和 v_{T} 分别为纵波速度和横波速度，$\rho_{\boxed{\text{固}}}$ 为固体材料密度，λ、μ 为材料的拉梅常数，它们都是正数，所以固体中纵波速度恒大于横波速度。

以上是声波在无边界各向同性的固体中传播时存在的两种模式，当固体有界时，由于边界的限制，可出现各种类型的声表面波。声表面波中绝大部分应用的都是瑞利表面波，瑞利波的速度要比横波慢，瑞利波质点的振动是一种椭圆的偏振，是相位差为 90°的纵振动和横振动的合成，所以瑞利波和横波一样只存在于固体介质中而不能在液体或气体中传播，瑞利波的振动的幅值随离开表面的深度而衰减，一般情况下瑞利波的能量被限定在一个波长深度的固体表层上，频率越高，集中能量的层越薄。

3. 声发射波的折射、反射及透射

声波的反射、折射及透射都是在声波穿过两种不同的传递介质的分界面时发生的，当平面声波垂直入射两种介质分界面时，声波在介质界面上的反射和透射只与介质的声特性阻抗有关，当声波遇到"软边界"时，会发生全反射现象，如声波从水中入射到空气表面就有可能发生全反射；当声波斜入射介质的分界面时，这时将会有一部分声波会以一定角度返回原先的介质中，另一部分声波会穿过介质分界面，一般情况下穿过介质分界面时会偏离在原先介质中传播的方向产生折射，这种声波在两种介质分界面上发生的反射、折射遵从斯奈尔声波反射与折射定律，即声波的入射角等于反射角，折射角与入射角的正弦值之比与声波在两种介质中的声速之比有关。而在固体中除了有纵波以外还存在横波，因此固体中声波的折射将会产生两个不同传播方向的声波，它们分别对应新的介质中的纵波和横波。

固体中声发射波通常比较复杂，它在固体中会产生纵波、横波、表面波，以及各种波的折射、反射，因此声发射源产生的波经过不同的传播路径往往会接收不同波形的声发射波信号。所以检测声发射时通常不关注波形的具体细节，更多的是关注声发射信号的能量大小。

在固体表面进行声发射检测时，固体表面和传感器表面之间的空气容易引起声波的反射，为了避免固体介质面与传感器表面出现空气薄层降低声发射波的传递效率，需要保证试件的安装表面平整和清洁，松散的涂层和氧化皮需要清除掉，同时对于接触面可以进行耦合剂填充来确保良好的声传导，常用的声耦合剂有凡士林、黄油、航空润滑脂等，而对于高温检测可以考虑采用高真空脂、液态玻璃及陶瓷等。

4. 声发射信号的幅值

幅值是声发射信号的重要参数，表示声压的大小(单位为 Pa)，通常声信号的幅值单位为分贝(dB)，幅值大小 dB_{AE} 和声压大小 P 的计算关系为：

$$dB_{AE} = 20 \lg \frac{P}{P_{ref}} \tag{4.3}$$

其中 $P_{ref} = 2 \times 10^{-5}$ Pa，为参考声压大小。

在传统的声发射技术中，0 dB 声压大小对应的 R15i 型压电陶瓷传感器的电压大小为 1 μV。其灵敏度为 10 V/Pa。

4.2 光纤环传感声发射信号的原理

光纤环声发射传感器是利用单模光纤绕制而成的环状光纤构成的，用来检测声发射波信号的传感器。随着现代信息技术和新型传感技术的不断推进，光纤不仅仅可以作为一种信息传输单元，还可以作为一种优秀的信息传感单元。作为传感器的光纤环感受到声发射信号的应力波，在应力波作用下发生拉伸或压缩，从而导致传输在其中的光的光程发生改变，进而引起传感臂和参考臂之间的相位差受到声发射信号的调制，光纤环声发射传感器即利用这种声发射信号作用于传感光纤环内传播光波的相位变化，继而通过对光波相位干涉的变化来探测声发射信号。

如图 4-1 所示为一段感受声发射波信号的光纤的示意图。设其长度为 L，有效折射率为 n_{eff}，作用在这段光纤上的声发射波信号记为 P。

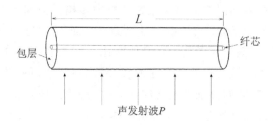

图 4-1 感受声发射波的光纤示意图

设光纤中的光经过这段光纤时，其光程为 $\Lambda = n_{eff} L$，对应的相位 ϕ 如下所示：

$$\phi = \beta L = \frac{2\pi n_{eff} L}{\lambda} = k\Lambda \tag{4.4}$$

其中 β 为传播常数，λ 为光纤中的激光波长，k 为波数。当声发射波作用到光纤上时，光纤会受到两个效应的影响，即光纤的光弹性效应和应变效应。光弹性效应会改变光纤的有效折射率 n_{eff}，应变效应会改变光纤的长度 L 和直径，其中直径的变化对光相位的影响相比于其他两个量的影响通常非常小，可以忽略不计。因此，光纤中相位的变化主要是由光纤的有效折射率和长度变化引起的。因此，对上式做全微分，可得其相位的变化量如下式所示：

$$\Delta\phi = \frac{2\pi}{\lambda} n_{eff} \Delta L + \frac{2\pi}{\lambda} L \Delta n_{eff}$$

$$= \Delta\phi_1 + \Delta\phi_2 \tag{4.5}$$

其中,公式(4.5)的第一项 $\Delta\phi_1$ 可以认为是由于光纤长度变化引起的光纤中的相位变化,第二项 $\Delta\phi_2$ 为光纤有效折射率变化引起的光纤中的相位变化。

设作用在光纤上的声压变化为 ΔP 时,根据弹性力学中的广义胡克定律可知,由于轴向拉伸变化引起的光纤相位变化量如下式所示:

$$\Delta\varphi_1 = -\beta \frac{L}{E}(1-2\upsilon)\Delta P \tag{4.6}$$

其中,υ 是光纤材料的泊松比,E 是杨氏模量。

由于有效折射率引起的光纤相位变化如下式所示:

$$\Delta\phi_2 = \frac{\beta L n_{\text{eff}}^2}{2E}(1-2\upsilon)(p_{11}+2p_{12})\Delta P \tag{4.7}$$

其中,p_{11} 和 p_{12} 是应变-光学张量的分量。

将公式(4.6)和公式(4.7)带入公式(4.5)可得总的相位的变化为:

$$\Delta\phi = \frac{(1-2\upsilon)}{E}\Big[\frac{n_{\text{eff}}^2}{2}(p_{11}+2p_{12})-1\Big]\beta L\Delta P \tag{4.8}$$

设

$$K = \frac{(1-2\upsilon)}{E}\Big[\frac{n_{\text{eff}}^2}{2}(p_{11}+2p_{12})-1\Big]\beta L \tag{4.9}$$

我们在此定义 K 为声压-相位灵敏度系数。可以看出,当光纤长度恒定时,K 为常数,因此,光纤中相位的变化量 $\Delta\phi$ 和其所感受的声压变化量 ΔP 成正比,即:

$$\Delta\phi = K\Delta P \tag{4.10}$$

综上可知,光纤感受声发射信号时会改变光纤中传播的光的相位,相位的变化量和声发射波的声压变化量成正比,光纤中的相位信息即反映了光纤感受到的声发射信息,故对信号的解调即解调出光纤中的相位变化即能得到声发射波的声压的变化。

4.3　光纤环声发射信号的解调原理

光纤环声发射传感器通过检测光纤环中光的相位的变化来检测声发射信号。由于光的频率太高,目前不能直接检测光的相位变化,只能进行间接的测量,而干涉测量法是一种间接测量光相位变化的手段,它可以用来检测微小的光相位变化,干涉测量法具有极高的灵敏度。

目前的基于干涉测量法的光纤干涉仪有法布里-珀罗腔干涉仪、迈克尔逊干涉仪、塞格纳克干涉仪和马赫曾德干涉仪四种。其中法布里-珀罗腔干涉仪目前在光纤上制作腔体比较困难,还处在研究当中,而迈克尔逊干涉仪和塞格纳克干涉仪都不可避免地容易受到光纤中的背向散射光的影响,相比之下马赫-曾德干涉仪就不会受此影响,而且马赫-曾德干涉仪特别容易组网形成多通道系统,由于光纤声发射系统的多通道系统的搭建十分必要,只有多通道系统才能够实现声发射系统的定位、测速等功能。

本书中的光纤声发射传感器利用的是光纤马赫-曾德干涉原理进行检测,现以单通道系统为例进行其干涉解调过程的说明,结构图如图 4-2 所示,干涉过程为:激光光源发出的窄带光经过耦合器 1 进入参考臂和传感臂,传感臂由于感受声发射信号,其相位会发生变化。而参考臂不放置于声发射场中,不感受声发射信号,相位不变,两臂中的光在第二个耦合器中发生干涉,输出的光信号即为干涉后的光信号,它的光功率值会反应参考臂和传感臂的相位差。

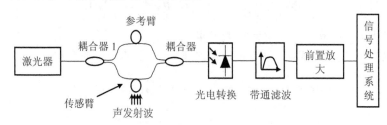

图 4-2 单通道光纤马赫-曾德干涉系统结构图

由于传感光和参考光来源于同一光源的分光,所以传感臂中的光和参考臂中的光传播常数相同,设参考臂中的光为:

$$\vec{E}_1(t) = \vec{A}_1 \exp\{i[\omega t + \phi_1(t)]\} \tag{4.11}$$

传感臂中的光为:

$$\vec{E}_2(t) = \vec{A}_2 \exp\{i[\omega t + \varphi_2(t)]\} \tag{4.12}$$

它们发生干涉后输出信号为:

$$\vec{E}(t) = \vec{E}_1(t) + \vec{E}_2(t) \tag{4.13}$$

其中 $\vec{A}_1$ 和 $\vec{A}_2$ 分别为参考臂和传感臂中的光振幅矢量,它们的大小表示光的振幅大小,方向代表光偏振方向,$\phi_1(t)$ 和 $\phi_2(t)$ 分别为两束光的相位,两束光接入耦合器 2 中发生干涉,输出干涉光为两路光矢量的叠加,输出光强可以表示为 $\vec{E}(t)$ 与其自身的共轭积的时间平均,即:

$$
\begin{aligned}
I &= <\vec{E}, \vec{E}^*> = <[\vec{E}_1(t) + \vec{E}_2(t)][\vec{E}_1^*(t) + \vec{E}_2^*(t)]> \\
&= <\vec{E}_1 \cdot \vec{E}_1^*> + <\vec{E}_2 \cdot \vec{E}_2^*> + <\mathrm{Re}\{2\vec{E}_1 \cdot \vec{E}_2^*\}> \\
&= \|\vec{A}_1\|^2 + \|\vec{A}_2\|^2 + 2\|\vec{A}_1\| \|\vec{A}_2\| \cos\alpha <\cos[\varphi_1(t) - \varphi_2(t)]>
\end{aligned}
\tag{4.14}
$$

上式中 $<f(t)> = \dfrac{1}{T}\displaystyle\int_0^T f(t)\,\mathrm{d}t$ 表示取时间平均运算,之所以用时间平均运算

表示光强是因为光的频率实在是太快,目前的探测技术根本无法探测到这么快的光强的变化,因而所有的技术能探测到的光强只是一个时间的平均效应。‖ ‖ 表示矢量的模值,α 为 $\vec{A_1}$ 和 $\vec{A_2}$ 之间的夹角,即偏振夹角。式(4.14)中的前两项 $\|\vec{A_1}\|^2$ 和 $\|\vec{A_2}\|^2$ 分别表示参考臂和传感臂中的光强,由于光源未调制,所以这两项是直流量,第三项 $<\mathrm{Re}\{2\vec{E_1}\cdot\vec{E_2^*}\}>$ 表示光强的交流分量,可将光强交流分量记为:

$$\widetilde{I} = 2\|\vec{A_1}\|\|\vec{A_2}\|\cos\alpha\cdot\cos[\phi_1(t)-\varphi_2(t)] = B\cos\Delta\phi(t) \qquad (4.15)$$

其中

$$B = 2\|\vec{A_1}\|\|\vec{A_2}\|\cos\alpha$$
$$\Delta\phi(t) = \phi_1(t) - \phi_2(t) \qquad (4.16)$$

为简便起见,设声发射信号为单一频率信号,为:

$$P(t) = C\cos(\omega_s t + \phi_s) \qquad (4.17)$$

上式中,ω_s 为声发射信号频率,C 为信号幅值,声发射信号初相位为 ϕ_s。将(4.17)带入(4.10)中,则有:

$$\phi(t) = KP(t) = m\cos(\omega_s t + \phi_s) \qquad (4.18)$$

其中 $m = KC$。

将式(4.18)带入式(4.15)中,并设无声发射信号时两臂干涉初相差为 φ_0,可得交流光强为:

$$\widetilde{I} = B\cos[m\cos(\omega_s t + \phi_s) + \phi_0] \qquad (4.19)$$

利用贝塞尔函数将此电压信号展开,表达形式为:

$$\begin{aligned}
\widetilde{I} &= B\cos[m\cos(\omega_s t + \phi_s) + \phi_0] \\
&= B\cos[m\cos(\omega_s t + \phi_s)]\cos\phi_0 - B\sin[m\cos(\omega_s t + \phi_s)]\sin\phi_0 \\
&= B\{J_0(m) + 2\sum_{n=1}^{\infty}(-1)^n J_{2n}(m)\cos[2n(\omega_s t + \varphi_s)]\}\cos\phi_0 + \\
&\quad B\left\{2\sum_{n=1}^{\infty}(-1)^n J_{2n-1}(m)\cos[(2n-1)(\omega_s t + \varphi_s)]\right\}\sin\phi_0
\end{aligned} \qquad (4.20)$$

可以看出,上式中包含直流信号、声发射信号及其倍频信号,其中 $J_n(m)$ 为第一类 n 阶贝塞尔函数在 m 处的值,这里 n 为正整数。干涉信号接入差分式光电探测器,进行光电转换,得到对应的电压信号为 V:

$$V = C\widetilde{I} \qquad (4.21)$$

其中 C 为光电探测器的光电转换系数,单位为 mW/V。

而对于接下来的信号解调方法,本文主要研究了以下两种解调方法,分别是滤波解调法和微分交叉解调法。

1. 滤波解调法

对于光纤环感受单一频率的声发射信号时,干涉输出的信号经过光电转换后输出电压信号的频谱如下图所示。

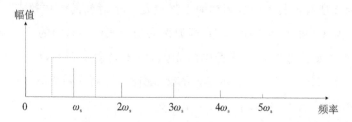

图 4 - 3　光纤环传感系统感受单一频率的声发射信号光电转换后输出电压频谱示意图

从上图可以看出,光电转换后输出电压信号的频谱为声发射信号的基频和其高阶倍频组成。由于输出信号中不仅有基频成分,还会含有其倍频分量,要想从这样的信号中解调出有用的原始声发射信号,需要对其做适当的解调处理,可以采用滤波的方法将信号中的高次倍频分量滤除,使得只剩下基频成分,因此,选择在基频附近进行带通滤波,滤波器传递函数的幅频特性曲线示意图如上图中虚线所示,即可得到基频信号,即原始单一频率的声发射信号的频谱。同时,根据公式(4.20)可知,在基频附近进行带通滤波后的输出电压为:

$$
\begin{aligned}
\tilde{V} &= GCBJ_1(m)\sin\phi_0\cos(\omega_s t + \phi_s + \phi_1) \\
&= DC\cos(\omega_s t + \phi_s + \phi_1) \\
&= DC\cos\left[\omega_s\left(t + \frac{\phi_1}{\omega_s}\right) + \phi_s\right] \\
&= DP(t + t')
\end{aligned}
\tag{4.22}
$$

其中

$$
D = GBJ_1(m)\sin\phi_0 \tag{4.23}
$$

上式中,G 为带通滤波器的传递函数在频率 ω_s 处的增益,D 为经滤波后信号的放大倍数,φ_1 为带通滤波器引入的信号的相位延迟,$t' = \varphi_1/\omega_s$ 为相应的时间延迟。

对比公式(4.22)和公式(4.17)可以看出,对于传感器感受的单一频率的声发射信号,经过带通滤波后的信号即为经过一定时间延迟(t')并进行了幅值放大(D)的声发射信号 $P(t)$。

而对于一般的声发射信号 $P(t)$,假设其中心频率为 ω_s,根据傅里叶级数可以知道,这个信号可以看成是由一系列的频率成分(设其频率为 ω_1、ω_2、ω_3…)的正弦信号组成,则结合公式(4.20),根据贝塞尔函数展开可知,干涉输出的信号频谱应当是由 ω_1、ω_2、ω_3…这一系列的频率成分及它们的倍频相互组合叠加构成的,即:

$$
n_1\omega_1 + n_2\omega_2 + n_3\omega_3 + \cdots, \quad n_1, n_2, n_3, \cdots = 0, \pm 1, \pm 2, \cdots \tag{4.24}
$$

因此,在考察的原始信号频带范围内,可以将信号看成是各个频率分量的叠加,所以,可以采用滤波的方法将原始的声发射信号滤出。

系统的干涉输出频谱大致如图 4 - 4 所示。

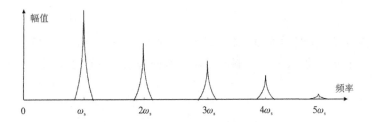

图 4 - 4　输出光强信号的频谱示意图

可以发现,在一定情况下,同样地我们在基频附近进行带通滤波仍然能够将声发射信号的频谱解调出来。

2. 微分交叉解调法

如果对参考臂光纤中的光进行正弦的相位调制,新的系统结构如图 4 - 5 所示。

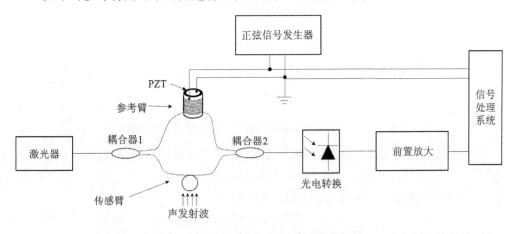

图 4 - 5　加入相位调制的光纤环传感系统

当对压电陶瓷施加正弦激励时,由于逆压电效应,压电陶瓷也会随之发生周期性的变形,从而带动缠绕在它上面的光纤发生相应的变形,所以光纤中的光的相位会受到相应的调制。

设调制相位信号为 $g\cos\omega_m t$,其中 ω_m 为调制频率,调制频率 ω_m 远大于信号频率 ω_s,g 为调制幅值大小,则公式(4.19)中干涉输出的信号变为:

$$\widetilde{I} = B\cos(g\cos\omega_m t + \phi(t))$$
$$= B[\cos(g\cos\omega_m t)\cos\phi(t) - \sin(g\cos\omega_m t)\sin\phi(t)]$$
$$= B\Big[J_0(g) + 2\sum_{k=1}^{\infty}(-1)^k J_{2k}(g)\cos 2k\omega_m t\Big]\cos\phi(t)$$

$$-B\left[2\sum_{k=0}^{\infty}(-1)^{k}J_{2k+1}(g)\cos(2k+1)\omega_{m}t\right]\sin\phi(t) \tag{4.25}$$

假设未加相位调制的时候干涉信号的频谱如下图 4-6(a)所示,则由公式(4.25)可知,当加入相位调制的时候干涉输出信号频谱如下图 4-6(b)所示。

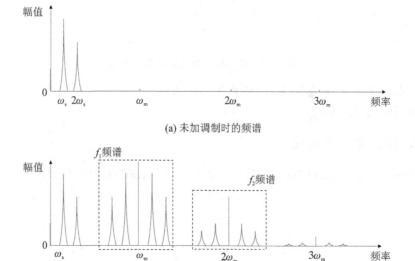

(a) 未加调制时的频谱

(b) 加入调制后的频谱

图 4-6 施加相位调制前后的干涉输出信号频谱示意图

从公式(4.25)可以看出,在调制频率 ω_m 处的带通滤波后的信号成分为:

$$f1=2BJ_1(g)\cos\omega_m t\sin\phi(t) \tag{4.26}$$

在调制频率的二倍频 $2\omega_m$ 处的信号成分为:

$$f_2=-2BJ_2(g)\cos2\omega_m t\cos\phi(t) \tag{4.27}$$

借助于以上两个信号进行处理,信号处理的流程如下图所示:

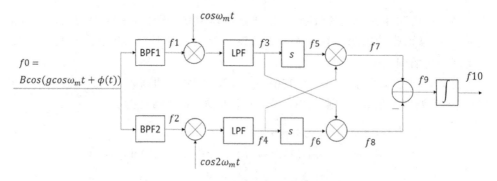

图 4-7 微分交叉解调法信号处理过程

信号 f_1 经过与 $\cos\omega_m t$ 混频并经过低通滤波后得到信号:

$$f_3 = BJ_1(g)\sin\phi(t) \tag{4.28}$$

信号 f_2 经过与 $\cos 2\omega_m t$ 混频并经过低通滤波后得到信号：

$$f_4 = -BJ_2(g)\cos\phi(t) \tag{4.29}$$

通过将两路信号做微分交叉相乘，得到：

$$f_7 = B^2 J_1(g) J_2(g) \dot{\phi}(t)\cos^2\phi(t)$$
$$f_8 = -B^2 J_1(g) J_2(g) \dot{\phi}(t)\sin^2\phi(t) \tag{4.30}$$

然后将 f_7 与 f_8 相减得到 f_9，

$$f_9 = B^2 J_1(g) J_2(g) \dot{\phi}(t) \tag{4.31}$$

再对上式积分得到：

$$f_{10} = B^2 J_1(g) J_2(g) \phi(t) \tag{4.32}$$

最终得到原始信号 $\phi(t)$。

从公式（4.32）可以发现，解调出来的信号幅值只与载波的幅值 g 和参数 B 有关，而根据公式（4.16）可知参数 B 与两束光的偏振夹角 α 有关，所以，如果采取保偏光纤或者控制两臂的光的偏振夹角稳定，则系统的灵敏度将会十分稳定，不会受到温度漂移的影响。

根据马赫-曾德干涉仪原理，本书搭建了一套多通道零差法光纤环声发射系统。并对组成该系统的各个部分进行了相应的研究。

4.4　液体中光纤环传感器的研究

目前的光纤环声发射传感器的研究极少，只是研究了光纤感受声发射信号的机理和液体中光纤环的方向敏感性，然而在实际应用中会面临更多的复杂情况需要分析，因此，我们从光纤感受声发射信号的机理出发，进行光纤环传感器的相关特性研究，这将会给光纤环传感器的合理设计给出理论上的指导。

4.4.1　液体中光纤环传感器所用光纤长度的研究

根据光纤环传感声发射信号的原理的理论公式（4.8）可知，光纤的相位变化量大小与光纤的长度成正比。为了验证这一理论的正确性，我们搭建了一套单通道的光纤环声发射系统，其结构图如前所示，这里不再赘述。实验中我们选取了 15 m、30 m、45 m 和 60 m 四种不同长度的光纤绕成相同直径的传感光纤环进行实验。所绕的光纤环如下图所示。四个光纤环的直径都是 72.0 mm，实验中一共用到了四个参考光纤环。每次实验时所连接的参考光纤环和传感环长度和制作方式都相同，即传感臂和参考臂的臂长相等，绕制这些光纤环所用的光纤都是型号为 ITU - T

G652D 的单模光纤,所有的光纤环均为裸光纤,没有涂敷胶水,实验中的光源为 Santec 公司的 TSL-510C 型窄带激光器,激光器线宽为 200 kHz,设置激光功率为 5 mW,输出光的中心波长为 1550 nm,光源无调制。实验中采取的信号采集及处理系统为 PCI-2 声发射系统。实验中我们采取美国物理声学公司(Physical Acoustic Corp,PAC)的 AECAL-2 型声发射仪产生的频率为 150 kHz,幅值 99 dB 的标准正弦信号作为模拟声发射源进行激励,利用四种不同长度的光纤环声发射传感器进行检测,通过 PCI-2 系统的 AEwin 软件进行声发射信号的检测及显示。

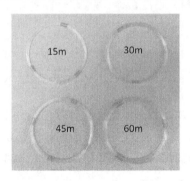

图 4-8 四种不同长度的光纤环

首先搭建好系统,分别让四个不同的光纤环在未加载 99 dB 声发射信号和加载 99 dB 声发射信号时测量其输出信号的幅值,我们认为当没有施加信号的时候的信号记录为噪声引起的,它显示的幅值为噪声水平,它们的测试结果如下表所示。

表 4-1 不同长度关系环噪声水平及探测 99 dB 信号幅值

光纤长度	15 m	30 m	45 m	60 m
噪声水平	49 dB	49 dB	50 dB	52 dB
探测 99 dB 信号幅值	58 dB	70 dB	97 dB	97 dB

根据上表中的数据我们可以看出随着光纤长度的增加,探测的信号的幅值也随之增加,但是相应的噪声水平也随之增加了,但是增加的幅值不大。

进一步地,为了探究其噪声来源,我们将 45m 的光纤环在未加载声发射信号时的经过滤波放大之后的电信号送入频谱仪中观测,信号在 10 kHz～300 kHz 范围内的频谱如图 4-9 所示。

观测频谱可以发现,信号在 15.8 kHz 附近有较强的峰值,幅值达到了 -37.08 dBm,而我们的信号频率在 150 kHz 处,可以发现,虽然对信号进行了 100 kHz～200 kHz 的带通滤波,但是滤波之后的信号仍然有较强的低频成分出现,实际上带通滤波的作用是对滤波器通带范围外的频率成分进行衰减,由于滤波器不是理想滤波器,所以不能将通带范围外的频率成分衰减至零,因此当通带范围外的频率成分幅值较大时经过滤波后仍然会有残留。我们发现 15.8 kHz 的信号正好是

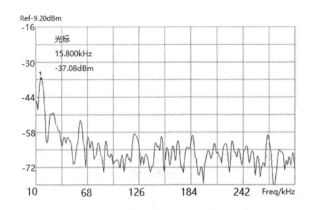

图 4 - 9　水中的 45 m 光纤环的噪声频谱

音频信号,同时,在实验中可以听到比较强烈的工控机产生的音频噪声,另外,根据之前人们的研究表明,光纤环是一种宽频的传感器,所以,其噪声来源的一部分应该是来源于音频噪声。

　　所以可以发现,随着绕的光纤环所用光纤长度的增加,光纤环传感器的灵敏度也随之增加,这与理论上的结果是一致的,但是随着光纤长度的增加,光纤环传感器的噪声水平也随之增加了,这一部分原因是光纤环受到音频噪声的影响也会随着光纤长度的增加而增加,但是这一部分噪声幅值增加得不大。

4.4.2　液体中光纤环传感器半径的研究

　　对于液体中的光纤环,由于光纤环的尺寸与水中的声波的波长尺寸相当,因此光纤环传感器自身所感受到的应力波(即声波)压力大小在各处将不再均匀,所以,光纤环在此时的相位变化将变得复杂起来,其相位变化值应该是整个光纤环各处的相位变化的总和。这里为了方便后续讨论,我们将光纤环尺寸与声波波长尺寸相当的时候的这种声压—相位变化关系定义为光纤环传感器的尺度效应。

　　为了探明液体中的平行于声传播方向的光纤环在声发射波作用下的总的相位变化关系,我们做了如下研究:

　　设液体中的声速为 v,声波的波长为 λ_s,光纤环半径为 r,声源为点声源,从光纤环的一侧传过来,如下图所示。

　　设光纤环的中心为坐标原点,声发射源距离光纤环中心距离为 R,声压信号在液体中的衰减系数为 σ,传播方向波矢量为 $\vec{k}_s$,波数为 $k_s = 2\pi/\lambda_s$,声波波长为 λ_s,$\vec{A}$ 的幅度表示声源振幅,$\vec{A}$ 的方向表示振动传播方向,令 $\vec{\phi} = (x+R, y, z)$,由于在液体中声发射波是纵波,所以振动方向平行于传播方向,光纤环上坐标为 (x, y, z) 点距离声源为 $d = \|\vec{\phi}\|$,设液体中的声压场为 $\vec{P}(\vec{\phi}, t)$,光纤的声压—相位灵敏度系数

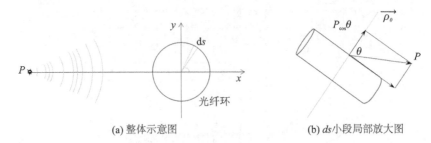

(a) 整体示意图 (b) ds小段局部放大图

图 4 - 10 处在声压场中的光纤环

为 K，则声压场可记为：

$$\vec{P}(\vec{\psi},t) = \frac{e^{-\sigma d}}{d}\vec{A}(\vec{\psi})\cos(\vec{k}_s\vec{\psi}-\omega_s t) \tag{4.33}$$

对于上图中所示的长度为 ds 段处微小的光纤，其感受声压场后的相位变化为：

$$d\phi(t) = K\frac{e^{-\sigma d}}{d}\cos(\vec{k}_s\vec{\psi}-\omega_s t)|\vec{A}(\vec{\psi})\cdot\vec{ds}|$$

$$= K\frac{e^{-\sigma d}}{d}\cos(\vec{k}_s\vec{\psi}-\omega_s t)|\vec{A}(\vec{\psi})\cdot\vec{\rho}_0|ds \tag{4.34}$$

其中 $\vec{\rho}_0$ 表示 ds 小段光纤的单位法向量。值得注意的是当上图中 θ 角大于 90°时的情况，因此在式(4.34)中加了绝对值。

则整个光纤环感受声压场后的产生的相位移动应该是对每一小段光纤上相位变化量的积分，为：

$$\vartheta(t) = K\cdot\oint_L d\phi(t) \tag{4.35}$$

如果不考虑光纤的放入对声压场的影响，同时考虑对称性，采用极坐标系，光纤环中心为坐标原点，光纤环中心和声发射源的连线为 x 轴。则上式可记为：

$$\phi(t) = K\oint_L d\phi(t)$$

$$= K\oint_L\frac{e^{-\sigma d}}{d}\cos(\vec{k}_s\vec{\psi}-\omega_s t)|\vec{A}\cdot\vec{\rho}_0|ds$$

$$= \frac{KAL}{\pi}\int_0^\pi e^{-\sigma\sqrt{(r\cos\theta+R)^2+r^2\sin^2\theta}}\frac{\cos\left(\frac{2\pi}{\lambda_s}\sqrt{(r\cos\theta+R)^2+r^2\sin^2\theta}-2\pi\omega_s t\right)}{\sqrt{(r\cos\theta+R)^2+r^2\sin^2\theta}}|\cos\theta|d\theta$$

$$= \frac{KAL}{\pi}\sqrt{a^2+b^2}\cos(\omega_s t+\phi_0) \tag{4.36}$$

其中

$$a = \int_0^\pi e^{-\sigma \sqrt{(r\cos\theta + R)^2 + r^2\sin^2\theta}} \frac{\cos\left(\frac{2\pi}{\lambda_s} \sqrt{(r\cos\theta + R)^2 + r^2\sin^2\theta}\right)}{\sqrt{(r\cos\theta + R)^2 + r^2\sin^2\theta}} |\cos\theta| \, d\theta$$

$$b = \int_0^\pi e^{-\sigma \sqrt{(r\cos\theta + R)^2 + r^2\sin^2\theta}} \frac{\sin\left(\frac{2\pi}{\lambda_s} \sqrt{(r\cos\theta + R)^2 + r^2\sin^2\theta}\right)}{\sqrt{(r\cos\theta + R)^2 + r^2\sin^2\theta}} |\cos\theta| \, d\theta$$

$$\phi_0 = \arctan \frac{b}{a}$$

$$(4.37)$$

上式难以获取解析解,一般只能取数值解,而且是在假设光纤环的介入不影响点声发射源的声场的分布的情况下得到的,因此目前只能做参考,可以看出,相同光纤长度绕出来的光纤环半径不同,其发生的相位变化也不同,即光纤的有效长度是与光纤环半径有关的函数。如果考虑声发射源距离光纤环较远,即式中 $r \ll R$ 时,则可以进行远场近似,认为球面的声场在考察范围内为平面波。而且在小尺度范围内声波的衰减系数 σ 较小,则上式可以简化为如下式:

$$\phi(t) = \frac{KAL}{\pi} \int_0^\pi e^{-\sigma(r\cos\theta + R)} \cos(k_s r - \omega_s t) |\cos\theta| \, d\theta$$
$$= \frac{KAL}{\pi} \sqrt{a^2 + b^2} \, e^{-\sigma R} \cos(\omega_s t + \phi_0)$$

$$(4.38)$$

其中

$$a = \int_0^\pi \cos\left(\frac{2\pi}{\lambda_s} r\cos\theta\right) |\cos\theta| \, d\theta$$

$$b = \int_0^\pi \sin\left(\frac{2\pi}{\lambda_s} r\cos\theta\right) |\cos\theta| \, d\theta$$

$$(4.39)$$

$$\varphi_0 = \arctan \frac{b}{a}$$

当忽略声波在光纤环直径的小尺度范围内的衰减,即认为 σ 很小,$e^{-\sigma R} \to 1$,此时上式可化简为:

$$\phi(t) = \frac{\sqrt{a^2 + b^2}}{\pi} KAL \cos(\omega_s t + \phi_0) = MKLA \cos(\omega_s t + \phi_0) \qquad (4.40)$$

其中

$$M = \frac{\sqrt{a^2 + b^2}}{\pi} \qquad (4.41)$$

我们定义 M 为光纤环传感器的有效长度系数,表示处在声发射场中的光纤环传感器在声压作用下由于尺度效应引起的相位变化量与理想情况下不受尺度效应影响时的相位变化量之比,可以看出它是与光纤环传感器半径以及液体中声波的波长有关的函数。

对于平面波的情况,我们将式(4.39)带入式(4.41)中,利用 Maple 软件进行数值积分来求解式(4.41)中的 M 值,可以画出有效长度系数与光纤环直径之间的关系曲线,如下图所示为光纤环在水中感受 150 kHz 声发射波时的光纤环直径 $2r$(单位 cm)和有效长度系数 M(无量纲)之间的关系曲线。由于现实情况下的光纤存在弯曲损耗,普通光纤环的直径一般不能小于 3 cm,否则会出现极大的光功率损耗,所以下图中只给出了我们求解的直径在 3 cm 到 8 cm 之间的曲线。

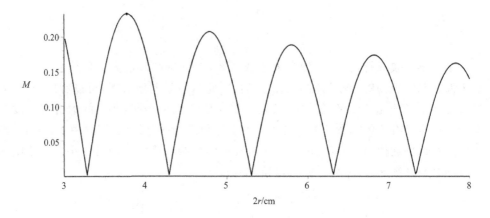

图 4 - 11　光纤有效长度与光纤环直径之间的关系曲线

公式(4.40)表明,光纤的有效长度是光纤环直径的函数,因此,为了达到最大的灵敏度,需要绕适当尺寸的光纤环,此外,由于光纤在弯曲较大的时候会出现较大的弯曲损耗,对于一般的光纤,弯曲的直径不宜小于 3 cm,因此,我们绕制了几个直径分别为 3.320 cm、3.824 cm、4.340 cm 的光纤环,如图 4 - 12 所示:

图 4 - 12　三个不同尺寸的光纤环

上图中三个光纤环所用的光纤的长度都是 15m,放入水中进行实验,其中参考环都是同一个光纤环,其长度也为 15m。如图 4 - 13 所示为放入水中的光纤环和声发射源位置示意图。实验中采取的系统结构为单通道系统结构,所用的解调方法是滤波解调法。实验过程中每测完一个光纤环后需要手动更换另一直径的待测光纤环。

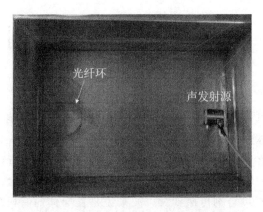

图 4 - 13 水中光纤环和声发射源位置示意图

分别测量了不同直径的光纤环的噪声水平和在加载频率 150 kHz,幅值依次是
90 dB、80 dB、70 dB 声发射信号时它们探测到的幅值大小。同时给出理论上的有效
长度系数 M 结果如下表所列。

表 4 - 2 不同直径的光纤环的探测性能

光纤环直径/cm	噪声水平/dB	探测 90 dB 信号幅值/dB	探测 80 dB 信号幅值/dB	探测 70 dB 信号幅值/dB	理论有效长度系数 M
3.320	49	68	—附注1	—	0.03
3.824	49	78	73	68	0.23
4.340	49	63	—	—	0.03

附注 1:—表示没有探测到数据

试验结果表明,三个光纤环的噪声水平都是 49 dB,当声发射源加载的声发射信
号幅值为 90 dB 时,实验所用的三个光纤环中直径为 3.824 cm 的光纤环检测到的信
号幅值最大,而直径为 4.340 cm 的光纤环检测到的信号幅值最小,而声发射源加载
80 dB 和 70 dB 信号时,只有直径是 3.824 cm 的光纤环能够检测到声发射信号,另
外两个光纤环没有探测到数据,同时从表中最后一列的理论有效长度系数可以看
出,三个光纤环中也是直径为 3.824 cm 的光纤环理论有效长度系数最大,另外两个
的理论有效长度系数接近,但直径为 4.340 cm 的光纤环有效长度系数最小。通过
对比三个光纤环的实验表现和它们的理论有效长度系数发现这与理论预测值的趋
势是一致的。但是本实验只能初步定性验证上述推导的有效长度系统与光纤环的
半径是相关的,而且忽略了光纤环的介入对声发射场的影响,而当光纤环层数增加
时应该会变得更加复杂,所以更严谨的证明仍然需要更充分的实验验证和理论模型
修正。

4.5 检测固体表面声发射信号的光纤环传感器设计

以上讨论了液体中光纤环的长度和直径对系统性能的影响,对于能安装在固体表面上进行声发射检测的光纤环传感器,目前探究采用如图 4-14 所示的制作结构。将 60 m 长的单模光纤紧密缠绕在一个直径为 5 cm,高为 10 cm 的有机玻璃柱子上面制作而成,同时涂覆上胶水增加其耦合效果。其传感机理为:声发射产生的应力波会从固体表面经过耦合剂传递到对声波来说是良导体的有机玻璃柱子上,应力波会沿着有机玻璃柱的轴向传播,有机玻璃柱子上感受到应力波相应地会发生轴向变形,从而引起有机玻璃柱的周向变形,进而带着缠绕在有机玻璃柱上的光纤发生相应的变形,进而引起光纤中的光的光程(也就是相位)发生变化;通过马赫-曾德干涉过程检测出缠绕在有机玻璃柱子上的光纤中的光的相位的变化,即可得到相应的声发射波的信号。

图 4-14 缠绕在有机玻璃柱子上面的光纤环声发射传感器

实验传感器布置如图 4-15 所示。将我们制作的这个传感器通过凡士林固定在铝板表面,凡士林的作用是加强声发射信号从铝板传递到有机玻璃柱子上的耦合效果,同时我们在铝板上也安装了一个 PAC 公司的 R15i 型压电陶瓷声发射传感器作为对比。

在铝板上面施加标准的连续正弦波声发射信号,将传感器感受到的信号接入解调系统中,实验中解调出来的波形如图 4-16 所示。

从图 4-16 可以看出,我们制作的光纤环传感器能够成功解调出标准的正弦信号。图中的正弦波还比较理想,而且频谱中也可以发现信号的频率为 150 kHz,与激

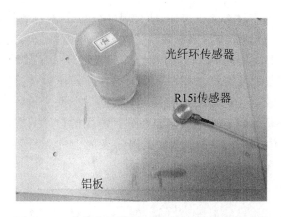

图 4 - 15　安装在固体表面的光纤环声发射传感器

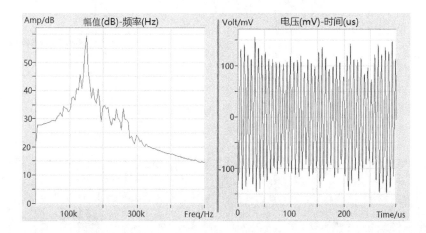

图 4 - 16　绕在有机玻璃柱上的光纤环解调出来的标准 150 kHz 的正弦声发射信号频谱和时域波形

励源信号的频率和波形相符。

　　然后撤掉 150 kHz 的模拟正弦波声发射信号,在铝板上通过断铅的方式模拟离散型声发射信号进行检测,观测这种光纤环能否检测到瞬时离散型声发射信号。实验中我们随机在距离光纤环传感器和压电陶瓷声发射传感器等距离的位置处进行了几次断铅实验,可以发现每一次两个传感器都能检测到断铅声发射信号,且两种传感器的检测效果基本相同,我们随机地选取其中一次测试结果展现在下图中。

　　图 4 - 17 为该光纤环传感器检测的断铅信号和 PZT 检测的断铅信号的结果对比,对比它们的时域波形可以看出两个信号是相似的,信号的包络都呈现纺锤形,这与理论上的断铅信号的波形是一致的。而对比它们的频谱可以发现,光纤环传感器的频谱比压电陶瓷的频谱要宽,这可能是由于 R15i 型压电陶瓷声发射传感器是谐振式窄带传感器,其谐振中心频率在 150 kHz 附近,而光纤环传感器采取这种封装之后其谐振频率比压电陶瓷传感器要低。图中最左边的幅值-时间图中的每个点标记

表示系统记录的一次声发射撞击事件,即代表一个 hit。对比它们的检测信号的幅值可以发现,光纤环传感器检测的断铅幅值为 80 dB,压电陶瓷声发射传感器检测的断铅信号幅值为 90 dB,因而采取这种封装方式的光纤环传感器的灵敏度要比压电陶瓷的低,以上结果说明,将光纤环绕在有机玻璃柱上面作为传感器的方案是可行的,能够用于检测固体表面上的声发射信号。本书中只提供了一种可行的方案,这是本研究领域对光纤环传感器安装在固体表面进行声发射检测的首次尝试,对于后续的研究要采取合适的方法提高用于安装在固体表面上的光纤环声发射传感器的灵敏度。

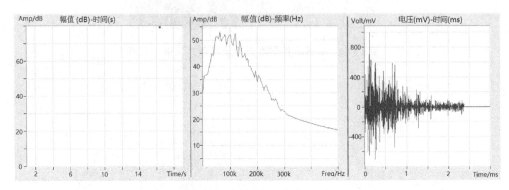

(a) 光纤环解调结果

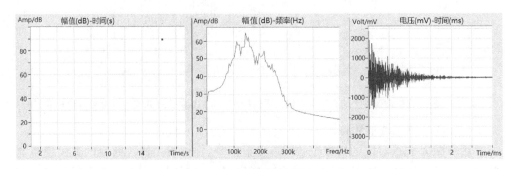

(b) 压电陶瓷解调结果

**图 4 - 17　绕在有机玻璃柱上的光纤环和 PZT 解调出来的断铅声
发射信号的幅值-时间图、频谱图和时域波形图**

4.6　光源参数的研究

光源的参数对整个系统的性能影响至关重要,目前的光纤环声发射传感系统中光源对系统性能的影响的研究还不充分,因此,本书在光源参数的理论研究基础上进行了相应的实验研究,然而在实际应用中会面临更多的复杂情况需要分析。

首先结合理论公式可知,传感器感受声发射信号的声压-相位灵敏度 K 和光源的中心波长成反比,即光源的中心波长越短,传感器的声压-相位灵敏度 K 越高。但是,我们选择光源的波长时也需要考虑其他因素的综合影响,由于现在的光纤系统大多是采用 1 550 nm 波段的通信光纤,绝大多数的光纤器件都是基于 1 550 nm 波段设计的,而要想改变光源的波长来获得有限的灵敏度提高,就需要更换现有的设备,专门选择适合其工作波段的相应的光纤器件,那整个系统的成本将会增加很多,显然不是最优的选择方案;而且根据理论公式,可以适当增加光纤的长度来提高相位灵敏度。所以本书研究依然采取中心波长为 1 550 nm 的光源。

另外从理论公式可以看出,解调输出的信号幅值和参考臂与传感臂光强的乘积成正比,因此在光源功率一定的情况下,根据均值不等式可以推断,参考臂和传感臂中的光进行干涉的时候的光强相等才能使输出信号幅值最大。而且在参考臂和传感臂中光强相等的情况下,光源功率越大,输出信号幅值越大,系统灵敏度越高。但是,目前的光源功率一般为 10 mW,超过 10 mW 的激光器价格上往往翻倍,因此,从成本的角度上出发,光源的功率不宜过高。所以本节主要从光源的线宽,强度噪声等方面进行实验研究。

4.6.1　光源线宽

通常窄带激光器发出的激光光谱会有一定的宽度,光源的线宽为激光器发出的光的光谱范围,定义光源功率光谱的左右两个 3 dB 点横轴距离为光源的线宽。它表征着光源的单色性。线宽过宽的光源会使干涉的对比度下降。这是由于每一个波长成分的光都会发生干涉,它们不同波长成分的光干涉后叠加,不同波长的光干涉不同步进而导致一种平均效应,使得整体产生的干涉效果不明显,干涉的对比度差。

线宽较宽的光谱近似为矩形光谱,于是对带宽为 Δk 的矩形分布的光谱结构求解干涉条纹可见度与光谱带宽的关系。为方便计算,用波数 k 表示。设位于波数 k 处的元谱线(dk)的强度为 $i_0(\mathrm{d}k)$,i_0 为光强的光谱分布(谱密度),在此为常数。元谱线(dk)在干涉场中产生的光强分布为:

$$\mathrm{d}I = 2i_0(1+\cos k\Lambda) \tag{4.42}$$

其中 Λ 为两臂的光程差,则整个光谱范围内的光的干涉输出光强为每一个元谱线的干涉光强的积分,如下式所示:

$$
\begin{aligned}
I &= \int_{k_0-\frac{\Delta k}{2}}^{k_0+\frac{\Delta k}{2}} 2i_0(1+\cos k\Lambda)\mathrm{d}k \\
&= 2i_0(\Delta k)\left(1+\frac{\sin\left((\Delta k)\cdot\dfrac{\Lambda}{2}\right)}{(\Delta k)\cdot\dfrac{\Lambda}{2}}\cos(k_0\Lambda)\right)
\end{aligned}
\tag{4.43}
$$

其中 k_0 为激光光谱的中心波数,即对应中心波长。

设干涉输出的光强最大值为 I_M,干涉输出光强最小值为 I_m,干涉信号的对比度为 κ,在这里定义 κ 如下式所示:

$$\kappa = \frac{I_M - I_m}{I_M + I_m} \qquad (4.44)$$

根据公式(4.43)、(4.44)于是有

$$\kappa = \left| \frac{\sin((\Delta k) \cdot \Lambda/2)}{(\Delta k) \cdot \Lambda/2} \right| \qquad (4.45)$$

图 4.18 为光源线宽对干涉对比度的影响,横轴变量为光源线宽和相位差的乘积的一半,纵轴为对比度。

图 4-18 光源非单色性的对比度曲线

当 $(\Delta k) \cdot \Lambda/2 = \pi$ 时,求得第一个 $\kappa = 0$ 对应的光程差值为:

$$\Lambda_{max} = \frac{2\pi}{(\Delta k)} = \frac{\lambda_1 \lambda_2}{(\Delta \lambda)} \approx \frac{\lambda^2}{\Delta \lambda} \qquad (4.46)$$

这时的 Λ_{max} 就是对应于光谱宽度为 $\Delta \lambda$ 的光源能够产生干涉的最大光程差,即相干长度。可见它与波列长度一致。

实验中对于单通道的光纤环声发射传感系统,利用 Santec 公司生产的 TSL 510C 型可调谐窄带激光器,通过选择是否关闭相干控制让其发出不同的线宽的激光,我们分别让激光器产生线宽为 40 MHz 的窄带光和线宽为 200 kHz 的窄带光接入光纤环声发射系统,保持光源中心波长、光功率等系统其他参数不变。实验中加载的模拟声发射源为频率 150 kHz,幅值 99 dB 的连续正弦波声发射信号,信号送入了 PCI-2 系统进行解调显示,预设系统门槛值为 50 dB。首先不加载声发射信号观测一段时间,确定系统的噪声水平,其结果如图 4-19、4-20 所示。

初步观察发现光源线宽为 40 MHz 时的系统噪声水平太高,因此这种情况下主要观察解调出来的时域波形是否正确,设置光源线宽为 200 kHz 时的系统门槛值为 50 dB,不同线宽光源下对于 150 kHz 连续型声发射信号的解调结果如图 4-21、4-22 所示。

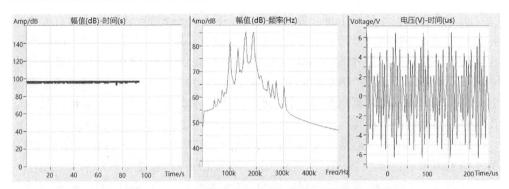

图 4-19　光源线宽为 40 MHz 时未加载声发射信号结果

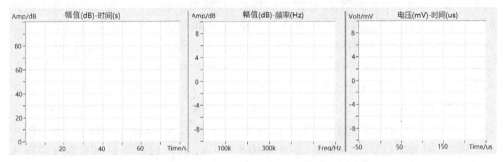

图 4-20　光源线宽为 200 kHz 时未加载声发射信号结果

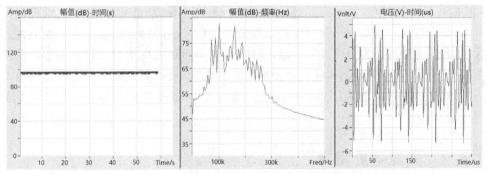

图 4-21　光源线宽为 40 MHz 时的解调结果

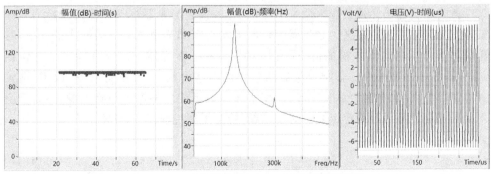

图 4-22　光源线宽为 200 kHz 时的解调结果

可以发现以上四幅图中每一幅图都是由三个小图组成的,它们从左到右依次是信号的幅值-时间图、信号频域波形图和信号时域波形图。其中幅值-时间图中每一个点表示一个声发射事件(hit),每一个点的横坐标表示该 hit 出现的时间,纵坐标表示该 hit 的幅值大小。信号频域波形图会动态刷新,每一次都表示一个 hit 的信号经过 FFT 变换后的频谱,横轴为时间,纵轴为幅值。时域波形图记录的是最新的一个 hit 信号的时域波形,横轴为时间(单位为 μs),纵轴为幅值(单位为 mV)。

观测图 4-19、4-20 结果发现,在未加载声发射信号时,当光源线宽为 40 MHz 时系统噪声水平达到了 99 dB;当光源线宽为 200 kHz 时,系统噪声水平为 49 dB。

从图 4-21、4-22 两幅图中可以看出,激光器线宽为 40 MHz 时信号解调出来的结果效果很差,主要表现为:从信号的幅值-时间图中看出,hit 的幅值基本上都在 99 dB,这与之前测量的系统的噪声水平一样,表明信号无法很好地从系统噪声中区分出来。从信号的频谱图可以看出,信号的频谱集中在 100~200 kHz 段,这其实是带通滤波器的滤波范围,因此从频谱中也无法区分是否有很强的 150 kHz 声发射信号出现;同时,从信号的时域波形中也可以发现,信号的时域波形完全无法看出是否是正弦波,因此激光器线宽为 40 MHz 时的解调效果不理想。而当激光器的线宽为 200 kHz 时,信号解调出来的结果比较理想,主要表现为:从信号的幅值-时间图中看,当加载声发射信号时检测的 hit 的幅值为 99 dB,这可以很明显地和系统噪声水平 49 dB 区分开来。从信号的频谱图可以发现,信号的频谱有一个很高的尖峰在 150 kHz 处,而其中的 300 kHz 处也存在一个小的尖峰,这是其倍频形成的,但幅值不大,所以频谱中会有典型的声发射谱线出现。信号的时域波形也是一个明显的正弦波,这和加载的声发射波波形一致,因此,线宽为 200 kHz 的激光器具有很好的检测效果。由于我们没有其他线宽的激光器进行实验,所以只选取了两个线宽的情况进行对比,这与理论上的结果是一致的。综合考虑,激光器的线宽不大于 200 kHz 时比较合适。

4.6.2　光源强度噪声

激光器的输出光强会存在微小的起伏现象,描述激光器这一性能的指标为光源的相对强度噪声。它定义为激光器的输出平均功率和某个频率下的噪声的比值,是单位频率带宽内的均方根的值,通常用对数表示。激光器一般存在固有的弛豫振荡,从而带来强度噪声。影响弛豫振荡频率的因素有很多,有抽运功率、腔损、谐振腔有源部分长度、谐振腔总长度等,改变上述参数不能从根本上消除弛豫振荡,但会对弛豫振荡的频率有一定影响。对于马赫-曾德干涉过程,其干涉输出光强一般表示式为:

$$I = A + B\cos\Delta\varphi \qquad (4.47)$$

其中 $\Delta\phi$ 为两臂的相位差,A 为光强直流分量,B 为交流传递系数。光源的强度

噪声会影响 B 值,使得 B 值成为高频变化量,设光源的强度噪声频率为 ω_n,幅度为 b 则:

$$B = B_0 + b\cos\omega_n t \tag{4.48}$$

如果声发射源的频率为 ω_s,声压作用下的相位传递系数为 m,则

$$I = A + B_0\cos(m\cos\omega_s t + \phi_0) + b\cos\omega_n t\cos(m\cos\omega_s t + \phi_0) \tag{4.49}$$

上式经贝塞尔展开可知其交流项频率成分为 $q\omega_s \pm \omega_n$,$q = 0,1,2,\cdots$。其意义为:声发射信号的频率会和光源强度噪声的频率发生混频效应。

当光源强度噪声接近声发射源的频率,且其强度噪声幅值较大时,其输出光强频谱会发生混频现象,会将原有的声发射频率搬移至其他频段,或者在没有声发射信号时,光源的强度噪声出现在声发射检测频段会被误判为声发射信号,这对整个系统的信号解调是不利的,因此我们在选择光源时需要注意。

4.6.3　相位噪声

激光器的输出光的相位一般不是随时间线性增长,而是会有一定的起伏。相位噪声的基本起源是量子噪声,特别是谐振腔模式内增益介质的自发辐射,量子噪声也与光损耗有关。此外也有一些技术噪声的影响,如激光器腔镜的振动或温度的波动引起的频率的起伏,相位噪声可以以连续频率漂移的形式出现,也可以是相位跃变,或两者的组合。

设激光器的相位随时间的变化函数为 $\phi(t)$,光从光源经过参考臂到达参考臂与传感臂发生干涉的位置处所用的时间为 t_1,当没有施加声发射信号时,光从光源经过传感臂到达参考臂与传感臂发生干涉的位置处所用的时间为 t_2,则参考臂的光在进入干涉位置处的相位随时间变化的函数为 $\phi(t+t_1)$,传感臂中光在进入干涉位置处的相位随时间变化的函数为 $\phi(t+t_2)$,马赫曾德干涉过程中输出干涉光的初相位应该是两臂光的相位之差,则输出干涉光的相位为:

$$\Delta\phi = \phi(t+t_1) - \phi(t+t_2) \tag{4.50}$$

理想情况下激光器不存在相位噪声,激光器的相位时间变化关系为线性,此时激光器输出相位随时间变化关系为:$\phi(t) = \omega t + \phi_0$,其中 ω 为激光频率,ϕ_0 为激光器输出光的初相位,由于参考臂和传感臂长度和折射率固定,所以光经过传感臂的时间 t_1 和参考臂的时间 t_2 都是固定值,则输出干涉光相位为恒定值 $\Delta\phi = \omega(t_1 - t_2) = \omega\Delta t$;但是当激光器的相位时间变化关系不是线性时,且干涉系统的传感臂和参考臂不完全等臂时,t_1 与 t_2 不再相等,那么输出干涉光的相位将不再是一个恒定值,统计学上,激光器光波场的相位起伏是一个随机过程,因此干涉仪的相位噪声也是一个随机过程。实际情况中,干涉系统的两臂通常都是难以做到绝对等臂长的,所以,干涉系统的输出中必然会引入激光器的相位噪声。有文献指出,由激光器发出的光初相位的随机涨落引起的干涉输出的噪声和干涉系统的两臂的臂长差呈现正相关。

综上可知,在选择零差法光纤环声发射传感系统时所需要的光源的性能指标如下:需要窄线宽的激光器,其强度噪声要求比较低,相位噪声也是越小越好,在实际情况中我们发现线宽小于 200 kHz,强度噪声低于 -140 dB$/\sqrt{Hz}$,的激光器即可满足要求。另外受相位噪声的影响,两干涉臂的臂长差不宜过长,受光电转换模块的输入光功率的限制,光源输出光功率分配到每一路光纤环传感器的功率大小不能超过 10 mW。

4.7 光纤环声发射传感器信号的解调实验研究

针对干涉型光纤环声发射传感系统的信号的解调,现有的研究提出的这类信号的解调方法主要是基于相位生成载波技术(Phase Generate Carrier, PGC)的微分交叉解调法及其各类改进方法,和基于 3 * 3 耦合器的各类解调方法。由于基于 3 * 3 耦合器的解调法需要更多的光电转换模块,这会增加很大的系统成本,因此本书主要研究了滤波解调法和微分交叉解调法两种方法,其中滤波解调法为本书的首创方法。下面针对这两种方法进行简要说明。

4.7.1 滤波解调法

在前面给出的光纤环声发射传感系统解调的原理,我们采用了一种滤波解调的方法给出了系统解调的方案,其信号分析过程如下图 4-23 所示。

图 4-23 干涉信号解调及分析过程

对于声发射信号为单一频率的信号,首先对于这种方法进行了实验研究,实验中我们施加了 150 kHz 的连续单一频率的正弦声发射信号,选取液体中的 60 m 长的光纤环传感器和压电陶瓷声发射传感器进行检测,两种传感器检测的信号的频域波形和时域波形分别如图 4-24、4-25 所示。

从图 4-24、4-25 的对比可以发现,两种传感器检测的信号的频域和时域波形都十分理想,具体表现为:两种传感器信号的频域波形都存在一个峰值很高的单一频率成分,其频率所在的位置为 150 kHz,正好是我们施加的信号激励的频率。此外,两种传感器的时域波形都是十分理想的正弦波,正好是我们施加的正弦声发射信号。所以本实验验证了我们的滤波解调方法是能够成功解调出单一频率的声发射信号的。

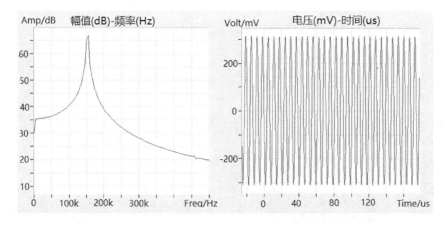

图 4 - 24　压电陶瓷声发射传感器检测到的信号频域和时域波形

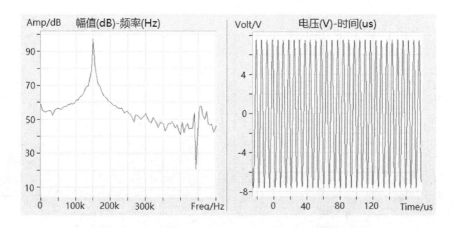

图 4 - 25　光纤环传感器检测到的信号频域和时域波形

对于频谱成分比较多的声发射信号的情况,虽然理论上频谱如果很宽的信号用滤波解调的方法会存在频谱混叠和波形失真的情况,但是,对于声发射信号的检测情况,通常并不关注信号的波形是否失真,而是关注信号的幅值和能量,对于这种情况我们首先进行了软件仿真,在输入信号为小信号和大信号的情况下分别进行了仿真,则干涉信号频谱仿真结果如图 4 - 26、4 - 27 所示。

其中图 4 - 26、4 - 27 中的虚线框表示的为带通滤波器的通带,即干涉信号经过带通滤波器后保留下来的频谱成分。从以上两图的对比输入信号和滤波输出信号频谱可以发现,对幅值不太大的声发射信号,当声发射信号频谱范围很窄且中心频率较高的时候,在原信号频率范围处进行滤波,得到的信号频谱会与原信号频谱成分一致;对于幅值较大的声发射信号,在原信号频率范围处滤波,得到的信号频谱会与原信号频谱相比多一些寄生频率和信号畸变。但是目前主流的声发射检测主要

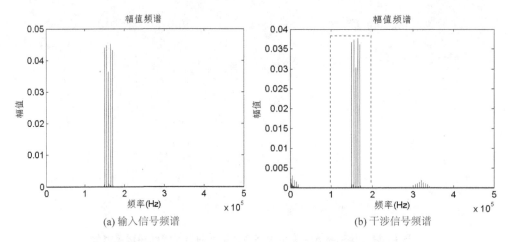

(a) 输入信号频谱   (b) 干涉信号频谱

图 4-26　小信号情况下的输入信号和干涉信号频谱

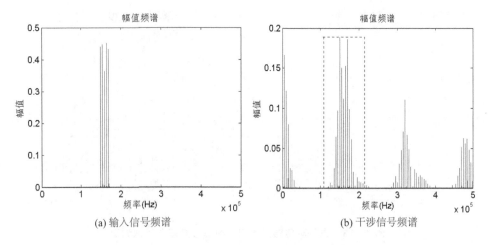

(a) 输入信号频谱   (b) 干涉信号频谱

图 4-27　大信号情况下的输入信号和干涉信号频谱

是看检测到的信号能量的大小,因此,波形的畸变对声发射检测的影响不大。

所以,对于声发射信号频谱不太宽的情况下,滤波解调法能够很好地解调出声发射信号。

我们利用断铅的方法进行检验,观测滤波解调法是否能够解调出有一定频谱宽度的声发射信号,断铅信号作为声发射信号用来测试声发射系统是否能够正常工作是一种经典的测试手段,断铅的声发射波形呈现一个纺锤形,其频谱范围有一定的宽度,是一种较为适合作为测试的声发射源。同样地,我们也加入一个 R15i 型压电陶瓷声发射传感器作为对比,检测结果如图 4-28 所示,分别是压电陶瓷声发射传感器和光纤环传感器的频域和时域波形。

可以看出光纤环传感器解调出来的时域波形也呈现一个纺锤形,和理论上断铅声发射信号的波形是一致的,而且信号的频谱具有一定的宽度,同时可以发现压电

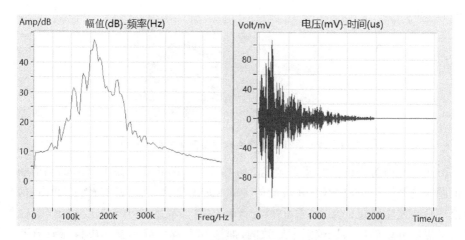

(a) 压电陶瓷传感器的解调结果

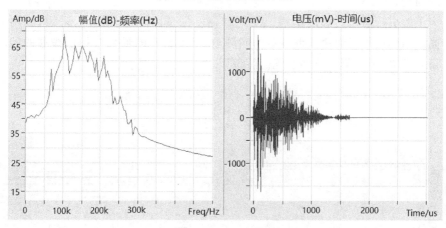

(b) 光纤环传感器的解调结果

图 4 - 28　光纤环和压电陶瓷传感器检测断铅声发射信号解调出来的波形频域和时域图

陶瓷传感器的频谱比光纤环的频谱要窄,这可能与压电陶瓷传感器是谐振式传感器而光纤环是宽频传感器有关。所以以上实验表明对于频谱有一定宽度的声发射信号,滤波解调法也可以解调出相应的结果。

然而,值得注意的是,公式(4.23)中的输出总增益 $D = GBJ_1(m)\sin(\phi_0)$ 中的参数 $B = 2\parallel \vec{A}_1 \parallel \parallel \vec{A}_2 \parallel \cos\alpha$,是与两路光的偏振夹角有关的系数,$\phi_0$ 是与两路光的初始相位差有关的系数,由于本系统中采用的是非保偏光纤,所以两路光的偏振夹角会随着时间发生随机的波动,即偏振衰落,而两路光的初始相位差也会随着温度的波动而发生改变,因此从长时间观测中应该可以发现,光纤环检测的信号灵敏度会随着时间发生漂移,为此,我们选取了两个光纤环进行了长时间的观测,两个光纤环如图 4 - 29 所示,其中光纤环 1 为未涂覆胶水的裸光纤环,光纤环 2 为 408 型胶水涂覆的黑胶环。

图4-29　进行灵敏度稳定性检测用的两个光纤环

图4-30即为进行长时间观测光纤环检测99 dB正弦声发射信号的幅值随时间发生漂移的情况。可以看出,在观测的2000 s的时间内,光纤环检测的99 dB信号的幅值一直在发生缓慢的漂移,其中裸光纤环的漂移幅度要小于黑胶固定环,这可能是由于黑胶环中的应力比较复杂导致的,即这套解调系统不能解决偏振衰落和相位漂移的问题。

为了解决传感器灵敏度不稳定的问题,有一些可行的方案可以采用,如用全保偏的光纤结构就可以解决偏振衰落的问题,在温度稳定的环境中相位漂移的问题也可以得到解决,另外可以改善系统的解调原理。

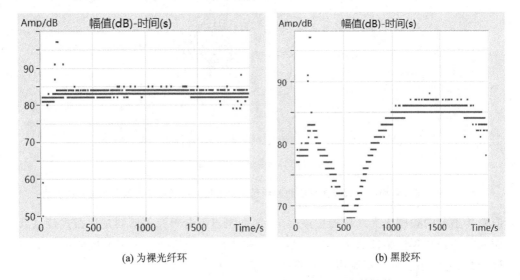

(a) 为裸光纤环　　　　　　　　　　　　　　(b) 黑胶环

图4-30　长时间观测光纤环检测99 dB信号的幅值

4.7.2　微分交叉解调法

我们采取微分交叉解调法进行实验,其中光纤相位调制器是我们将参考臂光纤缠绕在了圆筒形的压电陶瓷上,如图4-31所示。

实验中我们将参考臂上的压电陶瓷环上加载幅值为10 V,频率为1.4 MHz正

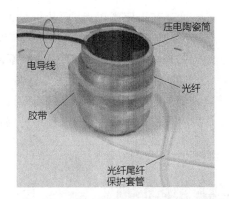

图 4 - 31 缠绕在压电陶瓷上的参考光纤环

弦载波,所用的信号发生器为 Agilent 33120A,它的相对频率精度为 10^{-7},为了探究该种解调方法,我们所采用的传感臂和参考臂一样也是将光纤缠绕在压电陶瓷环上,在压电陶瓷环上施加频率为 150 kHz,幅值为 5 V 的正弦波作为模拟传感环感受声发射波时的状态。实验中我们将光电转换后的电信号不进行滤波直接接入 NI PXI5122 采集仪中进行 A/D 转换,这种采集仪有两个通道,采样精度为 14 位,设置采集仪的采样频率为 10 MS/s,采样长度为 2 M,其中通道 1 接干涉后的输出信号,通道 2 接加载在参考压电陶瓷环上的 1.4 MHz 正弦载波,它的目的是为后续的混频提供具体的载波信号,这是由于信号发生器的实际频率并不是绝对的 1.4 MHz,而是存在一定的误差,虽然实际的频率误差可能只有几 Hz,但是这种误差在后续的解调中是严重不利的,因此我们选择直接采集载波信号,而不是利用软件生成载波信号。其中干涉输出的信号频谱如图 4 - 32 所示。

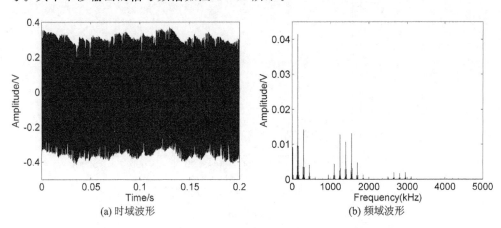

(a) 时域波形   (b) 频域波形

图 4 - 32 干涉输出信号的波形

我们利用 MATLAB 软件进行数据处理,经过处理后的信号的时域波形和频谱如图 4 - 33 所示。可以发现,信号的时域波形持续时间有 0.2s,波形的包络比较平稳,其幅值在 0.01V 左右,但也存在一定的毛刺,而从信号的局部图中可以看出,信号是一个存在一定畸变的正弦波。从信号的频谱图中可以发现,信号的频率在 150 kHz 处有一个很高的谱线,另外在 450 kHz 处也存在一个幅值较小的谱线,这一频率正好是 150 kHz 的三倍频,这表明解调出来的信号的确是存在一定畸变的 150 kHz 的正弦波,因此,综合考虑可知解调出来的信号是 150 kHz 的正弦波,与传感臂感受到的激励信号是一致的。这种畸变与我们的采集仪采集信号过程中的噪声干扰有关。

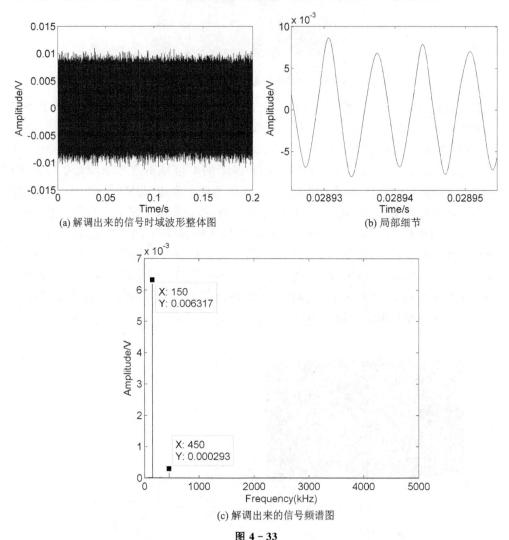

(a) 解调出来的信号时域波形整体图　　　　(b) 局部细节

(c) 解调出来的信号频谱图

图 4 - 33

值得注意的是,微分交叉解调法具有一些不足之处:

当声发射信号幅度过小时,被二倍载波频率调制的信号容易被噪声淹没,使得无法得到解调信号。如图 4 - 34 所示是我们所用的光电探测器在没有接入光信号的情况下接入采集仪采集的信号的频谱的交流成分,它是光电转换和 A/D 转换过程中的噪声信号,从该噪声的频谱图看出,在整个频率段的噪声功率谱呈现均匀分布的特点,因此,当信号的幅度过小时,就会被这些噪声信号淹没,导致微分交叉解调法无法解调出正确的结果。

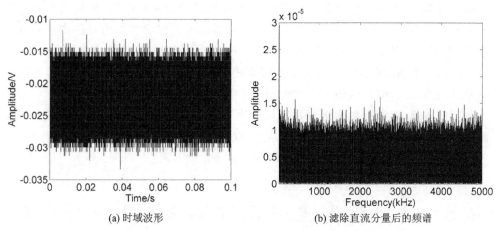

(a) 时域波形　　　　　　　　　　(b) 滤除直流分量后的频谱

图 4 - 34　光电转换和 A/D 转换过程中的噪声信号

当声发射信号幅度较大时,根据理论公式可知,信号的各阶倍频会依次出现,当信号的倍频过多时,就会出现在载波频率附近的频谱和二倍载波频率附近的频谱重叠的现象,即公式(4.26)中的信号 $f1$ 的频谱和公式(4.27)中的信号 f_2 的频谱与高阶或低阶信号成分的频谱发生重叠,其示意图如图 4 - 35 所示。

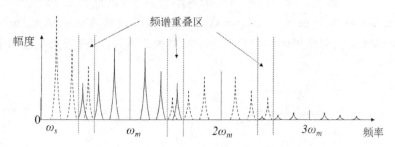

图 4 - 35　信号 f_1 和信号 f_2 的频谱重叠示意图

这种情况下通过对载波频率附近进行带通滤波得到的信号将不完全是公式(4.26)所示的,它将包含一部分公式(4.27)所示的信号的部分频谱,同样地,对二倍载波频率附近进行带通滤波得到的信号也包含一部分公式(4.26)所示的信号的部分频率,然后将它们进行混频,将频谱搬移到低频段后这种信号将写成如下形式:

$$f'_3 = BJ_1(g)\sin\phi(t) + n_1(t)$$
$$f'_4 = -BJ_2(g)\cos\phi(t) + n_2(t) \qquad (4.51)$$

其中 $n_1(t)$ 和 $n_2(t)$ 分别是上述两个带通滤波过程包含的本不该有的频率成分经过后续混频和低通滤波后残留下来的对应的时域信号分量。这两个信号进行后续的微分交叉解调后将会出现不可预知的结果而得不到我们预期的信号 $B^2J_1(g)J_2(g)\varphi(t)$。

所以当载波调制频率一定时,微分交叉解调法不能解调幅度过小或者幅度过大的声发射信号。在实际实验中发现,将参考臂光纤缠绕在压电陶瓷筒上作为相位调制器使用时,由于压电陶瓷筒的谐振频率最高只能达到 1.4 MHz,更高阶的谐振频率将不再明显,即施加更高频率的信号不能起到相位调制的作用,而被检测的声发射信号的典型频率有 150 kHz,当声发射信号幅度增大时很容易出现频谱混叠的现象,这限制了微分交叉解调法的解调范围。这也是由零差法的本质决定的。

对比以上滤波解调法和微分交叉解调法两种解调方法可以发现,滤波解调法的信号解调范围大,但是这种解调方法由于温度漂移的影响存在系统长期工作灵敏度不稳定的现象,通常可以用于对系统灵敏度要求不高情况,而滤波解调法不会受到温度漂移的影响,当采取保偏光纤后系统的长期灵敏度会十分稳定,但是由于受到零差法器件性能的限制,其信号的解调范围较小。

4.8 多通道零差法光纤环声发射系统搭建

在单通道光纤马赫-曾德干涉仪的原理图基础上,利用耦合器分光作用将通道进行扩展从而搭建多通道零差法光纤环声发射传感系统,如图 4-36 所示是我们搭建的四通道零差法光纤环声发射传感系统。

上图中,窄带激光器发出的窄带光进入耦合器 C1 进行分光,分成两束,其中一束光进入参考环,另一束光送入 1*4 耦合器 C3 分成四路,四路分别接四个传感环,当传感环感受声发射信号时相位会受到声发射波的调制,窄带激光经过四个传感环

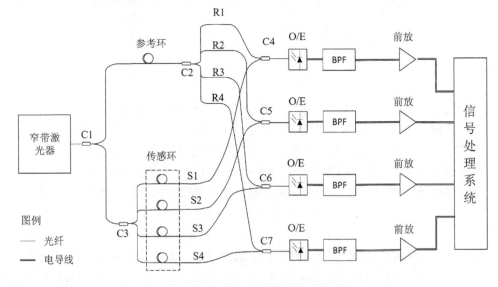

图 4-36 四通道零差法光纤环声发射传感系统

后输出光分别记为 S1～S4,从参考环出来的光进入 1*4 耦合器 C2 也分成四路参考光,即 R1～R4,然后每一路参考光分别和四个传感环出来的光进行干涉,即 R1 与 S1 在耦合器 C4 中进行干涉,R2 与 S2 在耦合器 C5 中进行干涉,R3 与 S3 在耦合器 C6 中进行干涉,R4 与 S4 在耦合器 C7 中进行干涉。它们的干涉输出光经过光电转换模块后变成电信号,然后送入带通滤波器将信号基频筛选出来,再进行前置放大后送入采集卡中转变成电信号送入信号处理系统进行相应的处理。其中 C1、C5～C7 为分光比为 1:1 的 2*2 耦合器,C2、C3 为分光比为 1:1:1:1 的 1*4 耦合器。

　　光源模块通常选择的是窄线宽的激光器,由于我们采取的是干涉原理进行的声发射信号检测,因此选取窄线宽的激光器,它的输出光的相干性会好很多,从而提高整个系统的性能。实验中我们选取的光电转换模块上面集成了上下截止频率都可调的带通滤波器和增益可调的放大器。通常将带通滤波器的通带设置为声发射信号频率处,使之能够滤除由于相位调制及干涉过程产生的高阶倍频信号。信号处理系统的主要工作包括频谱分析,时域波形显示,幅值分析,以及声发射信号判断等。

　　下图所示为我们搭建起来的四通道系统实物图,每一套 PCI-2 系统只能搭载两个通道的传感器,所以我们采用了两套 PCI-2 系统,由于系统占的空间太大,无法完全放在一幅图中,因此图中选取的是传感器 3 和传感器 4 的通道系统图,传感器 1 和传感器 2 除了接入了另一套 PCI-2 系统外其他包括耦合器,光电探测器都和图中展示的一样。其中四个光纤环传感器安装在了一块铝板表面,所用的耦合剂为凡士林。光源为 TSL-510C,功率设为 15 mW。

　　为了验证四通道系统的性能,我们在铝板的中间位置处进行断铅来测试,四个

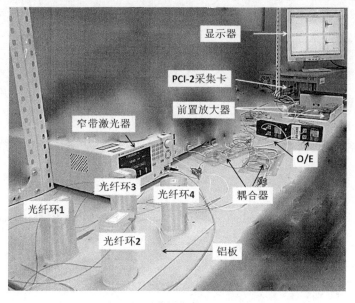

图 4-37　四通道系统实物图

通道采集的断铅信号如图 4 - 38 所示。

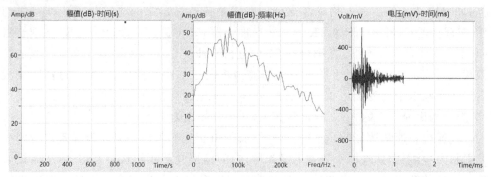

(a) 光纤环1

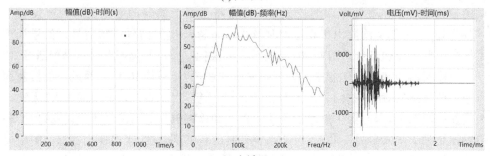

(b) 光纤环2

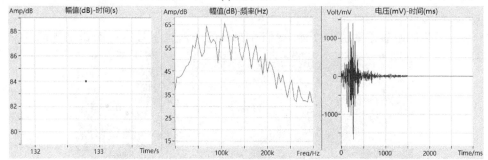

(c) 光纤环3

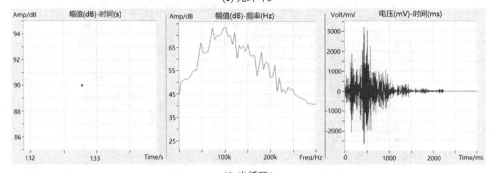

(d) 光纤环4

图 4 - 38 四个传感器采集到的断铅信号

从上图可以发现,四个光纤环都采集到了断铅信号,它们的时域波形都呈现纺锤形的包络,四个光纤环检测到的信号的幅值依次是 80 dB,86 dB,84 dB 和 90 dB,可见它们采集到的信号的幅值比较接近,而它们的频谱差异较大的原因可能是在固体中声发射信号的传播路径不同,信号的形式也更复杂,这也是声发射信号检测不关注具体波形而更关注信号幅值的原因。所以以上表明,四通道的光纤环能够检测到断铅声发射信号。

4.9　系统性能指标

为了衡量整个系统的性能指标,我们对该系统进行了一些指标的测量,所用的解调方法为滤波解调法,所测量的参数包括传感器的信号幅度测量范围,传感器的频率响应特性,传感器的工作温度范围,系统通道数,以及系统的噪声水平,由于滤波解调法存在长期灵敏度不稳定的现象,因此我们没有对这一指标进行测量。

首先搭建一套单通道光纤环声发射系统,声发射激励源采用 PAC 公司的 Field CAL 型声发射仪,施加的信号的幅值从 50 dB 到 90 dB,每次调节跨度为 10 dB,90 dB 以上的信号用 AECAL - 2 型的声发射仪驱动,其能产生的最大声发射信号幅度为 99 dB,检测结果表明,光纤环声发射传感器的检测信号幅值范围为 60 dB～99 dB。

不加载声发射信号,测量系统的噪声水平为 49 dB,该噪声是来自光电转换模块的平衡探测器,型号为 New Focus 2117,当我们不接光源,只打开光电探测器时,系统显示的噪声水平即 49 dB,而打开光源,未加载声发射信号时,系统显示的噪声水平也是 49 dB,因此,我们认为系统噪声的主要来源是光电转换模块。

然后利用 F80 型信号发生器产生幅值为 7 V,频率可调的正弦波驱动压电陶瓷探头,其驱动电压大小相当于加载固定幅值为 90 dB 的声发射信号,改变信号发生器的输出频率即可改变声发射信号的频率,滤波后的信号送入 PCI - 2 型声发射卡中进行处理,利用 AEWin 软件进行显示,在显示界面上可以读出信号的幅值,在这过程中要适当调节滤波器的通带频率,以适应信号的频率范围,同时放置一个 R15i 型压电陶瓷声发射传感器作为对比,声发射源和传感器的布置如图 4 - 39 所示。检测所用的声发射源和传感器都放在水中,用来检测液体中的声发射。所用的光纤环直径为 39.60 mm,光纤长度为 60 m。

记录下不同频率声发射信号作用下的光纤环和压电陶瓷传感器探测到的幅值,其结果如图 4 - 40 中虚线所示所示。另外由于声发射信号的频率一般不低于 30 kHz,压电陶瓷探头的工作频率范围也有限,因此我们施加的声发射信号频率从 30 kHz 开始,测量光纤环传感器测得的声发射信号的幅值,结果如图 4 - 40 中实线所示。

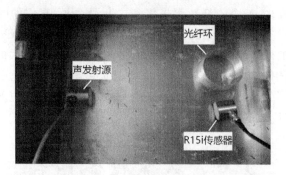

图 4-39   声发射源及传感器布置

检测过程中当信号频率超过 1.7 MHz 之后,我们不能保证作为声发射源的压电陶瓷换能器仍然在其工作频率范围内,所以在有限的实验条件下,我们只探测了光纤环传感器在 30 kHz 到 1.7 MHz 频率范围内是否能够工作,而没有进行全频带的传感器频率特性的研究。

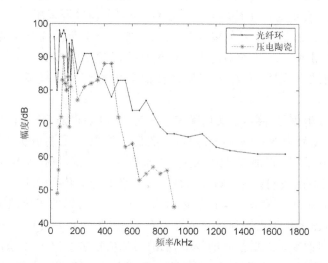

图 4-40   光纤环和压电陶瓷传感器检测不同频率信号的幅度

由上图的结果可知,压电陶瓷声发射传感器检测的信号的频率范围在 50 kHz 到 900 kHz 范围内,在这个频率范围外的信号将无法检测到,而其检测信号幅值较高的频段在 50 kHz 到 400 kHz 范围,这和 PAC 公司给出的产品手册上的传感器工作频率范围在 50 kHz～400 kHz 是一致的。而光纤环声发射传感器我们能检测到的信号频率范围在 30 kHz 到 1.7 MHz。表明相对于 R15i 型压电陶瓷声发射传感器,光纤环声发射传感器是一种宽频的传感器,在声发射信号的频率达到 1.7 MHz 时仍然能够很好地探测到声发射信号。而其低频性能也比较理想,能够探测到频率低至 30 kHz 的声发射信号。

工作温度范围的探究,我们选取了两种光纤环进行探究,如图 4-41 所示。其中光纤环 1 为裸光纤环,是由 60 米光纤缠绕成的直径 7.2 cm 的光纤环,用胶带扎好,光纤环 2 为 60 米光纤均匀、紧密缠绕四层制作而成的直径 7.2 cm 并涂覆有黑胶固定的黑胶环。

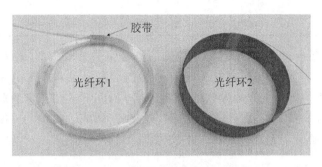

图 4-41　进行温度实验的两个光纤环

为了探测传感器的工作温度范围,我们先将传感器放到了热水中进行声发射检测,温度计显示热水中的温度为 90 ℃,我们采取 150 kHz 正弦波驱动压电换能器产生的声发射信号和断铅声发射信号作为声发射源,用光纤环进行检测,其实验过程和前面的声发射检测过程没有太大的区别,因此不再赘述,实验结果表明光纤环能够在 90 ℃ 的热水中成功检测到两种类型的声发射信号。然后将传感器放到液氮中进行声发射检测,系统结构图如下图所示。液氮处在临界沸腾状态,其温度为 -196 ℃,液氮中的光纤环如图 4-42 所示。

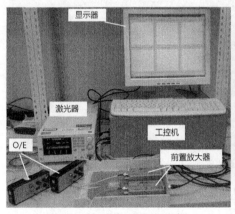

(a) 液氮声发射检测系统结构图

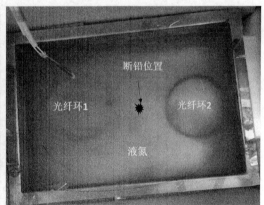

(b) 液氮中的两个光纤环

图 4-42

由于我们无法将标定用声发射仪放进液氮中进行实验,因为这会破坏作为声发射源的压电换能器,所以我们在液氮中采取断铅的方式产生声发射信号进行检测,我们一共进行了 10 次断铅实验,用 AEWin 软件记录 10 次断铅声发射信号的幅值,整理如下表所列。

表4-3 液氮中的两个光纤环测的10次断铅声发射信号幅值(单位 dB)

编 号	1	2	3	4	5	6	7	8	9	10	噪声水平
光纤环1	77	87	90	87	90	90	97	89	90	89	52
光纤环2	66	84	87	74	88	87	95	87	88	88	61

根据上表数据可知,两个光纤环检测的信号幅值是一致的,而表中的每次断铅数据不一致与我们的断铅过程有关,由于在液氮中断铅没有在水中或者固体表面方便,因此由于人为因素的影响导致每次断铅信号幅度不一致。其中光纤环1的十次断铅信号幅值的平均值为88.6 dB,光纤环2的平均值为84.4 dB,我们随机选取其中一次断铅实验两个光纤环记录的数据,如图4-43所示。

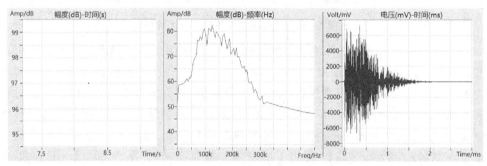

(a) 光纤环1记录的数据

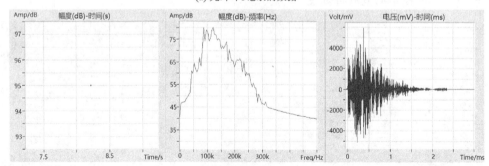

(b) 光纤环2记录的数据

图4-43 两个光纤环记录的数据

可以发现,两个光纤环记录的时域波形都呈现很好的纺锤形,这与断铅信号的理论波形是一致的,而且两个光纤环记录的频域波形也十分相似。综上可知,两个光纤环在液氮中都能存活下来,并探测断铅到声发射信号。

通过以上对光纤环声发射传感系统的实验探究发现光纤环声发射传感系统的性能指标总结如下表所示。

表 4 - 4 目前的光纤环声发射系统性能指标

检测幅度范围	60 dB—99 dB
工作温度范围	−196 ℃ — 90 ℃
检测频率范围	30 kHz—1.8 MHz
噪声水平	49 dB
通道数	4

4.10 系统的改进措施

现有的多通道光纤环声发射传感系统仍然有一些不足之处,包括系统的噪声水平偏高,工业上的压电陶瓷声发射传感器的噪声水平能够低至 30 dB,光纤环声发射传感器的噪声水平为 49 dB,仍然偏高,之前的探究表明,这部分噪声主要来源于光电探测器的噪声,目前的光电探测器的等效噪声功率为 $0.4 pW/\sqrt{Hz}$,而目前市场上已有相应的探测器能够达到更低的水平,这一指标能够小于 $0.03 pW/\sqrt{Hz}$,要低一个数量级,可以看出,目前采用的光电探测器的噪声指标偏高,对整个系统的影响是不利的,相信通过更换性能更好的探测器,应该能够将光纤环声发射系统的噪声水平降至更低,使之足以媲美传统的 R15i 传感器的性能。

此外,为了提高整个系统的性价比,可考虑将通道数进行进一步扩展等,现列举一些可改进的措施如下:

选取噪声水平更低的光电探测器取代现有的平衡探测器,减少由光电转换模块引入的噪声干扰;

采用偏振控制措施,减少偏振衰落的干扰;

尽量控制参考臂和传感臂等长,避免由光源相位噪声引入的噪声;

扩展至更多通道数。

4.11 声发射波在液氮中的传播速度的测量方法

压电陶瓷声发射传感器作为一种使用最广泛的声发射传感器在普通环境中的应用技术已经比较成熟了,但是在极端低温环境中的声发射传感器将会出现严重损坏,为了探测液氮环境中的声发射波及其速度,本书提出了一种新的测量液氮中的声发射波速度的方法,我们搭建了一套光纤环声发射传感器系统进行了液氮中声发射波速度的测量。

介质中的声发射波速度是一个重要的指标,它对声发射检测技术的定位提供了重要的作用。液氮中的声发射波速度一直以来很少有人进行过测量,液氮的极低温环境对传感器的性能是个极大的考验,绝大多数的传统的传感器,如压电陶瓷声发射传感器在这种环境下将会出现严重的损坏。现在的航天气瓶的声发射检测是一种重要的无损检测手段,如果能够准确测量液氮中的声发射波的传播速度,将十分有助于进行声发射源的定位。

现有的测量液体中的声速的方法主要有:时差法、驻波法、相位比较法。相位比较法测量时观测李萨如图形的方法误差较大,现在用的极少,而且在−196 ℃环境下的普通声波换能器性能得不到保障。有研究人员曾用驻波法测量过超低温液体中的声速,然而这种方法测试设备复杂,需要不断调节传感器位置或者激励波的频率,耗费时间较长。时差法是一种通过测量声波到达两个传感器的时间差来计算声波的速度的方法,现在这是一种简便而且测量精度较高的一种方法,有一些研究人员利用这种方法测量了液氮中的超声声速,但是这种方法需要高压来进行信号激励,产生幅值很大的一个声脉冲信号才能测量,目前还没有人将它应用到液氮中的声发射波速度的测量。

本文采用了一种基于时差法的利用光纤环传感器测量−196 ℃温度下的液氮中声发射波速度的方法,一方面它既能够测量类似于液氮这种极端低温液体中的声发射波的速度,另一方面,它也提供了一种在这类极端低温环境中检测声发射信号的方法。

声发射波的传播速度是与介质的弹性模量和密度有关的材料特性,因此介质材料不同,相应的波速会不同。声发射波在介质中的传播模式不同,也会具有不同的传播速度。声发射波在固体介质中传播模式复杂,有横波、纵波、表面波、板波等,而在液体中只有纵波可以传播,传播模式单一,没有其他模式波的干扰,便于波速的测量。

实验中,我们测量声发射波速度根据声发射波传播到不同位置放置的传感器时的时间差来测量,即:

$$v = \frac{\Delta L}{t_2 - t_1} = \frac{\Delta L}{\Delta t} \tag{4.52}$$

上式中,ΔL 为两个传感器间距,t_1 和 t_2 分别为声发射波到达两个传感器的时间,Δt 为声发射波到达两个传感器的时间差。由于滤波解调法在信号频谱成分复杂时,解调出来的波形会存在寄生频率从而产生畸变,所以选取光纤环测量的波形峰值作为声发射信号到达传感器的时间会存在较大的误差,而声发射波到达光纤环时,由于光纤环非常灵敏,声发射波的能量的扰动会使得光纤环检测的波形开始出现起伏,因此,从信号的波形上选取第一个波峰(或波谷)作为声发射波到达光纤环的时间比较合理,误差较小。

4.12　实验装置

如图 4-44 所示为这套光纤环声发射检测系统结构图,C1～C5 都是分光比为 1:1 的耦合器,其中窄带激光器,参考光纤环,传感光纤环,耦合器,光电探测器,带通滤波器和放大器组成光纤环传感系统,如图中左边的虚线框所示,采集仪和计算机组成采集与解调系统,如图中右边的虚线框所示。窄带激光器发出窄带光,经耦合器 C1 被分为两路,一路接参考光纤环,形成参考臂,另一路再通过另一个耦合器 C3 再次分光,分别接两个传感光纤环,形成传感测量臂,其中参考臂不感受声发射信号,只有传感臂感受声发射信号,参考臂的光被耦合器 C2 再次分光形成两路光分别和两个传感臂中的光分别在 C4 和 C5 耦合器中进行干涉,干涉光输出接到光电探测器中进行光电转换,最后电信号经过带通滤波送入采集仪中进行波形显示及解算。

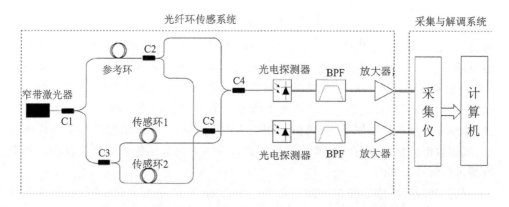

图 4-44　无源零相位检测的干涉型光纤环声发射系统结构图

实验中通过光纤环传感器来检测液氮中的声发射信号,将声发射信号送入采集系统中将其波形显示出来,通过声发射波的波形确定信号到达传感器的时间。

实验中测量液氮中声发射波速度的光纤环传感系统总体装置图如图 4-45 所示。图中的光纤环传感系统的盒子是一个两通道的光纤环声发射传感系统,盒子中包括光路系统及平衡探测器,两个传感光纤环在盒子外,置于液氮中。

光纤环传感系统中的光源为 RIO 的窄带激光器,线宽为 200 kHz,中心波长为 1 550 nm,输出光功率为 10 mW,这个光功率较大,因此我们在其输出口接了一个 5 dB 的光功率衰减器,使得其输出到光路的光功率大约为 3 mW。所采用的耦合器都是分光比为 1:1 的 2*2 耦合器。光电探测器为 New Focus 公司的 2117 型差分式平衡探测器,其上面集成了放大器和带宽可调的滤波器,我们设置其放大器的放大倍数为 1,滤波范围为 100 kHz～300 kHz。采集仪采用的是 NI 公司的 PXI-5122 采集卡进行高速采集,它有两个通道,能实现最高 100MS/s 的采样率。该采集卡有

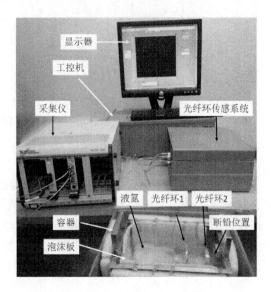

图 4-45　实验总体装置图

两通道,光纤环 1 的输出电信号接采集仪的通道 1,光纤环 2 的输出电信号接采集仪的通道 2,实验中我们设置两通道的记录长度都为 200 k,采样率为 10MS/s,将通道 2 设为触发通道进行触发记录,实验中设置触发电压门槛值为 0.2 V,设置预触发为 30%,这样我们就可以完整的记录整个信号。采集仪通过总线将数据传送至上位机,实现波形显示和数据处理,我们采用 LabVIEW 2010 软件编程进行采集仪的启动、波形数据的显示、保存,波速的计算是通过 MATLAB 软件将采集仪保存的波形数据进行解算得到的。

　　具体光纤环传感器安装示意如图 4-46 所示:其中左边为俯视图,右边为侧视图。两个光纤环传感器由 ITU-T G652D 型号的单模光纤绕制成环形,实验中的传感环和参考环所用的光纤长度都是 60 米。光纤环传感器安装于侧壁和底层都覆盖泡沫板的不锈钢容器内,传感器之间的距离为 50.0 mm。泡沫板的作用为减少声发射波的来回反射,阻挡水槽内壁传播声发射波的干扰。

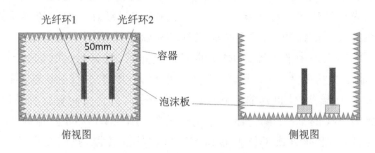

图 4-46　光纤环传感器安装示意图

由于在实验室条件下裂纹信号很难获取,因此在声发射实验中采用最具广泛代表性的 Nielsen - Hsu 断铅法,即采用直径为 0.5 mm,硬度为 HB 的铅笔芯,铅笔芯伸长量为 2.5 mm,沿着结构件表面倾斜 30°断铅,来模拟声发射信号源。断裂铅笔芯会产生一个阶跃函数形式的点源力,其产生的声发射波波形呈现一个纺锤形。

4.13　液氮中声发射实验

当传感器布置好以后,将不锈钢容器中倒入液氮使浸没光纤环,由于刚开始倒入时液氮处在剧烈沸腾状态,系统噪声水平比较高,不适合进行实验,因此等到液氮沸腾不剧烈时再进行实验。实验中断铅时将铅笔芯伸进液氮中,在光纤环 2 的右侧容器壁上我们事先放置了一小块板子用来在其上折断铅芯产生声发射信号。

我们在液氮中共做了 10 次断铅实验,图 4 - 47 为我们随机选取的一次断铅实验中,两个光纤环检测到的断铅信号,其中图 a 为传感器 1 的信号波形,图 b 为传感器 2 的信号波形,图中的小图为大图上所画的方框内的信号的放大图。

可以看出,两个光纤环采集的信号呈现纺锤形,与断铅声发射信号的波形一致。而且可以明显地看出声发射波到达光纤环传感器前和声发射波到达光纤环时的波形的阶跃。据此,实验中我们选取声发射波的第一个波峰或者波谷位置作为声发射信号到达传感器的起始时间。

实验中我们一共进行了 10 次断铅,记录 10 次实验的两个传感器采集的信号的时间差 Δt,据此计算液氮中的声发射波的速度,如表 4 - 5 所列。

表 4 - 5　液氮中声发射波到达两个传感器的时间差

序　号	01	02	03	04	05	06	07	08	09	10
时间差 $\Delta t(\mu s)$	58.6	58.7	58.4	58.5	58.8	58.0	59.1	59.2	59.3	57.5

根据表中数据计算出 10 次声发射距离和时间差的平均值为:

$$\Delta \bar{L} = 50.0 \ mm$$

$$\Delta \bar{t} = \frac{1}{10} \sum_{i=1}^{10} \Delta t_i = 58.61 us \tag{4.53}$$

速度的估计值为:

$$\bar{v} = \frac{\Delta \bar{L}}{\Delta \bar{t}} = \frac{50.0 \times 10^{-3}}{58.61 \times 10^{-6}} = 853.10 (m/s) \tag{4.54}$$

距离我们只测量了一次,所以忽略其 A 类不确定度,时间的 A 类不确定度为:

$$u_A(\Delta L) = 0$$

$$u_A(\Delta t) = \sqrt{\frac{1}{10 \times 9} \sum_{i=1}^{10} (\Delta t_i - \Delta \bar{t})^2} = 0.1754 us \tag{4.55}$$

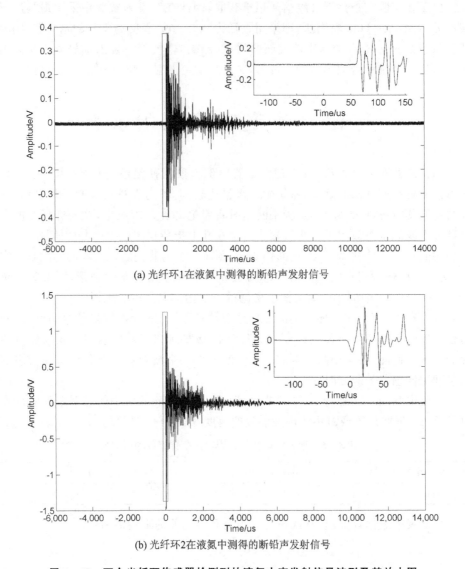

(a) 光纤环1在液氮中测得的断铅声发射信号

(b) 光纤环2在液氮中测得的断铅声发射信号

图 4 - 47   两个光纤环传感器检测到的液氮中声发射信号波形及其放大图

由于我们测量的光纤环所用的尺子的精度为 0.5 mm,采集仪测量时间的精度为 0.1 μs,距离和时间测量的 B 类不确定度为:

$$u_B(\Delta L) = 0.5/\sqrt{3} = 0.2887\text{mm}$$

$$u_B(\Delta t) = 0.1/\sqrt{3} = 0.05774us \tag{4.56}$$

所以时间的合成标准不确定度为:

$$u(\Delta t) = \sqrt{u_A(\Delta t)^2 + u_B(\Delta t)^2} = 3.41 \times 10^{-8}\text{ s} \tag{4.57}$$

距离的合成标准不确定度为:

$$u(\Delta L) = u_B(\Delta L) = 2.887 \times 10^{-4} \, \text{m} \tag{4.58}$$

根据公式(4.52)可知,计算速度值的不确定度为:

$$u(v) = \sqrt{\left(\frac{1}{\Delta \bar{t}} u(\Delta L)\right)^2 + \left(-\frac{\Delta \bar{L}}{\Delta \bar{t}^2} u(\Delta t)\right)^2} = 4.95 (\text{m/s}) \tag{4.59}$$

所以,最终测量的声发射波在 $-196\,^{\circ}\mathrm{C}$ 液氮中的速度为:

$$v = 853.10 \pm 4.95 (\text{m/s}) \tag{4.60}$$

目前为止还没有人测量过液氮中的声发射波的速度,考虑到声波在液体中的色散较小,我们选取其他人测量的液氮中的声波速度作为对比,其中 NASA 测得的 $-196\,^{\circ}\mathrm{C}$ 液氮中的超声波的平均速度为 $852.9 \pm 0.1\%$ (m/s)[107];根据比利时低温技术物理研究所的 Itterbeek V 等人利用脉冲回波技术测量超声波在不同温度中的超声声速,我们根据他们的结果线性拟合得到 $-196\,^{\circ}\mathrm{C}$ 液氮中的速度为 859.5m/s;MIT 的林肯实验室的 Pine A S.测量的 $-196.4\,^{\circ}\mathrm{C}$ 液氮中的频率在 $3\sim5$ GHz 范围内的超声声速 849.8 m/s~851.0m/s,可以发现我们的测量结果与 NASA 的测量结果是比较接近的,平均值误差为 0.2 m/s。我们的测量平均值与其他人的测量结果的最大误差为 6.4 m/s,这个偏差也比较小,因此,我们认为我们的测量结果是比较准确的。

此外,我们一共进行了多次液氮中的声发射实验,实验中为了使液氮稳定下来,需要等液氮沸腾一段时间,当容器中的液氮不再剧烈沸腾之后才开始进行液氮中的声发射波速度的测量,并且为了测试传感器在液氮这种超低温环境中的性能,所以整个过程中的光纤环声发射传感器在液氮中的浸泡时间至少有两个小时,实际上我们在前期的探究的过程中光纤环传感器浸泡在液氮中的时间持续的更久。所以光纤环传感器能够在液氮这种超低温环境中存活并正常工作。

4.14 列车底座加载过程声发射检测传感器布置与系统组成

如今的轨道列车越来越便捷,然而为了保证车辆在运行中的安全,需要确保结构的强度能够达到设计水平,声发射技术是常用的结构无损检测手段,通过监测结构在加载载荷过程中的声发射情况可以了解结构的强度情况。我们通过对列车底座加载过程的声发射监测,实验中我们搭建了一套 3 通道的光纤环声发射传感系统,对列车底座的关键部位进行了加载过程的声发射监测,为盐雾环境下的声发射长期监测提供了基础。通过对列车底座关键位置在加载过程的声发射情况的监测为结构强度评估提供了有力的支持。

实验中三个光纤环传感器分别安装在列车底座的三个关键的位置处,传感器布置位置和力加载位置如图 4-48 所示。实验中整个列车底座水平放置,固定在离地约 3 米高的平台上,列车底座上一共有五个加载点,其中加载点 1、2、5 施加的拉力为水平方向,加载点 3、4 施加垂直向下的拉力,三个传感器布设的位置如图中实心圈处。

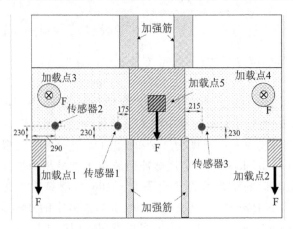

图 4-48   三个光纤环传感器在列车底座上面的布置位置图

光纤环声发射检测系统由窄带激光器、光纤环声发射传感器、耦合器、光电探测器、放大器和 PAC 设备组成。光纤环声发射传感器是由裸光纤绕制而成。传感器输出信号接入光电探测器进行光电转换,再经放大器放大电信号,最后由 PAC 设备实现信号的采集、处理和显示。本次试验为三通道光纤环声发射检测系统,如图 4-49 图所示,每个传感器监测不同的区域的声发射情况,传感器记录声发射 hit 的幅值和每个 hit 出现的时间,实验中为了避免加载现场复杂的环境损坏贵重仪器,由于信号在光纤中传输抗干扰能力强且衰减很小,可以将光源和光电转换和信号处理系统放在远离加载现场的地方。

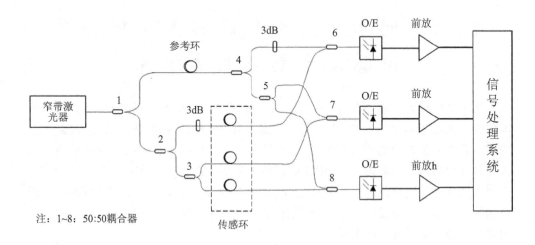

注:1~8:50:50耦合器

图 4-49   三通道光纤环声发射检测系统示意图

4.15　列车底座加载实验过程及分析

调试系统,确定每个通道的传感器的基底噪声是 50 dB、52 dB、53 dB,设置三个通道的门槛值都是 55 dB,实验过程分为两个大的过程,分别是预加载过程和正式加载过程。

4.15.1　预加载过程

预加载过程一共加载了 14 级的载荷,分为初始预加载,这个阶段不记录数据,然后加载第二级载荷,每一级加载力逐级递增,每一级载荷持续时间为 1 分钟,直至加载到第 14级载荷,然后卸载至 0,三个传感器检测的声发射 hit 如图 4-50 所示。图中用竖线将每一级载荷加载过程区分开来,其中每个区间的数字代表所加载的载荷等级。

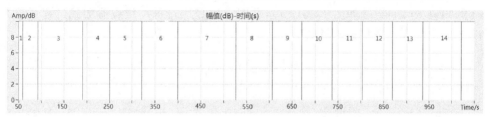

(a) 环1数据

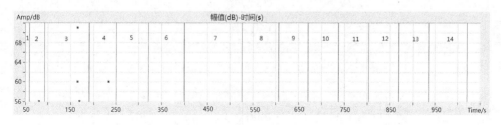

(b) 环2数据

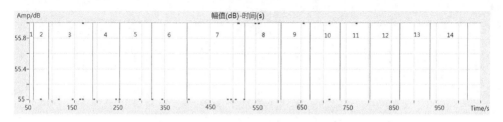

(c) 环3数据

图 4-50　预加载过程三个光纤环检测声发射 hit 情况

试验结果表明,在加载 1~14 级载荷过程中,第一个传感器完全没有检测出声发射信号,可能是产生了较弱的声发射信号,被淹没在基底噪声中,没有被检测出来,也可能在第一个传感器周围没有产生声发射信号;第二个传感器在第 3 级载荷加载过程中,产生了幅值较高的信号点,表明在此过程中产生了声发射信号;第三个传感器在 1～14 级加载过程中,检测出一些幅值为 55 dB 的信号点,由于检测软件设置的阈值为 55 dB,所以不能判定这些幅值为 55 dB 的信号点是声发射信号还是噪声信号,但是在第 3 级,第 7～11 级加载过程中,检测到了幅值较高的信号,可以表明在此过程中产生了声发射信号。

4.15.2 正式加载过程

当预加载过程结束后,将试件静置半天时间再进行正式的加载试验,正式加载过程施加载荷一共分为 33 个等级,其中前 32 个等级每一级载荷逐级递增,第 33 级载荷直接卸载至 0,每一级载荷持续时间为 1 分钟左右,三个传感器检测的声发射 hit 的幅值一时间记录如图 4-51 所示。图中用竖线将每一级载荷加载过程区分开来,其中数字代表所加载的载荷等级。

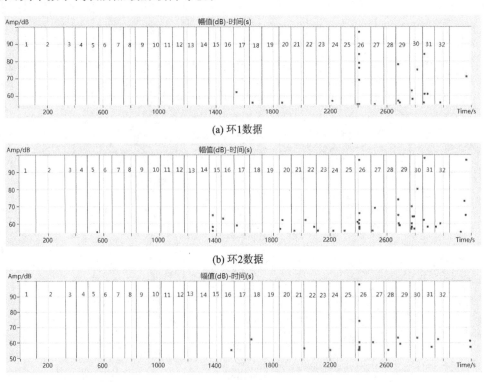

(a) 环1数据

(b) 环2数据

(c) 环3数据

图 4-51 正式加载过程声发射 hit 幅度-时间图

三个通道的三个传感器在施加 1~14 等级载荷过程中,只有第二个传感器在第 5 个等级载荷加载过程中有一个幅值为 56 dB 的记录点,另外两个传感器没有声发射点的记录,所以该记录点可视为突发的噪声点,因此 1~14 等级载荷加载过程中,没有检测到声发射信号的产生。由于在之前的预加载实验中已加载过 1~14 等级载荷,根据声发射信号产生的不可逆性,只有施加载荷超过上次最大载荷后,才会产生声发射信号,所以此次实验加载 1~14 级载荷过程中没有检测到声发射信号的产生,属于正常现象。

在加载第 15 级载荷过程中,只有第二个传感器检测出信号,而另外两个传感器没有,结合各传感器安装位置,第二个传感器位于接近试件边缘处,且最接近两个加载点,容易产生裂纹,即产生声发射信号,所以也属于正常现象。

在加载第 16~25 级载荷过程中,三个传感器均有检测出少量的低幅值的声发射信号。表明试件渐渐产生声发射信号。

在加载第 26 级载荷过程中,三个传感器均先后检测出明显的 97 dB 的高幅值声发射信号,第一个传感器最先检测到信号,并且在实验现场伴有清晰的断裂声,表明此加载过程中产生了明显的声发射信号,且距离第一个传感器较近。

在加载第 27~30 级载荷过程中,三个传感器均不同程度地检测出声发射信号,其中第一个和第二个传感器检测出的信号较多,且幅值较高,而第三个传感器信号较少且幅值较低,表明此加载过程有声发射信号的产生,在第一个和第二个传感器周围信号较强,在第三个传感器周围信号较弱。

在加载第 31 级载荷过程中,第一个和第二个传感器检测出的信号幅值较高,第三个传感器信号幅值低,其中第二个传感器信号幅值为 98 dB,表明第二个传感器周围产生了强的声发射信号。

加载到 32 级后开始卸载至 0,在此卸载过程中,三个传感器均检测出声发射信号,说明在加载过程中,试件有弹性裂纹的产生与扩展,而在卸载过程中,由于外部施加载荷的逐渐变小,弹性裂纹会有一定程度的回缩,因此伴有声发射信号的产生。

4.16　本章小结

本章在光纤环传感器传感机理的研究上,完成了光纤环传感声发射信号的机理研究,在此基础上提出了光纤环所用光纤长度与光纤环灵敏度之间的关系,并分析了由于光纤环尺寸和声发射波尺寸相当时导致的光纤环各处感受声发射信号的不均匀性对光纤环有效长度的影响关系,同时实验验证了光纤环传感器半径和所用光纤长度与光纤环性能之间的关系,进而验证了光纤环传感声发射信号的机理和光纤环半径和有效长度之间的关系。另外在传感器方面,由于目前国内外的光纤环声发射系统尚处于研究阶段,只在液体中进行了声发射信号的检测有文献报道,这距离光纤环声发射传感系统的实用化还有很大的距离,因此本章制作了一种能用于固体表面安装的光纤环声发射传感器,取得了很好的效果。

在光源参数对系统性能影响方面,本论文探究了光源线宽、相对强度噪声和相位噪声对光纤环声发射传感系统的影响,为系统选择合适的光源提供了参考,据此得出对于光纤环声发射传感系统,外腔式半导体激光器是一种性价比不错的选择。

在零差法光纤环声发射信号的解调方法上,本章提出了滤波解调法进行声发射信号的解调原理,相比于其他解调方法,这种解调方法系统组成简单,解调范围宽,但是存在长期灵敏度漂移的问题。此外,本章还借助前人研究光纤水听器的成果,采用了微分交叉解调法进行光纤环声发射信号的解调,这种方法理论上具有稳定的系统灵敏度,但是受制于零差法器件的性能的影响,压电陶瓷相位调制器不能在高频段产生很好的相位调制效果,同时也受现有的光电探测器噪声的影响,这种方法的解调范围受到了限制。

在单通道零差法光纤环声发射传感系统的基础上,本章将此系统扩展至四通道,同时按照本章中的方法,系统通道数还有很大的上升空间。然后,我们测试了这套系统的性能,并给出了系统传感器工作的温度范围,频率测量范围,系统检测信号幅度范围,通道数,噪声水平等指标以供参考。

我们搭建了两通道的光纤环声发射传感系统,将这套系统应用于液氮中的声发射信号的检测以及液氮中的声发射波速度的测量,取得了创新性的成果,这也是目前世界上首次将传感器直接进行液氮中的声发射检测和液氮中的声发射波速度测量的实验。最后我们搭建了三通道的光纤环声发射传感系统,进行了列车底座加载过程的声发射分析,实验结果和理论上的趋势相符合,并得到相关单位的认可,为后期的盐雾环境中的长期声发射监测提供了技术基础。

以上是本章在多通道零差法光纤环声发射传感系统的研究中取得的初步成果,然而受制于时间限制,这套系统仍然有不少值得改进的地方还没有来得及完善。对于安装在固体表面上的光纤环传感器的传感机理,本章目前只做了定性的分析,而没有采取定量分析的方法建立用于固体表面声发射检测的光纤环传感器的物理模型,这将可能是研究合适尺寸的光纤环不可缺少的部分,而光纤环声发射传感器的高温性能也还没有来得及探究,对此方面的探究将十分有利于挖掘光纤环声发射传感器的应用领域;而且受制于现有的器件的参数性能的影响,本系统的噪声水平偏高,距离传统的压电陶瓷声发射传感器的性能指标还有一定的差距,因此在器件性能改进方面也值得去进一步探究,特别是我们实验中所用的光电探测器和采集仪,其噪声水平偏高给本系统带来了不利影响;此外,微分交叉解调法是一种比较有前途的方法,但是受制于现有的相位调制器件和系统噪声的影响,没有将它的性能充分发挥出来,进一步的研究应当着眼于这种解调方法的研究,将其利用硬件方法实现出来,从而实现实时快速的声发射信号的处理。因此,解决以上的一些不足之处将会使得多通道零差法光纤环声发射传感系统更加实用化。

第 5 章　光纤环声发射系统
固有特性研究

5.1　光纤环感受声发射波的物理模型建立

外界声发射波作用在光纤上,会导致光纤产生拉伸或者压缩,从而使得光纤的折射率、光纤的传播常数和光纤尺寸等发生变化,进而影响这段光纤内传输光的特征参数。比如光的特征参数:相位,如图 5 - 1 所示,会因为外界声发射波的影响而发生改变,故而通过对光波的相位参量的分析可以得到外界声发射波的相关信息。

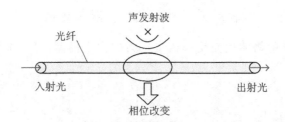

图 5 - 1　光纤传感原理示意图

光通过一段光纤后,其相位公式为:

$$\varphi = \beta L = \frac{2\pi n}{\lambda} \cdot L \tag{5.1}$$

其中:β 是光纤的传播常数,L 为光纤的长度,n 为光纤折射率,λ 为光的波长。

当声发射信号作用在光纤环声发射传感器后,引起光纤内光波的相位变化,其理论公式如下:

$$\Delta \phi = \beta \Delta L + \Delta \beta L = \Delta\phi_1 + \Delta\phi_2 \tag{5.2}$$

上式中,ΔL 为光纤长度的变化,$\Delta \beta$ 为光纤传播常量的变化。第一项 $\Delta\phi_1$ 为声发射信号作用于此光纤环声发射传感器后,引起的相位变化量,由两部分组成:一是声发射波直接作用于光纤引起的相位变化,二是声发射波引起传感器骨架边缘变形,产生微小位移,从而使光纤长度发生变化引起相位变化,公式如下:

$$\Delta\varphi_1 = \beta \cdot \Delta L_1 + \beta \cdot \Delta L_2$$

$$= \beta \cdot \varepsilon L_1 + \beta \cdot \Delta L_2$$

$$= -\frac{\beta L}{E}(1-2\nu) \cdot P + \beta \cdot \Delta L_2 \tag{5.3}$$

式中，ΔL_1 为声发射波直接作用于光纤引起的长度变化，ΔL_2 为骨架边缘产生位移引起的光纤长度变化，E 为光纤的弹性模量，ν 为光纤的泊松比，ε 为应变，P 为某时刻作用在光纤的声发射信号。声发射波作用于光纤环的示意图如图 5-2 所示 。

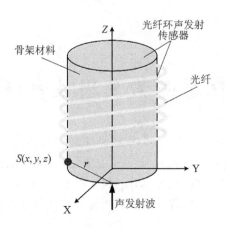

图 5-2 声发射波作用于光纤示意图

结合弹性力学中物体表面受法相集中力的力学模型，可以推导出 ΔL_2 的表达式为：

$$\Delta L_2 = \int_0^L s \, \mathrm{d}l \tag{5.4}$$

式中，s 为光纤上某无限小区段的长度变化量，其表达式如下：

$$s = \sqrt{s_x^2 + s_y^2 + s_z^2} \tag{5.5}$$

式中，s_x 为沿 X 方向上光纤长度变化量，s_y 为沿 Y 方向上光纤长度变化量，s_z 为沿 Z 方向上光纤长度变化量。s_x、s_y 和 s_z 分别为：

$$s_x = \frac{(1+\nu_m)P}{2E_m\pi} \sqrt{-\frac{(1-2\nu_m)x}{r(r+z)} + \frac{xz}{r^3}} \tag{5.6}$$

式中，ν_m 为骨架的泊松比，E_m 为骨架的弹性模量，x,y,z 为某无限小区段 S 光纤的位置坐标，r 为声发射波作用在骨架的位置到 (x,y,z) 位置的距离，如图 5-2 所示。

$$s_y = \frac{(1+\nu_m)P}{2E_m\pi} \sqrt{-\frac{(1-2\nu_m)y}{r(r+z)} + \frac{yz}{r^3}} \tag{5.7}$$

$$s_z = \frac{(1+\nu_m)P}{2E_m\pi} \sqrt{\frac{2(1-\nu_m)}{r} + \frac{z^2}{r^3}} \tag{5.8}$$

将上面公式(5.5)至公式(5.8)带入公式(5.4)中，ΔL_2 可以表示为：

$$\Delta L_2 = \frac{(1+\nu_m)PL}{2E_m\pi} \cdot K \qquad (5.9)$$

式中，$K = \sqrt{-\frac{(1-2\nu_m)x}{r(r+z)} + \frac{xz}{r^3} - \frac{(1-2\nu_m)y}{r(r+z)} + \frac{yz}{r^3} + \frac{2(1-\nu_m)}{r} + \frac{z^2}{r^3}}$，是一个与光纤环半径相关的量。

因此，结合公式(5.3)和公式(5.9)，得到 $\Delta\phi_1$ 表达式为：

$$\Delta\phi_1 = -\frac{\beta L}{E}(1-2\nu) \cdot P + \beta K \cdot \frac{(1+\nu_m)PL}{2E_m\pi} \qquad (5.10)$$

公式(5.2)中的第二项 $\Delta\phi_2$ 则为由于受到声发射波作用，光纤传播常量变化引起的相位变化，取决于光纤折射率的改变和纤芯直径的变化，所以 $\Delta\phi_2$ 可以表示为：

$$\Delta\phi_2 = L \cdot \Delta\beta = L \cdot \frac{\mathrm{d}\beta}{\mathrm{d}n}\Delta n + L \cdot \frac{\mathrm{d}\beta}{\mathrm{d}D}\Delta D \qquad (5.11)$$

式中，β 现在可以表示为 $n_{eff}k_0$，n_{eff} 为光纤有效折射率，k_0 为自由空间光传播系数，D 为光纤直径，ΔD 为光纤直径的变化，由于受声发射波影响的折射率变化很小，大约在 1% 以内，因此可将 β 表示为 nk_0，那么，可得：

$$\frac{\mathrm{d}\beta}{\mathrm{d}n} = k_0 \qquad (5.12)$$

由应变-光学效应可知：

$$\Delta\left(\frac{1}{n^2}\right)_i = \sum_{j=1}^{6} p_{ij}\varepsilon_j \qquad (5.13)$$

公式中，p_{ij} 为光纤的光学应力张量。由于没有剪切应变，因此只需考虑 i,j 分别为 1,2,3 的情况。

$$p_{ij} = \begin{bmatrix} p_{11} & p_{12} & p_{12} \\ p_{12} & p_{11} & p_{12} \\ p_{12} & p_{12} & p_{11} \end{bmatrix} \qquad (5.14)$$

因此，公式(5.13)可以写为：

$$\begin{aligned} \Delta\left(\frac{1}{n^2}\right)_{x,y,z} &= -p_{11}P(1-2\nu)/E - 2p_{12}P(1-\nu)/E \\ &= -(P/E)(1-2\nu)(p_{11}+2p_{12}) \end{aligned} \qquad (5.15)$$

光沿着 z 轴方向传播，因此被看作是一种变化：

$$\Delta n = -\frac{1}{2}n^3\Delta\left(\frac{1}{n^2}\right)_{x,y} = \frac{1}{2}n^3(P/E)(1-2\nu)(p_{11}+2p_{12}) \qquad (5.16)$$

光纤直径的变化可以简化为：

$$\Delta D = \varepsilon \cdot D = -PD(1-2\nu)/E \qquad (5.17)$$

公式(5.11)中 $\mathrm{d}\beta/\mathrm{d}D$，可以变换为：

$$\frac{\mathrm{d}\beta}{\mathrm{d}D} = \frac{\mathrm{d}\beta}{\mathrm{d}b} \cdot \frac{\mathrm{d}b}{\mathrm{d}V} \cdot \frac{\mathrm{d}V}{\mathrm{d}D} \qquad (5.18)$$

式中,b,V

$$b = \frac{\beta^2/k_0^2 - n_{clad}^2}{n_{core}^2 - n_{clad}^2} \left.\vphantom{\begin{array}{c} \\ \\ \end{array}}\right\}$$
$$V = k_0 D (n_{core}^2 - n_{clad}^2) 1/2 \tag{5.19}$$

式中,n_{clad} 为光纤包层折射率,n_{core} 为光纤纤芯折射率,求导可以得出下面的公式:

$$\frac{dV}{dD} = k_0 (n_{core}^2 - n_{clad}^2)^{1/2} = V/D \tag{5.20}$$

$$\frac{d\beta}{db} = \frac{(n_{core}^2 - n_{clad}^2)/k_0^2}{2\beta} = V^2/2\beta D^2 \tag{5.21}$$

db/dV 代表 $b-V$ 曲线的斜率,描述的是波导模式。将公式(5.12)、(5.16)、(5.17)、(5.18)、(5.20)和(5.21)带入公式(5.11)中,可得:

$$\Delta\phi_2 = \frac{1}{2} k_0 n^3 L (P/E)(1-2\nu)(p_{11} + 2p_{12}) -$$
$$\frac{LPD(1-2\nu)}{E}(V/D)(V^2/2\beta D^2)\frac{db}{dV} \tag{5.22}$$
$$= \frac{LP\beta n^2}{2E}(1-2\nu)(p_{11} + 2p_{12}) - \frac{LPV^3(1-2\nu)}{2\beta E D^2}\frac{db}{dV}$$

一般来说,所用光纤的折射率 n 为 1.465;光纤传播常量 $\beta = 2\pi n/\lambda$,λ 取为 1 550 nm;泊松比 ν 为 0.17;光纤弹性模量为 7.0×10^{10} N/m^2;p_{11} 为 0.121;p_{12} 为 0.270;db/dV 为 0.5;V 约为 2.4;D 为 250 μm;带入上面公式(5.22)中,可得在单位长度、单位声发射信号情况下,公式(5.22)的第一项约为 10^{-5} 量级,第二项约为 10^{-8} 量级,因此,可将第二项忽略不计,公式(5.22)可进一步简化改写为:

$$\Delta\phi_2 = \frac{LP\beta n^2}{2E}(1-2\nu)(p_{11} + 2p_{12}) \tag{5.23}$$

将公式(5.10)和公式(5.23)带入到公式(5.2)中,并且考虑到声发射波从声发射源到最后引起光纤发生变化,不可能完全转化,必然存在耦合系数,或者是传递系数,用 k_{AE} 表示,可得

$$\Delta\varphi = k_{AE} \cdot \left\{ \frac{\beta L(1-2\nu)}{E}\left[\frac{n^2}{2}(p_{11} + 2p_{12}) - 1\right] + \frac{(1+\nu_m)}{2E_m\pi}KL\beta \right\} \cdot P \tag{5.24}$$

公式(5.24)即为理论上光纤相位变化与声发射信号的对应关系,因此我们建立了光纤环声发射传感器感受声发射波的物理模型,接下来解调出光纤的相位变化就能得到声发射信号信息。

在上面的物理模型建立过程中,我们忽略了声发射波由骨架传播至光纤时,可能产生的衰减损耗,此衰减可能会给实际模型引入误差;声发射波以表面波、横波和纵波的形式在骨架中传播时,当遇到骨架界面时,会产生反射和折射,同时会发生模式转换,产生横波和纵波,伴随能量的变化,因此可能会对结果造成影响;光纤与骨

架之间的紧密缠绕程度会直接影响声发射波和光纤的信号耦合,在建模中,由于很难量化,便默认为完全耦合传递,但是在实际制作中,可能会对实际效果产生影响。

5.2　外差解调方式解调光纤环声发射信号原理

外差解调方式先将光频移动一定的频率,以避免外部一些低频噪声的干扰,基于该方式的检测系统稳定程度相比于零差解调方式更高一些。因此采用外差解调方式进行声发射信号的解调。

图 5-3 是应用的解调系统原理图。

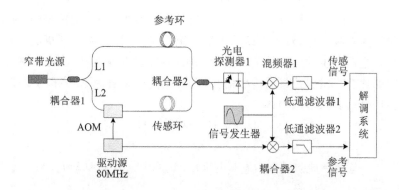

图 5-3　外差检测系统原理图

窄带光源产生激光经耦合器 1 分成两路,一路为参考臂 L1,一路为传感臂 L2。参考臂接入参考光纤,不感受声发射信号,此时光纤内的光场可以描述为:

$$\vec{E}_1(t) = \vec{A}_1 \exp\{j[2\pi f_0 t + \phi_1(t)]\} \tag{5.25}$$

式中,$\vec{A}_1$ 为此路光信号的光矢量,f_0 为光的固有频率,$\phi_1(t)$ 为低频噪声扰动引起的相位变化。

传感臂中先接入声光调制器(Acoustic-Optic Modulator,简称 AOM),使光的固有频率发生 80 MHz 的频移,移至更高频段,然后接入光纤环声发射传感器,感受声发射信号,其中 AOM 由 AOM 驱动器控制。感受到声发射信号的光纤中光场可记为:

$$\vec{E}_2(t) = \vec{A}_2 \exp\{j[2\pi(f_0 + f_1)t + \phi_s(t) + \phi_2(t)]\} \tag{5.26}$$

式中，$\vec{A}_2$ 为光矢量，f_1 为移动的光频率，$\phi_s(t)$ 为声发射信号引起的相位变化，记为 $\phi_s(t)=P\cdot\cos(\omega_s t)$，$\phi_2(t)$ 为低频噪声扰动引起的相位变化。

由参考臂和传感臂出来的光在耦合器 2 发生拍频干涉，

$$I=||\vec{A}_1||^2+||\vec{A}_2||^2+2||\vec{A}_1||\cdot||\vec{A}_2||\cos[2\pi(f_0+f_1-f_0)t+$$
$$(\phi_s(t)+\phi_2(t)-\phi_1(t)]$$
$$=||\vec{A}_1||^2+||\vec{A}_2||^2+2||\vec{A}_1||\cdot||\vec{A}_2||\cos[2\pi f_1 t+\phi_s(t)+\phi_n(t)]$$
$$(5.27)$$

式中，$\phi_n(t)=\phi_2(t)-\phi_1(t)$，为低频噪声扰动引起的相位变化，可以看出声发射信号被包含在上式的第三项的交流分量中。

将产生干涉输出的光接入光电探测器进行光电转换，只取交流分量。

$$U_1=2||\vec{A}_1||\cdot||\vec{A}_2||\cos[2\pi f_1 t+\phi_s(t)+\phi_n(t)]$$
$$=B_1\cos[2\pi f_1 t+\phi_s(t)+\phi_n(t)]$$
$$(5.28)$$

式中，$B_1=2||\vec{A}_1||\cdot||\vec{A}_2||$，$2\pi f_1$ 的频率一般为几十 MHz 量级，所以此时产生的电信号为高频信号，对于后续的采集系统来说，采样频率必须更高，所以将此信号与信号发生器产生的频率的信号进行混频，后经过低通滤波，滤除高频信号，保留较低频率的含有声发射信息的传感信号，以达到降低采样系统频率的要求。信号发生器产生信号的表达形式为：

$$U_{ref}=B_2\cos(2\pi f_2 t)\qquad(5.29)$$

$$U_2=U_1\cdot U_{ref}$$
$$=B_1\cos[2\pi f_1 t+\phi_s(t)+\phi_n(t)]\cdot B_2\cos(2\pi f_2 t)$$
$$=\frac{B_1 B_2}{2}\{\cos[2\pi f_1 t-2\pi f_2 t+\phi_s(t)+\phi_n(t)]+$$
$$\cos[2\pi f_1 t+\phi_s(t)+\phi_n(t)+2\pi f_2 t]\}$$
$$=B\{\cos[2\pi\Delta f t+\phi_s(t)+\phi_n(t)]+$$
$$\cos[2\pi(f_1+f_2)t+\phi_s(t)+\phi_n(t)]\}$$
$$(5.30)$$

式中，$B=B_1 B_2/2$ 为传感信号的幅度，$2\pi\Delta f$ 为外差频率。可以看出，信号包含频率不同的两部分，利用低通滤波器将高频信号滤除，保留较低频率的信号，称之为传感信号。

$$U_s=B\cos[2\pi\Delta f t+\phi_s(t)+\phi_n(t)]\qquad(5.31)$$

后续的解调方式大致分为微分交叉相乘解调方式和反正切解调方式。相比于微分交叉相乘解调方式，反正切解调方式不使用微分器和积分器，消除了信号中附加噪声和信号初值对后面解调结果的影响，所以采用反正切解调方式。如果要解调出声发射信号 $\phi_s(t)$，需要一路参考信号，要求信号和外差频率保持一致，表达形式为：

$$U_{r1}=C\cos(2\pi\Delta f t+\varphi_r)\qquad(5.32)$$

式中,C 为参考信号幅值,ϕ_r 为初相位。

采用反正切解调法进行解调,图 5－4 为解调系统原理示意图。

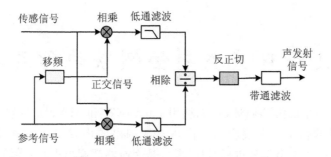

图 5－4　解调系统原理示意图

将参考信号进行 $\pi/2$ 的相移,产生正交信号,其表达形式为:

$$U_{r2}=C\sin(2\pi\Delta ft+\phi_r) \tag{5.33}$$

将公式(5.31)分别和公式(5.32)、(5.33)相乘,得:

$$
\begin{aligned}
U_3 &=U_s\cdot U_{r1}\\
&=B\cos[2\pi\Delta ft+\phi_s(t)+\phi_n(t)]\cdot C\cos(2\pi\Delta ft+\phi_r)\\
&=\frac{CB}{2}\{\cos[2\pi\Delta ft-2\pi\Delta ft+\phi_s(t)+\phi_n(t)-\phi_r]+\\
&\quad\cos[2\pi\Delta ft+2\pi\Delta ft+\phi_s(t)+\phi_n(t)+\phi_r]\}
\end{aligned} \tag{5.34}
$$

$$
\begin{aligned}
U_4 &=U_s\cdot U_{r2}\\
&=B\cos[2\pi\Delta ft+\phi_s(t)+\phi_n(t)]\cdot C\sin(2\pi\Delta ft+\phi_r)\\
&=-\frac{CB}{2}\{\sin[2\pi\Delta ft-2\pi\Delta ft+\phi_s(t)+\phi_n(t)-\phi_r]-\\
&\quad\sin[2\pi\Delta ft+2\pi\Delta ft+\phi_s(t)+\phi_n(t)+\phi_r]\}
\end{aligned} \tag{5.35}
$$

经过低通滤波后,得:

$$
\begin{aligned}
U_5 &=\frac{CB}{2}\cos[\phi_s(t)+\phi_n(t)-\phi_r]\\
&=D\cos[\phi_s(t)+\phi_n(t)-\varphi_r]
\end{aligned} \tag{5.36}
$$

$$
\begin{aligned}
U_6 &=-\frac{CB}{2}\sin[\phi_s(t)+\phi_n(t)-\phi_r]\\
&=-D\sin[\phi_s(t)+\phi_n(t)-\phi_r]
\end{aligned} \tag{5.37}
$$

公式(5.37)除以(5.36),得:

$$
\begin{aligned}
U_7 &=\frac{U_6}{U_5}=-\frac{D\sin[\phi_s(t)+\phi_n(t)-\phi_r]}{D\cos[\phi_s(t)+\phi_n(t)-\phi_r]}\\
&=-\tan[\phi_s(t)+\phi_n(t)-\phi_r]
\end{aligned} \tag{5.38}
$$

对 U_7 信号取反后,进行反正切运算,

$$U_8 = \arctan(-U_7) = \phi_s(t) + \phi_n(t) - \phi_r \tag{5.39}$$

然后进行滤波,滤除 $\phi_n(t)$ 和 ϕ_r 项,从而得到声发射信号 $\phi_s(t)$,完成声发射信号的解调。

5.3 光纤环声发射检测系统仿真与搭建

根据前一节中的解调原理,首先利用 LabVIEW 和 MATLAB 软件进行检测系统的解调信号的仿真。通过解调程序仿真解调出的声发射信号和软件直接产生 150 kHz 的正弦声发射信号进行对比,考察是否能够解调出声发射信号。

传感信号表达为:$U_s = B\cos[2\pi\Delta ft + \phi_s(t) + \phi_n(t)]$,$2\pi\Delta f$ 为 1 MHz,B 取为 1,$\phi_s(t)$ 为 150 kHz 的声发射信号,表达为 $\phi_s(t) = \cos(\omega_s t)$,$\omega_s$ 为 150 kHz,$\phi_n(t)$ 取为 0,ϕ_0 取为 0。其仿真的信号频谱如图 5 - 5 所示。

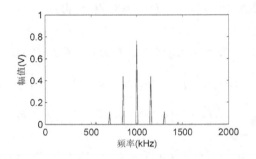

图 5 - 5 仿真传感信号频谱

由上图可以看出,1 MHz 频率载波信号受到 150 kHz 频率的声发射信号调制,150 kHz 频率信号分布在 1 MHz 频率信号两侧,形成对载波信号的调制。

参考信号表达为:$U_{r1} = C\cos(2\pi\Delta ft + \phi_r)$,$2\pi\Delta f$ 为 1 MHz,C 取为 1,ϕ_r 取为 0。其仿真的信号频谱如图 5 - 6 所示。

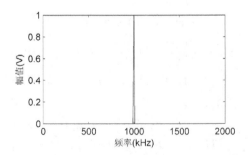

图 5 - 6 仿真参考信号频谱

正交信号表达为：$U_{r2}=C\sin(2\pi\Delta ft+\varphi_r)$，$2\pi\Delta f$ 为 1 MHz，C 取为 1，φ_r 取为 0。其仿真的信号频谱如图 5-7 所示。

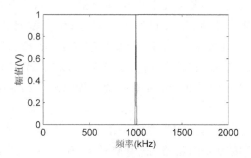

图 5-7　仿真正交信号频谱

解调后的声发射信号时域图与频域图如图 5-8 所示。

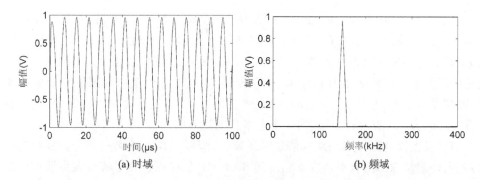

(a) 时域　　　　　　　(b) 频域

图 5-8　解调后的声发射信号

图 5-9 为仿真直接产生的 150 kHz 频率的正弦信号时域图与频谱图。

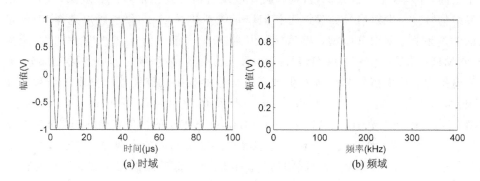

(a) 时域　　　　　　　(b) 频域

图 5-9　直接仿真声发射信号

对比解调后的声发射信号和直接仿真的声发射信号，可以看出，在时域波形上一致，均为规整的正弦信号；在频谱图中均只有单一频率 150 kHz 出现。所以，此解

调系统的仿真说明了解调方法能够将声发射信号解调出来,验证了该解调理论的正确性。下面选取器件进行搭建光纤环声发射系统:

光源,本光纤环声发射检测系统采用马赫曾德干涉原理,所以使用的光源需为窄带光源。窄带光源用作干涉,需要良好的稳定性,包括输出波长稳定和输出光功率稳定。采用 Santec 公司的 TSL - 510 型窄带激光器,波长稳定性小于±1 pm,光功率稳定性在 0.01 dB 左右,最小线宽为 200 kHz,波长范围为 1 500 nm~1 630 nm,光功率范围为 0.01 mW~25.00 mW 可调。输出波长和输出光功率均为可根据需要调节。

声光调制器,用于光频率的移动。目前大部分声光调制器都是英国 Gooch&Housego 公司的声光调制器,选用型号为 Fibre - Q 声光调制器,其移频频率为固定的 80 MHz,其由专有的 AOM 驱动器驱动,驱动器型号 1080 AF - DINA - 3.0 HCR。这个型号的声光调制器最为广泛、移频较稳定且器件噪声较小,实用性更强。

光电探测器,将干涉后的光信号转换为电压信号。产生干涉后的信号频率约为 80 MHz,因此选用的光电探测器带宽必须可以涵盖 80 MHz 的信号,选用型号 LPT 200 InGaAs/PIN 的光电探测器,拥有 200 MHz 带宽;波长范围 800 nm~1 700 nm,满足使用的激光光源输出波长范围;噪声较低,有利于降低整个检测系统的噪声水平;饱和光功率 $120\mu W$(1 550 nm),响应度 1.0 A/W,跨阻增益 30 000 V/A,所以输出电压最大为 3.6 V,满足后续的采集卡采集电压范围。

信号发生器被用作实现高频信号的降频,为降频工作中的第一部分。降频具体为:光电探测器输出的含有声发射信息的 80 MHz 左右的信号与信号发生器产生的高频正弦信号相乘,然后利用低通滤波器滤除高频信号,只保留较低频信号(此信号频率即为外差频率)。外差频率不能太高,否则降频就没有意义,对后续采集系统的要求更高;外差频率不能太低,否则就会和声发射信号发生信号混叠现象,分离不出声发射信号。声发射信号一般为几十 kHz 量级到几百 kHz 量级,所以选择 MHz 量级的外差频率。采用 F80 型数字信号发生器,可输出正弦信号,信号频率可调,最大为 80 MHz,满足产生外差频率信号的要求。混频器,为降频工作中的第二部分,实现光电探测器输出信号和信号发生器产生信号的相乘。混频器只要求工作频带能够包含两种输入信号和混频后的信号不失真即可。选用 Mini - Circuits 的 ZX05 - 1,工作频带范围 0.5 MHz~500 MHz,拥有很小的损耗和很好的隔离度。低通滤波器,为降频工作中的第三部分。在混频器中信号成分有两种:一是,159 MHz 的高频信号;二是,1 MHz 的较低频信号。我们利用低通滤波器实现高频信号的滤除和较低频信号的保留。

采集设备采用 NI 采集卡 PXI - 5122,采样率最高可达 100 MHz,带宽为 100 MHz,14 位采样精度,拥有直流、交流两种耦合方式,满足信号的采集要求。工控机为 ADVANTECH 的 IPC - 610L 负责信号处理。图 5 - 10 为搭建的整个检测系统实物图。

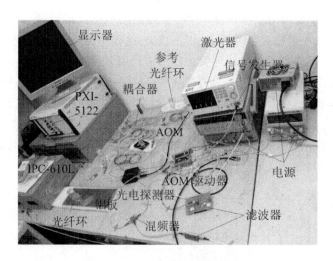

图 5 - 10 检测系统实物图

5.4 低频相位扰动引入的随机噪声

针对上一节中搭建完成的光纤环声发射检测系统,首先进行了检测系统噪声特性的研究。将光纤环声发射传感器用耦合剂粘贴在铝板上来探测声发射信号,在传感器附近粘贴压电陶瓷探头,探头利用 PAC 公司的标准声发射仪实现驱动,产生 150 kHz 的连续正弦声发射信号,由铝板传播至光纤环声发射传感器。检测系统采集了一段时间的信号,进行解调分析。解调后的信号如图 5 - 11 所示:

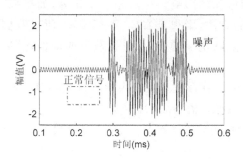

图 5 - 11 检测到的正弦信号波形

从上面解调出来的信号波形来看,与施加的正弦信号有明显差异,正常信号为图中虚线框所示,幅值在 100 mV 左右的正弦信号,而现在检测到的信号中出现了大的噪声信号,因此首要任务是抑制或者降低检测系统中出现的噪声,使检测系统能够检测到声发射信号。产生噪声的主要因素有:环境等低频相位扰动引入的随机噪声、移点法获取正交信号时引入的噪声、干涉光路中引入的噪声。从激光器输出窄带激光到参考光和传感光发生干涉,这一整个过程中的噪声源主要为:激光器输出光的线宽、产生干涉时两个光纤环臂长差和声光调制器频率起伏。

在进行反正切解调时,信号表达式:$U_8 = \phi_s(t) + \phi_n(t) - \phi_r$,其中 $\phi_n(t)$ 统称为环境噪声引起的低频随机相位扰动。反正切在 $[-\pi/2, \pi/2]$ 区间内连续,且在 $k\pi/2$ 点处($k = \pm1, \pm2\cdots$)有跳变。如果低频相位扰动引入的噪声使得整个相位在跳变点附近,那么就很有可能出现这种跳变,因此给出了解调过程中直接反正切后的信号波形如图 5-12 所示。

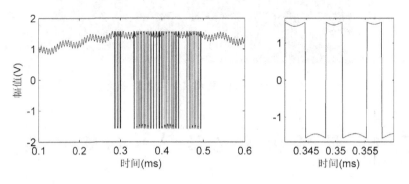

图 5-12 反正切的信号波形

从上图中可以看出,反正切后的数据在 $-\pi/2$ 和 $\pi/2$ 处确实产生了跳变,发生时间与图 5-11 中产生大噪声时间相当。究其原因,当相位在附近变化时,发生了跳变,导致在经带通滤波后的信号波形中均出现了噪声,所以必须消除这种低频相位扰动引入的噪声。这种低频相位包含激光器输出的初始相位、传感光纤环和参考光纤环各自受温度、低频振动的影响产生的相位变化等,如果采用将这种低频相位变化控制在某一范围内的方法,则很难实现、不切实际,所以我们采用直接反正切后,进行信号的处理,判断阶跃跳变的产生,进行数据的调整,然后再通过带通滤波,输出最终声发射信号。

进行信号的处理如下:在反正切后加入检测跳变环节,将相邻两个数据点 $\varphi(k)$ 和 $\varphi(k-1)$ 作差,得到数据差值 $\Delta\phi(k)$。

当 $\Delta\phi(k)$ 大于 π 时,出现了正跳变,计数器减计数,即从 n 变为 $n-1$,n 为计数器当前数值。

当 $\Delta\phi(k)$ 小于 $-\pi$ 时,出现了负跳变,计数器增计数,即从 n 变为 $n+1$,n 为计数器当前数值。

将计数器数值乘以 2π,并将其附加至 $\varphi(k)$ 上,调整后的数据 $\varphi'(k)$ 为:

$$\phi'(k) = \phi(k) + 2n\pi \tag{5.40}$$

针对提出的信号处理算法,首先进行了仿真实验,验证出现这种噪声情况的真实性、算法的正确性和实现性。如果某时间段 $\phi_n(t)-\phi_r$ 在 $\pi/2$ 附近不断变化,那么理论上在反正切算法之后必会有跳变的发生;如果某时间段 $\phi_n(t)-\phi_r$ 在 $\pi/2$,此时声发射波作用于光纤环声发射传感器,导致 $\phi_s(t)+\phi_n(t)-\phi_r$ 在 $\pi/2$ 附近来回变化,那么也会导致反正切后的声发射信号波形失真。因此,选取了两种不同的低频干扰信号和声发射波本身导致反正切跳变,共计三种情况进行了仿真实验,探究低频相位扰动对解调信号的影响。

在信号 $U_8=\phi_s(t)+\phi_n(t)-\phi_r$ 中,这里我们取 $\phi_n(t)-\phi_r$ 为 $1.57+10\cos(400t)$,它是一个以 400 Hz 较低频率不断变化的模拟噪声信号,$\phi_s(t)$ 为频域为 150 kHz 的连续正弦声发射信号。经过解调后,声发射信号的时域图和频域图如图 5 - 13 所示。

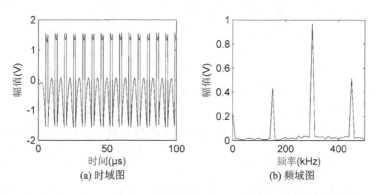

（a) 时域图　　　　　　　　　　（b) 频域图

图 5 - 13　检测出的正弦信号

从上面的时域图中可以看出,在经过 $\pi/2$ 和 $-\pi/2$ 时均会产生信号的跳变,正弦信号严重失真。频域图中出现了多频信号,不是原有单一的 150 kHz 信号,其他频率的信号是由于信号在 $\pi/2$ 和 $-\pi/2$ 来回变化,产生信号严重畸变,并不是倍频信号。在加入信号处理算法后,时域图和频域图如图 5 - 14 所示。

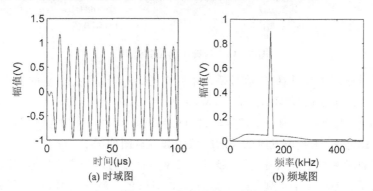

（a) 时域图　　　　　　　　　　（b) 频域图

图 5 - 14　解调出的正弦信号

从上面时域图中可以看出,信号呈现正弦信号,消除了跳变引起的噪声信号,频域中只有单一的 150 kHz 频率的信号,解决了信号的失真。

取 $\phi_n(t)-\phi_r=1.57+4\cos 0.1t$，它是一个以 0.1 Hz 低频率不断变化的模拟噪声信号，$\phi_s(t)$ 为频域为 150 kHz 的连续正弦声发射信号。经过解调之后，正弦声发射信号的时域图和频域图如图 5-15 所示。

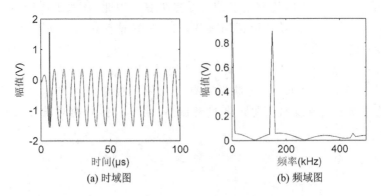

(a) 时域图　　　　　　　(b) 频域图

图 5-15　检测出的正弦信号

从上面的时域图中可以看出，在信号前段经过 $\pi/2$ 和 $-\pi/2$ 时均会产生信号的跳变，正弦信号出现了失真。

经过信号处理算法后，正弦声发射信号时域图和频域图如图 5-16 所示。

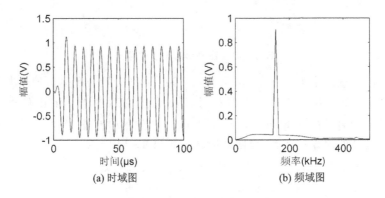

(a) 时域图　　　　　　　(b) 频域图

图 5-16　解调出的正弦信号

从上面时域图中可以看出，信号呈现正弦信号，消除了跳变引起的噪声信号，频域中只有单一的 150 kHz 频率的信号。

取 $\phi_n(t)-\phi_r=\pi/2$，为一个常量，$\phi_s(t)$ 为频域为 150 kHz 的连续正弦声发射信号。经过解调之后，正弦声发射信号的时域图和频域图如图 5-17 所示。

从上面的时域图中可以看出，在经过 $\pi/2$ 和 $-\pi/2$ 时均会产生信号的跳变，正弦信号严重失真。频域图中出现了 150 kHz、450 kHz 的多频率信号，不是原有单一的 150 kHz 信号，信号失真严重。

经过信号处理算法后，正弦声发射信号时域图和频域图如图 5-18 所示。

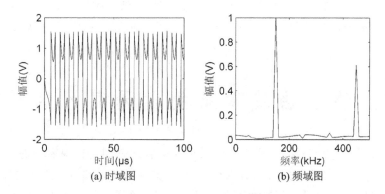

(a) 时域图　　　　　　　　　(b) 频域图

图 5 - 17　检测出的正弦信号

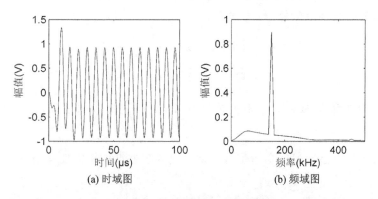

(a) 时域图　　　　　　　　　(b) 频域图

图 5 - 18　解调出的正弦信号

从上面时域图中可以看出,信号呈现正弦信号,消除了跳变引起的噪声信号,频域中只有单一的 150 kHz 频率的信号,消除了 450 kHz 频率的信号。

因此结合上面三种情况的仿真结果,加入信号处理算法后的检测系统能够较好的解决这种因为低频相位扰动引入的噪声。将本节开始时检测系统采集的失真数据,经过信号处理算法后,解调出的信号波形如图 5 - 19 所示。

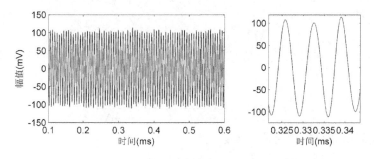

图 5 - 19　经调整后的输出波形局部放大图

对比图 5－18 和图 5－11 可看出,经信号处理后,低频相位扰动引入的噪声已被消除,只有施加的正弦信号,从而证明了这种信号处理算法在实际检测系统中是可用的。

5.5 移点法获取正交信号引入的噪声

获得合适的参考信号时往往不能够同时获得后续解调过程中需要的正交信号,因此正交信号的获得需要通过对参考信号进行变换处理来获得。原正交信号的获取采用的是移点法,通过将原有的参考信号移动相应的点数,实现的 $\pi/2$ 相位移动。移点法获得正交信号时,对于采集来的参考信号 $U_{r1}=C\cos(2\pi\Delta ft+\phi_r)$,将模拟电信号变成离散的数字电信号:

$$
\begin{aligned}
U_{r1}(n) &= C\cos(2\pi\Delta f \cdot n \cdot \frac{1}{f_s} + \phi_r) \\
&= C\cos(2\pi\Delta f \cdot n \cdot t_s + \phi_r)
\end{aligned}
\tag{5.41}
$$

其中 n 为非负整数,f_s 为系统采样频率,$n \cdot \frac{1}{f_s}$ 为时间序列,t_s 为采样时间间隔。

移点法实际上是通过将参考信号移动一定的数据点数来实现移相 $\pi/2$。公式表示为:

$$
2\pi\Delta f \cdot N \cdot t_s = \pi/2
\tag{5.42}
$$

N 为需要移动的点数。由上式解得需要移动的点数为:

$$
N = \frac{1}{4\Delta f \cdot t_s}
\tag{5.43}
$$

从上面的公式中,可以得出只要移动相应的点数,就能达到目的。但是移点法的移相误差无法消除的原因是参考信号中的初相位 ϕ_r。在前面的讨论中,忽略了 ϕ_r 并不是一个固定不变的常量,而是一个随时间变化的函数,准确地应该记为 $\phi_r(t)$,表达形式应为:

$$
U_{r1}(t) = C\cos[2\pi\Delta ft + \phi_r(t)]
\tag{5.44}
$$

利用移点法所获得的正交信号与参考信号之间存在一定的时间延迟,可以表达为:

$$
\tau = N \cdot t_s = \frac{1}{4\Delta f \cdot t_s} \cdot t_s = \frac{1}{4\Delta f}
\tag{5.45}
$$

因此实际所获得的正交信号为:

$$
\begin{aligned}
U_{r2}(t) &= U_{r1}(t-\tau) \\
&= C\cos(2\pi\Delta f(t-\tau) + \phi_r(t-\tau))
\end{aligned}
$$

$$= C\sin[2\pi\Delta ft + \phi_r(t - \tau)] \tag{5.46}$$

上式得出的正交信号表达式与参考信号表达式相比较,正交信号的初相位与参考信号的初相位存在时间延迟 τ,这个时间延迟产生的移相误差必然会为后续的解调带来影响,且移点法对于系统采样率和外差频率有要求,系统采样率必须为 4 倍外差频率的整数倍,否则移动的点数是非整数,影响解调后信号,产生失真。取 $\phi_r(t)$ 为 $\cos(1\,000\,t)$ 进行仿真,是一个随着时间变化的量,图 5-20 为获得的理论正交信号和移点法获得的正交信号。

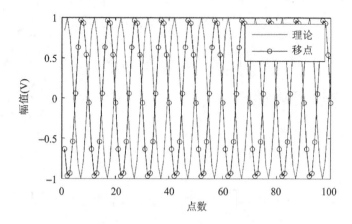

图 5-20　移点法获得正交信号仿真图

从上图中移点曲线和理论曲线相比,两者存在差异,引入了移相误差,如果将此方法得到的正交信号进行后续的解调,那么必然增大系统噪声,因此必须找寻合适的获取正交信号的方法。

希尔伯特变换(Hilbert)的本质就是通过一个解析信号的实部来构造其虚部,实部和虚部呈现严格正交关系,正好符合外差解调方式中需要的正交信号。

用式(5.44)中 $U_{r1}(t) = C\cos[2\pi\Delta ft + \phi_r(t)]$ 所表示的系统实际参考信号求取正交信号。首先推导利用希尔伯特变换方法得正交信号。

利用傅里叶变换将实际参考信号从时域信号转换为频域信号,有:

$$U_{r1}(\omega) = F[U_{r1}(t)] = \int_{-\infty}^{+\infty} U_{r1}(t)\mathrm{e}^{-j\omega t}\,\mathrm{d}t \tag{5.47}$$

希尔伯特变换的频域响应函数为:

$$H(\omega) = \begin{cases} -j, & \omega > 0 \\ j, & \omega < 0 \end{cases} \tag{5.48}$$

公式(5.47)与公式(5.48)相乘,得到:

$$U_{r2}(\omega) = U_{r1}(\omega)H(\omega) = \begin{cases} -\int_{-\infty}^{+\infty} U_{r1}(t)\mathrm{e}^{-j\omega t} \cdot j\,\mathrm{d}t, & \omega > 0 \\ \int_{-\infty}^{+\infty} U_{r1}(t)\mathrm{e}^{-j\omega t} \cdot j\,\mathrm{d}t, & \omega < 0 \end{cases} \tag{5.49}$$

利用欧拉公式将公式(5.44)中的参考信号展开成两部分,如下式所示:

$$U_{r1}(t) = \frac{C}{2} \cdot e^{j[2\pi\Delta ft + \phi_r(t)]} + \frac{C}{2} \cdot e^{-j[2\pi\Delta ft + \phi_r(t)]} \qquad (5.50)$$

上式中,信号划分为两部分:第一部分为参考信号中频率大于0的部分,第二部分为参考信号中频率小于0的部分,将公式(5.50)带入到公式(5.49)中,对于 $\omega > 0$ 的频率部分,有:

$$
\begin{aligned}
U_{r2}^+(\omega) &= -\int_{-\infty}^{+\infty} \frac{C}{2} \cdot e^{j[2\pi\Delta ft + \phi_r(t)]} \cdot e^{-j\omega t} \cdot j\,dt \\
&= \frac{C}{2}\int_{-\infty}^{+\infty} e^{j[2\pi\Delta ft + \phi_r(t)]} \cdot e^{-j\omega t} \cdot e^{-j\frac{\pi}{2}}\,dt \qquad (5.51) \\
&= \frac{C}{2}\int_{-\infty}^{+\infty} e^{j[2\pi\Delta f(t-\tau) + \phi_r(t)]} \cdot e^{-j\omega t}\,dt
\end{aligned}
$$

对于 $\omega < 0$ 的频率部分,有:

$$
\begin{aligned}
U_{r2}^-(\omega) &= \int_{-\infty}^{+\infty} \frac{C}{2} \cdot e^{-j[2\pi\Delta ft + \phi_r(t)]} \cdot e^{-j\omega t} \cdot j\,dt \\
&= \frac{C}{2}\int_{-\infty}^{+\infty} e^{-j[2\pi\Delta ft + \phi_r(t)]} \cdot e^{-j\omega t}\,dt \qquad (5.52) \\
&= \frac{C}{2}\int_{-\infty}^{+\infty} e^{-j[2\pi\Delta f(t-\tau) + \phi_r(t)]} \cdot e^{-j\omega t}\,dt
\end{aligned}
$$

将公式(5.52)和公式(5.51)结合起来,不难发现两式就是参考信号经希尔伯特变换后在整个频带的频谱,对两式做傅里叶逆变换,可得希尔伯特变换后信号的时域形式,表达为:

$$
\begin{aligned}
U_{r2}(t) &= F^{-1}[U_{r2}(\omega)] \\
&= \frac{1}{2\pi}\int_{-\infty}^{+\infty} U_{r2}(\omega) \cdot e^{j\omega t}\,d\omega \\
&= \frac{C}{2} \cdot e^{j[2\pi\Delta f(t-\tau) + \phi_r(t)]} + \frac{C}{2} \cdot e^{-j[2\pi\Delta f(t-\tau) + \phi_r(t)]} \qquad (5.53) \\
&= C\cos[2\pi\Delta f(t-\tau) + \phi_r(t)] \\
&= C\sin[2\pi\Delta ft + \phi_r(t)]
\end{aligned}
$$

从上式可以看出,经过希尔伯特变换方法得到的正交信号初相位与原始参考信号的初相位完全一致,没有出现移点法引入的移相误差,因此,相对于移点法,希尔伯特变换法更有优势。取上面仿真中使用的信号利用希尔伯特变换方法仿真获得正交信号,图5-21为理论值、移点法和希尔伯特变换方法的效果对比图。

从图中不难发现,移点法获取的正交信号和理论值存在出入,而利用希尔伯特变换方法得到的正交信号和理论值曲线重合,没有移点法引入的移相误差,因此希尔伯特变换方法较移点法在移相误差方面更具优势。

将压电激励探头粘贴于光纤环传感器,利用 PAC 公司声发射仪 FieldCAL 施加

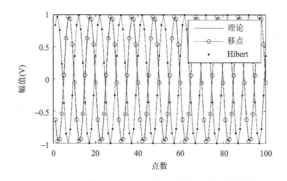

图 5 - 21　希尔伯特变换法获得正交信号仿真图

150 kHz 连续正弦信号,利用 NI 数字采集仪采集一段数据,采样频率 10 MHz,将采集来的数据分别进行两种方法获得参考信号,一是移点法获取,另一是利用希尔伯特变换获取,然后分别进行解调,得到两个解调后的 150 kHz 的正弦信号时域波形和频域波形。

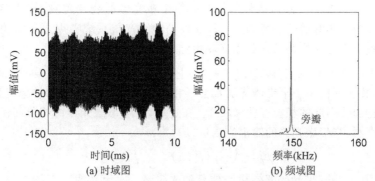

图 5 - 22　移点法解调后的 150 kHz 信号

从图 5 - 22、图 5 - 23 两个时域图可以看出,移点法解调出的声发射信号波形包络呈现波浪形,很不齐整,而利用希尔伯特变换解调出的信号波形较为齐整。从

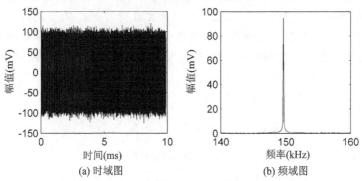

图 5 - 23　希尔伯特变换法解调后的 150 kHz 信号

图 5-22 图 5-23 两个频域图可以看出，移点法频域图中在 150 kHz 左右信号两边有约为 1 kHz 左右的旁瓣信号，这是移点法引入了低频信号调制声发射信号的结果。而希尔伯特变换频域图中只有 150 kHz 左右的声发射信号。因此，从时域和频域可以得出，利用希尔伯特变换进行解调能够消除移点法引入的噪声。

5.6　干涉光路中引入的噪声

5.6.1　窄带激光器线宽对系统噪声的影响

干涉型光纤环声发射系统中，发生干涉的两路光所经过的光程是相等的，也就是说干涉系统是等臂干涉传感系统，但是完全等臂在实际构成系统时是非常困难的，所以外差干涉系统一般都是不等臂的干涉传感系统，或者说是准等臂干涉传感系统。这种不等臂干涉系统对激光器的相干性要求不是太高，因此在选择窄带激光器时对线宽的要求可以适当地降低。然而窄带激光器的线宽越宽，其性能就越差，所以需要分析在不等臂干涉情况下，窄带激光器线宽与系统噪声之间的关系，进而尽量减小整个声发射检测系统的本底噪声。

公式 $\vec{E}_1(t) = \vec{A}_1 \exp\{j[2\pi f_0 t + \phi_1(t)]\}$，将 $\phi_1(t)$ 统称为低频噪声扰动引起的相位变化，其实任何一个窄带激光器都会存在相位起伏，所以，$\phi_1(t)$ 中包含激光器由于自身相位起伏引起的相位变化 $\phi_0(t)$。在这里，只考虑激光器的相位起伏噪声，忽略其他噪声源，窄带激光器的输出光场可以写为：

$$\vec{E}(t) = \vec{A} \exp\{j[2\pi f_0 t + \phi_0(t)]\} \tag{5.54}$$

公式中，$\vec{A}$ 为窄带激光器输出光信号的光矢量，f_0 为光的固有频率，$\phi_0(t)$ 为激光器的相位起伏变化。

窄带激光器发出的光经过参考臂光纤和传感臂光纤后发生干涉，由于两臂光纤长度不尽严格等长，所以产生干涉时两束光信号存在一定的时间延迟，记为 $\Delta\tau$。$\Delta\tau$ 和臂长差 ΔL 存在一定关系，$\Delta\tau = n\Delta L/c$，n 为光纤折射率，c 为光速，$\phi_0(t) - \phi_0(t + \Delta\tau)$ 为激光器引入的相位起伏噪声。激光器引入的相位起伏噪声，从统计学上来说，是一个毫无规律的随机过程噪声。取单次采样时间为 $2T$，探测到的该段时间内相位起伏噪声的平均功率为：

$$
\begin{aligned}
P_0 &= \langle |\phi_0(t) - \phi_0(t + \Delta\tau)|^2 \rangle \\
&= \lim_{T \to \infty} \frac{1}{2T} \int_{-T}^{T} |\phi_0(t) - \phi_0(t + \Delta\tau)|^2 \, \mathrm{d}t
\end{aligned}
\tag{5.55}
$$

相位起伏噪声 $\phi_0(t) - \phi_0(t + \Delta\tau)$ 的傅里叶变换为：

$$F(\omega) = \int_{-\infty}^{+\infty} [\phi_0(t) - \phi_0(t + \Delta\tau)] \cdot \mathrm{e}^{-j\omega t} \, \mathrm{d}t$$

$$= \int_{-T}^{T} \left[\phi_0(t) - \phi_0(t + \Delta\tau) \right] \cdot \mathrm{e}^{-j\omega t} \, \mathrm{d}t \qquad (5.56)$$

上式的傅里叶逆变换为：

$$\phi_0(t) - \phi_0(t + \Delta\tau) = \frac{1}{2\pi} \int_{-\infty}^{+\infty} F(\omega) \cdot \mathrm{e}^{j\omega t} \, \mathrm{d}\omega \qquad (5.57)$$

将公式(5.56)和公式(5.57)带入公式(5.55)中,有：

$$
\begin{aligned}
P_0 &= \lim_{T \to \infty} \frac{1}{2T} \int_{-T}^{T} \mid \phi_0(t) - \varphi_0(t + \Delta\tau) \mid^2 \mathrm{d}t \\
&= \int_{-\infty}^{+\infty} \frac{1}{2\pi} F(\omega) F^*(\omega) \mathrm{d}\omega \\
&= \frac{1}{2\pi} \int_{-\infty}^{+\infty} \lim_{T \to \infty} \frac{1}{2T} \mid F(\omega) \mid^2 \mathrm{d}\omega
\end{aligned}
\qquad (5.58)
$$

从上式中可以发现, $\phi_0(t) - \phi_0(t + \Delta\tau)$ 的平均功率就是对 $\lim\limits_{T \to \infty} \dfrac{1}{2T} \mid F(\omega) \mid^2$ 在整个频段内积分,所以 $\lim\limits_{T \to \infty} \dfrac{1}{2T} \mid F(\omega) \mid^2$ 可以表达功率谱密度函数,用以描述 $\phi_0(t) - \phi_0(t + \Delta\tau)$ 相位起伏噪声在整个频谱中的分布。因此,相位噪声功率谱密度函数 $S_{\phi_0}(\omega)$ 可以表示为：

$$S_{\phi_0}(\omega) = \lim_{T \to \infty} \frac{1}{2T} \mid F(\omega) \mid^2 \qquad (5.59)$$

激光器的瞬时相位起伏和频率起伏存在微分关系,将相位起伏 $\phi_0(t)$ 取微分,即为频率起伏 $\omega(t)$。两者的关系利用傅里叶变换,可以表达为：

$$S_\omega(\omega) = j\omega \cdot S_{\phi_0}(\omega) \qquad (5.60)$$

公式中, $S_\omega(\omega)$ 为频率噪声功率谱密度函数。将平均功率的计算公式利用维纳-辛钦定理进行进一步推导,结合上式中频率噪声功率谱密度和相位噪声功率谱密度的关系,推导出下式：

$$
\begin{aligned}
P_0 &= \langle \left[\phi(t) - \phi(t + \Delta\tau) \right]^2 \rangle \\
&= 2 \langle \left[\phi(t) \right]^2 \rangle - 2 \langle \phi(t) \phi(t + \Delta\tau) \rangle \\
&= 2 \cdot \frac{1}{2\pi} \int_{-\infty}^{+\infty} S_{\phi_0}(\omega) \mathrm{d}\omega - 2 \cdot \frac{1}{2\pi} \int_{-\infty}^{+\infty} S_{\phi_0}(\omega) \mathrm{e}^{j\omega \cdot \Delta\tau} \mathrm{d}\omega \\
&= \frac{1}{2\pi} \int_{-\infty}^{+\infty} (\Delta\tau)^2 S_\omega(\omega) \cdot \left[\sin(\omega \cdot \Delta\tau / 2) / (\omega \cdot \Delta\tau / 2) \right] 2 \mathrm{d}\omega
\end{aligned}
\qquad (5.61)
$$

从上式中得出了平均功率的另一种表达形式,结合公式(5.58)的表达形式,通过对比公式(5.58)和公式(5.61),不难得出积分项相等,有：

$$S_{\phi_0}(\omega) = (\Delta\tau)^2 S_\omega(\omega) \cdot \left[\frac{\sin(\omega \cdot \Delta\tau / 2)}{\omega \cdot \Delta\tau / 2} \right]^2 \qquad (5.62)$$

由于我们现在使用的激光器为半导体窄带激光器,而半导体激光器的频率起伏可以看成一个产生平稳随机白噪声的过程,频率噪声功率谱密度 $S_\omega(\omega)$ 即为窄带激

光器的自然线宽 $\Delta \upsilon$,上式可以改写为:

$$S_{\phi_0}(\omega) = (\Delta\tau)^2 \Delta\upsilon \cdot \left[\frac{\sin(\omega \cdot \Delta\tau/2)}{\omega \cdot \Delta\tau/2}\right]^2 \qquad (5.63)$$

由上面论述可知 $\Delta\tau = n\Delta L/c$,将上式中 $\Delta\tau$ 用 ΔL 代替,上式进一步改写为:

$$S_{\phi_0}(\omega) = \left(\frac{n\Delta L}{c}\right)^2 \Delta\upsilon \cdot \left[\frac{\sin\left(\frac{\omega n \Delta L}{2c}\right)}{\frac{\omega n \Delta L}{2c}}\right]^2 \qquad (5.64)$$

从上式可以得出,相位噪声功率谱密度和激光器的自然线宽 $\Delta \upsilon$ 有关。激光器的自然线宽 $\Delta \upsilon$ 越大,相位噪声越大。为了进一步验证理论的正确性,通过改变激光器的自然线宽 $\Delta \upsilon$ 进行了实验研究,探究检测系统的系统噪声是否会发生改变。

我们通过激光器的线宽 $\Delta \upsilon$,进行了检测系统噪声水平的实验研究。选用实验室已有的 Santec 公司 TSL-510 型可调谐窄带激光器,保持输出波长 1 550 nm 窄带光、输出功率为 0.5 mW,仅调节激光器的输出线宽,线宽分别为 40 MHz 和 200 kHz 先后在相同的实验环境中探究检测系统的噪声水平。从下面图 5-24 和图 5-25 两个不同线宽对应的检测系统噪声水平图来看,当激光器输出线宽为 40 MHz 时,最大噪声水平达到 45.88 mV;当激光器输出线宽为 200 kHz 时,噪声水平为 24.12 mV。对比两次实验噪声水平,线宽为 200 kHz 时噪声小于线宽为 40 MHz 时的噪声,因此可以得出激光器的输出线宽越小,噪声越小,应尽量使用窄线宽激光器作为光源。

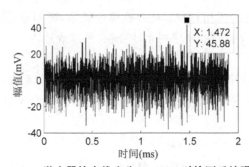

图 5-24 激光器输出线宽为 40 MHz 时检测系统噪声水平

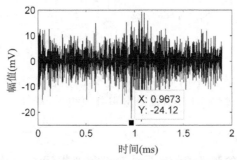

图 5-25 激光器输出线宽为 200 kHz 时检测系统噪声水平

5.6.2　两臂光纤长度差值对系统噪声的影响

从上一节的公式推导结果可以看出噪声不仅和窄带激光器的线宽有关,还与两臂光纤长度差值存在一定的关系,作出噪声功率谱密度与光纤长度差值的曲线。光纤折射率 n 取 1.465,光速 c 取 3.0×10^8 m/s,激光器线宽 Δv 取 200 kHz,将频率 ω 保持不变,取典型的 10 MHz,长度差值 ΔL 作为自变量,从 0.1 m 至 5 m 变化。

从图 5 - 26 可以看出,随着光纤长度差值的增加,噪声功率谱密度增大,因此如果要想减小噪声水平,需进一步减小光纤长度差值。下面我们进行了

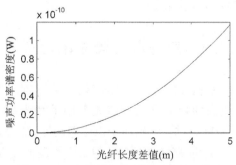

图 5 - 26　光纤长度差值与噪声关系曲线

改变产生干涉时两臂光纤长度差值 ΔL 来探究检测系统噪声水平的实验研究。选用实验室已有的 Santec 公司 TSL - 510 型可调谐窄带激光器,保持输出波长 1 550 nm 窄带光,输出功率为0.5 mW,激光器的输出线宽设置为 200 kHz。选取传感臂和参考臂的光纤长度差值约为 5 m、1 m、0.1 m 三个不同的等级,先后在相同的实验环境中探究检测系统的噪声水平。检测系统记录了一段没有施加信号时的数据,图 5 - 27 为三个不同光纤长度差值情况下的噪声水平。

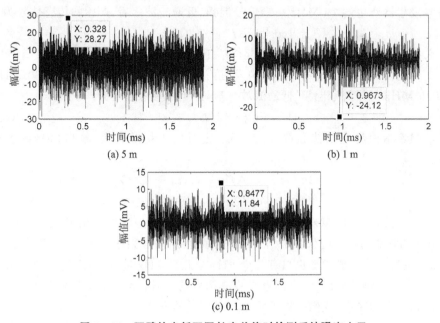

图 5 - 27　两臂的光纤不同长度差值时检测系统噪声水平

从上面不同光纤长度差值对应的检测系统噪声水平图来看,当两臂的光纤长度差值约为 5 m 时,最大噪声水平达到 28.27 mV;当两臂的光纤长度差值约为 1 m 时,最大噪声水平达到 24.12 mV;当两臂的光纤长度差值约为 0.1 m 时,噪声水平达到 11.84 mV。对比在三个光纤长度差时检测到的噪声结果,可以看出光纤长度差值越小,噪声水平越小,因此在实际应用中,要尽量减小两臂光纤的长度差值以获得较小的系统噪声。

5.6.3　声光调制器频率起伏对系统噪声的影响

根据外差解调方式原理,在传感臂一路中,加入了声光调制器用以实现光频率向更高的频率移动。声光调制器由驱动源通过电信号来实现驱动,驱动源发出 80 MHz 电信号,施加于声光调制器,如果声光调制器完全根据驱动信号进行转换,将产生 80 MHz 的移频,但是声光调制器存在频率起伏,导致移频量会在 80 MHz 左右变化。如果这个变化的移频量属于低频信号,那么可以将此次移频变化看作低频扰动引入的随机噪声来处理;如果此变化的移频量频率较高,达到几十 kHz 量级,那么就会影响检测系统。具体过程如下:

参照上节中的理论推导,当声光调制器存在大的频率起伏时,产生的干涉信号经光电探测器转换成电信号的表现形式为:

$$U_1' = B_1 \cos[2\pi f_1' t + \phi_s(t) + \phi_n(t)] \tag{5.65}$$

公式中,$2\pi f_1'$ 为含有较大频率起伏的 80 MHz 左右的高频信号频率,经过后续和信号发生器产生的 79 MHz 高频信号混频、低通滤波之后,产生的传感信号为:

$$U_s' = B \cos[2\pi \Delta f' t + \phi_s(t) + \phi_n(t)] \tag{5.66}$$

公式中,$2\pi \Delta f'$ 为含有较大频率起伏的 1 MHz 左右的信号频率。

下面是产生参考信号进行解调声发射信号,当参考信号由驱动源的 80 MHz 信号和 79 MHz 高频信号混频、低通滤波之后,产生的参考信号为:

$$U_{r1}' = C \cos(2\pi \Delta f t + \phi_r) \tag{5.67}$$

经过希尔伯特变换法获取正交信号,进行反正切解调后,输出信号的表达形式为:

$$\begin{aligned} U_8' &= 2\pi \Delta f t - 2\pi \Delta f' t + \phi_s(t) + \phi_n(t) - \phi_r \\ &= 2\pi (\Delta f - \Delta f') t + \phi_s(t) + \phi_n(t) - \phi_r \end{aligned} \tag{5.68}$$

从上面公式中,可以看出解调出来的信号不仅仅是声发射信号,还包含 $\Delta f - \Delta f'$ 声光调制器的频率起伏噪声信号。如果此噪声信号频率过大,达到几十 kHz 量级,而声发射信号一般频率也只有几十 kHz 至几百 kHz 量级,噪声信号会掺杂在声发射信号中,很难分离出来,会严重影响解调后的信号。因此,为了避免这种过大的频率起伏引入的噪声,我们改进了获取参考信号的方式。

在上面的推导过程中,之所以会出现这种噪声,究其原因是传感信号和参考信号中的外差频率变化不一致,即 $\Delta f \neq \Delta f'$,如果将获取参考信号的方式改为:在参考臂的参考光纤环之前和传感臂的光纤环传感器之前分别接出一路分支,两路分支汇入耦合器内发生干涉,然后利用光电探测器转换成电压信号,再和信号发生器产生的信号混频、低通滤波,最终实现参考信号的获得。图 5 - 28 为改进后的系统原理图。

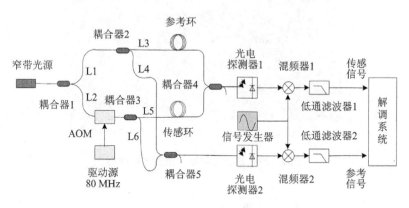

图 5 - 28　改进后的外差检测系统原理图

上图中,在参考臂 L1 中加入了耦合器 2,在参考臂 L2 中加入了耦合器 3,L4 和 L6 支路接入耦合器 5 产生干涉,由光电探测器 2 将光信号转换成电信号,此时的信号频率和光电探测器 1 中的信号频率一致,均为 f_1。然后和信号发生器产生的 79 MHz 高频信号在混频器 2 中进行混频,再经过低通滤波器 2,滤除混频后的较高频信号,只保留 1 MHz 的较低频信号,即为参考信号,此时参考信号和传感信号频率一致。只是在系统中接入了 L4 和 L6 光纤支路,这两段光纤会受到外部环境的扰动而产生噪声,不过如果将这两段光纤封装保护好,即使受到扰动,产生的噪声为低频噪声信号,对于处理这种低频噪声信号,采用本书中的低频相位扰动引入随机噪声的处理方法即可。图 5 - 29 和图 5 - 30 分别为改进后实际系统整体硬件图和噪声水平检测图。从图 5 - 30 中可以看出,噪声水平为 2.17 mV,与原系统噪声水平相比,改进后的检测系统噪声较低。当采用改进后的另加一路干涉光路和光电探测器时,其实相比原有的系统,光电探测器也是一项影响因素:原有系统中,只有传感信号为光电探测器转换而来,参考信号是驱动器产生,如果光电探测器产生了较大噪声,那么直接会影响整个系统的噪声水平;而现在加入了一路光电探测器来获取参考信号,传感信号和参考信号在后续的解调中会消除掉一部分共模噪声,因此综合上面两方面的原因,改进后的检测系统具有较小的噪声水平,能够检测到更小的声发射信号,这对于更弱信号的检测是很有意义的。

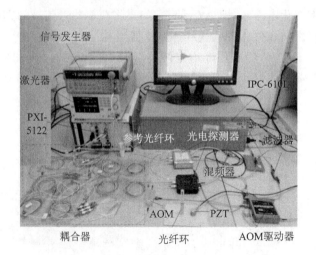

图 5 - 29 改进后实际系统整体硬件图

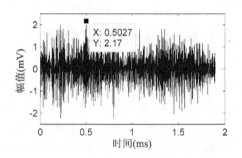

图 5 - 30 改进后检测系统噪声水平

5.7 光纤环传感器中的光纤长度对系统灵敏特性的影响

声发射传感器的灵敏度理论上用单位压强下的电压变化情况来表示,记作 V/Pa。在实际工程应用中,为了简便直观,通常用检测到折断铅笔芯的信号幅值来表示,信号幅值的大小表示声发射传感器灵敏度的高低,一般记作 dB(即 $20 \cdot \lg(V_{AE}/1\mu V)$)。目前常用的 R15 型压电陶瓷声发射传感器的灵敏度,理论上为 10 mV/Pa,对应于光纤的相位灵敏度为 $-180\ dB\ re\ rad\mu Pa^{-1}$(即 $1\times10^{-9}\ rad/\mu Pa$)。从光纤环与声发射波相互作用的关系公式来看,光纤环的相位变化与光纤的长度有关,即光纤长度影响光纤环声发射传感器的灵敏度,因此我们进行了光纤长度对光纤环声发射传感器灵敏度的影响研究。

从光纤环相位变化和声发射波的理论推导公式中,可以看出光纤环的相位变化和光纤的长度、有效折射率、骨架材料的弹性模量、光纤环半径等众多因素有关,另外,和光纤缠绕在骨架的松紧程度、骨架的增敏或者减敏程度、耦合程度等外部无法具体量化的影响因素有关,因此准确计算光纤长度难度较大,在这里只能忽略无法具体量化的因素,假设光纤环没有骨架时,声发射波作用在光纤上,简单地进行光纤长度的计算。制作光纤环声发射传感器的光纤为普通的带有涂覆层的单模光纤,这种光纤典型的相位响应约为 $-330\ dBre\mu Pa^{-1}$。由于使用的窄带激光器输出波长为 1 550 nm,根据公式(5.1),1m 的光纤产生的相位变化为:

$$\phi = \frac{2\pi n}{\lambda} \cdot L = \frac{2\pi \times 1.465}{1550 \times 10^{-9}} \times 1 = 135.5\ dBrerad \tag{5.69}$$

因此,所使用光纤每米的灵敏度记为 $-194.5\ dBrerad\mu Pa^{-1}$。如果要想达到 R15 型压电陶瓷声发射传感器的灵敏度 $-180\ dBrerad\mu Pa^{-1}$,需要的光纤长度 L 满足下面的方程式:

$$-194.5 + 20\ \lg L = -180 \tag{5.70}$$

可以解得光纤长度 L 为 5.3 m。这里的光纤长度只是粗略地从理论上计算得到的,实际应用中,光纤存在弯曲损耗、传输损耗等影响因素,只是这些因素也难以建立模型进行量化,它们会不同程度地降低光纤环声发射传感器的灵敏度,然而如果光纤环的骨架具有增敏作用,又会提高传感器的灵敏度,因此这里的光纤长度 5.3 m 很大程度上只有指导意义。从公式(5.1)中,不难发现增加光纤长度有利于光纤环声发射传感器灵敏度的提高,正好可以弥补以上那些因素对灵敏度的不利影响。因此,为了获得更加高灵敏度的光纤环声发射传感器,首先研究了光纤长度对传感器灵敏度的影响。通过制作了光纤长度不同的光纤环声发射传感器,和传统的压电陶瓷声发射传感器进行对比检测到的同一信号的幅值,来评价光纤环声发射传感器的灵敏度和光纤长度的关系,以期获得灵敏度较高的光纤环声发射传感器。

考虑到光纤环声发射传感器是将光纤绕制成环而成,而光纤如果被弯曲成较小的环状,必然存在弯曲损耗,因此,选用了对于弯曲不敏感(即弯曲半径较小)的光纤,以减少光纤的弯曲损耗。利用武汉长飞公司型号为 ITU - TG657.B3 的弯曲不敏感单模光纤,制作了光纤长度分别为 5 m、10 m、15 m 的光纤环声发射传感器,其中传感器的直径为 20 mm,骨架材料为聚甲基丙烯酸甲酯(有机玻璃),之所以选用有机玻璃,是因为该材料传播信号较好,且易于获得与加工。

将光纤环声发射传感器和常用的 Physical Acoustics Corporation(PAC)公司型号为 R15 压电陶瓷声发射传感器用凡士林分别粘贴在铝板上,光纤环接入搭建的检测系统,R15 型传感器连接前置放大器(放大倍数为工程中常用的 40 dB,即放大 100 倍),然后接入 PAC 公司的 PCI - II 检测系统。在光纤环声发射传感器和 R15 压电陶瓷声发射传感器中间等距离的位置,用凡士林将压电激励探头粘贴在铝板上,探头型号为 PAC 公司的 WSα 型。信号发生器产生 150 kHz(为典型的声发射信号频率)的正弦信号驱动 WSα 压电激励探头,通过调节输出信号的电压值来模拟不同强度的声发射信号,利用检测信号电压值与激励探头输出信号电压值之比,来表示传感器的灵敏度,记为 mV/V。输出电压值分别为 1.0 V、1.5 V、2.0 V、2.5 V、3.0 V、3.5 V、4.0 V、4.5 V。图 5 - 31 为实验时传感器布置图。

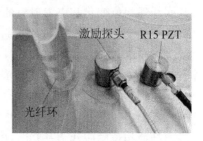

图 5 - 31　传感器布置图

由于 R15 型压电陶瓷声发射传感器后面连接了一个放大倍数为 100 倍的前置放大器,因此在进行评价声发射信号时,需要还原原始的数据信息,表 5 - 3 中是信号幅值。

表 5 - 3　R15 型压电陶瓷声发射传感器检测正弦信号幅值表

实验序号	施加的正弦信号幅值/V	检测到的正弦信号幅值/mV
01	1.0	15.8
02	1.5	23.5
03	2.0	31.0
04	2.5	38.5
05	3.0	46.0
06	3.5	53.5
07	4.0	60.5
08	4.5	67.8

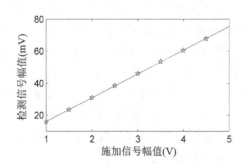

图 5 - 32　R15 型传感器灵敏度拟合曲线

将上面压电陶瓷声发射传感器检测到的信号数据作图,并通过线性拟合计算出曲线斜率,如图 5 - 32 所示,曲线斜率的大小可以衡量传感器灵敏度的高低。

从上图中的星点和拟合出来的曲线来看,随着施加信号幅值的增加,R15 型压电陶瓷声发射传感器检测到的信号幅值逐渐增加,呈现出很好的线性,计算得 R15 型传感器的曲线斜率为 14.86 mV/V。

三个不同光纤长度分别为 5 m、10 m、15 m 的光纤环声发射传感器检测到的正弦信号幅值为表 5 - 4 所列。

表 5 - 4　不同光纤长度的光纤环声发射传感器检测正弦信号幅值表

实验序号	施加的正弦信号幅值/V	5 m 光纤环检测幅值/mV	10 m 光纤环检测幅值/mV	15 m 光纤环检测幅值/mV
01	1.0	6.0	8.0	9.0
02	1.5	8.5	12.0	16.0
03	2.0	12.0	14.0	22.0
04	2.5	14.0	18.0	27.0
05	3.0	18.0	23.0	34.0
06	3.5	20.0	27.0	37.0
07	4.0	22.5	33.0	40.0
08	4.5	24.0	36.0	44.0

　　将上面不同光纤长度的光纤环声发射传感器检测到的信号数据作图,如图 5 - 33 所示,并通过线性拟合计算出曲线斜率。从图中(a)、(b)、(c)的星点和拟合出来的曲线来看,5 m、10 m、15 m 光纤环声发射传感器检测到的信号幅值随着施加信号的增加而增加,呈现出较好的线性。经拟合显示:5 m 光纤环声发射传感器的曲线斜率为 5.42 mV/V,10 m 光纤环声发射传感器的曲线斜率为 8.21 mV/V,15 m 光纤环声发射传感器的曲线斜率为 9.93 mV/V。

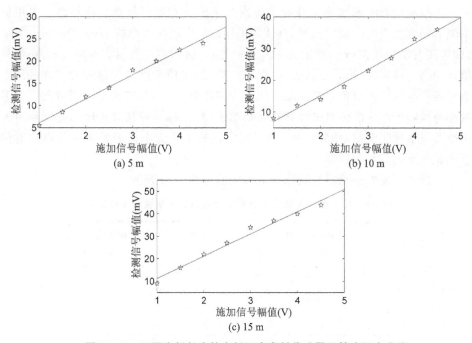

图 5 - 33　不同光纤长度的光纤环声发射传感器灵敏度拟合曲线

综合上面三种不同光纤长度光纤环声发射传感器的曲线斜率,5 m 光纤环的曲线斜率为 5.42 mV/V,10 m 光纤环的曲线斜率为 8.21 mV/V,15 m 光纤环的曲线斜率为 9.93 mV/V。随着光纤长度的增加,光纤环的曲线斜率也在增加,即光纤环的灵敏度随着光纤长度的增加而提高,定性地验证了光纤环声发射传感器灵敏度和光纤长度的关系。但是值得注意的是三种不同的光纤长度 5 m、10 m、15 m,是有规律地成倍数增加的,但是这三种光纤环声发射传感器拟合出来的曲线斜率并不是成倍增加的,增加的趋势是逐渐减小的。忽略掉这三种传感器在实验时,与铝板的耦合程度不尽一致、光纤与骨架的缠绕紧密程度不尽一致,结合此光纤环声发射传感器的实物图来看,传感器高度已经达到 70 mm,分析认为光纤环声发射传感器粘贴在铝板上,声发射波通过骨架传递信号,当骨架过长,信号向上传播时,能量必有损失,所以虽然是 15 m 的光纤,但是距离铝板远端的光纤能感受到的信号微弱,此时通过增加光纤长度来增加灵敏度的效果减弱。相反,更多的光纤有过多的弯曲,将会产生更多的弯曲损耗和传输损耗,也增加了传感器体积,不利于传感器的小型化。

为了验证光纤环声发射传感器的灵敏度随着光纤长度的增加而提高的结论,给定强度一致的声发射信号,考察传感器检测到的信号最大幅值,通过信号最大幅值来评价一个传感器灵敏度的高低。在 ISO 标准和 GB 标准中,检测一个要使用的声发射传感器的灵敏度,通常都是使用玻璃棒压断毛细玻璃管作为声发射信号源,但是从调研中发现,国内自产的毛细玻璃管在外径和内径上均具有很大的偏差,所以同一根毛细玻璃管的粗细不一致导致每次产生的声发射信号重复性较差。采用折断铅笔芯的方法产生声发射信号,具体为采用最具广泛代表性的 Hsu - Nielsen 断铅法,即采用直径为 0.5 mm,硬度为 HB 的铅笔芯,铅笔芯伸长量为 3.0 mm,在两种传感器中间的位置处,沿着铝板表面倾斜 30° 断铅,来模拟声发射信号源。这种声发射信号源产生的声发射信号最大幅值的不确定度为 1 dB,具有很好的重复性。为尽量减小每次断铅产生的信号强度存在差异的影响,在每一种光纤长度的光纤环声发射传感器灵敏度实验时,断铅三次,取三次实验的平均值来代表此光纤环声发射传感器的检测到的信号幅值。

压电陶瓷声发射传感器检测到的信号幅值为表 5 - 5 所列。

表 5 - 5　R15 型压电陶瓷声发射传感器检测的断铅信号幅值表

实验序号	检测到的断铅信号幅值/mV	检测到的断铅信号幅值/ dB	断铅信号平均幅值/dB
01	38.2	91.6	
02	37.5	91.4	91.8
03	41.3	92.3	

　　从上表三次实验的检测信号幅值来看,基本都在 91.8 dB 附近,最大差异为 0.7 dB,因此可以近似认为断铅是一个能够产生固定幅值的声发射源,利用断铅信号去验证光纤环声发射传感器的灵敏度具有可信度和认同性。

　　光纤长度为 5 m、10 m、15 m 的光纤环声发射传感器检测到的断铅信号幅值分别如下表所示。从表 5-4 中三次实验的检测信号幅值来看,平均幅值在 81.4 dB 附近,差异为 0.5 dB,表明此光纤环声发射传感器灵敏度比较稳定,断铅灵敏度在 81.4 dB;从表 5-5 中三次实验的检测信号幅值来看,平均幅值在 84.2 dB 附近,差异为 0.4 dB,断铅灵敏度在 84.2 dB;从表 5-6 中三次实验的检测信号幅值来看,平均幅值在 85.6 dB 附近,差异为 0.5 dB,断铅灵敏度在 85.6 dB。

表 5-6　5 m 光纤环声发射传感器检测的断铅信号幅值表

实验序号	检测到的断铅信号幅值/mV	检测到的断铅信号幅值/dB	断铅信号平均幅值/dB
01	11.3	81.1	
02	12.1	81.6	81.4
03	12.0	81.6	

表 5-7　10 m 光纤环声发射传感器检测的断铅信号幅值表

实验序号	检测到的断铅信号幅值/mV	检测到的断铅信号幅值/dB	断铅信号平均幅值/dB
01	16.9	84.5	
02	16.0	84.1	84.2
03	16.1	84.1	

表 5-8　15 m 光纤环声发射传感器检测的断铅信号幅值表

实验序号	检测到的断铅信号幅值/mV	检测到的断铅信号幅值/dB	断铅信号平均幅值/dB
01	19.1	85.6	
02	19.6	85.8	85.6
03	18.5	85.3	

　　从表 5-6~表 5-8 中检测到断铅信号的平均幅值来看,光纤长度为 5 m、10 m、15 m 的光纤环声发射传感器的断铅灵敏度分别为:81.4 dB、84.2 dB 和 85.6 dB。随着光纤长度的增加,断铅灵敏度也随之提高,这和前面从灵敏度拟合曲线得出的结论一致,验证了可以从增加光纤长度的角度,来实现传感器灵敏度的提高。

5.8 光纤环传感器中的骨架弹性模量对系统灵敏特性的影响

在上一节的研究中,得出光纤长度增加有助于传感器灵敏度的提高,但是增加效果减缓,不利于传感器的小型化,因此从声发射波和光纤环相互作用物理模型出发,进一步研究光纤环声发射传感器的灵敏特性。

由公式(5.24)$\Delta\phi = k_{AE} \cdot \left\{ \frac{\beta L(1-2\nu)}{E} \left[\frac{n^2}{2}(p_{11}+2p_{12})-1 \right] + \frac{(1+\nu_m)}{2E_m\pi}KL\beta \right\} \cdot P$,可以看出光纤相位的变化量 $\Delta\phi$ 与骨架材料的弹性模量 E_m 有关,E_m 越小,光纤相位的变化量 $\Delta\phi$ 越大,光纤环声发射传感器的灵敏度越大,因此从骨架材料弹性模量的角度进行传感器灵敏度的研究。

结合上一节中的结论,光纤长度为 15 m 的光纤环声发射传感器具有较高的灵敏度。制作了同是直径 20 mm,高度 70 mm,光纤长度 15 m 的不同弹性模量的材料作为骨架进行检测实验,骨架材料分别为:铜棒、铝棒、有机玻璃棒,它们具有不同的弹性模量。将不同的光纤环声发射传感器分别用凡士林粘贴在铝板上用于检测 WSα 压电激励探头产生的不同强度的声发射信号。对比每种骨架材料的光纤环声发射传感器检测出的信号幅值,从而验证灵敏度的高低。光纤环声发射传感器检测到的正弦信号幅值如表 5-9 所列。

表 5-9 不同骨架材料的光纤环声发射传感器检测正弦信号幅值表

实验序号	施加的正弦信号幅值/V	铜棒骨架光纤环检测幅值/mV	铝棒骨架光纤环检测幅值/mV
01	1.0	8.0	9.0
02	1.5	13.0	13.0
03	2.0	16.0	16.5
04	2.5	18.0	19.0
05	3.0	22.0	23.0
06	3.5	25.0	27.5
07	4.0	27.0	31.0
08	4.5	30.0	34.0

将此光纤环声发射传感器检测到的信号数据作图,并通过线性拟合计算出曲线斜率。

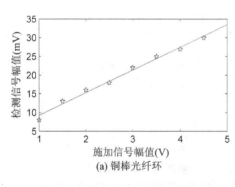
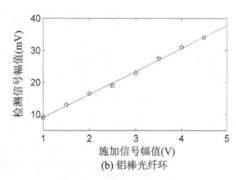

(a) 铜棒光纤环　　　　　　　　　　(b) 铝棒光纤环

图 5 - 34　不同骨架材料的光纤环声发射传感器灵敏度拟合曲线

　　从上图中拟合出来的曲线来看,不同骨架材料的光纤环声发射传感器均呈现出较好的线性。经拟合计算:铜棒光纤环声发射传感器的曲线斜率为 6.07 mV/V,铝棒光纤环声发射传感器的曲线斜率为 7.19 mV/V。再加上本章前一节中骨架材料为有机玻璃的光纤环声发射传感器,得到不同骨架材料的光纤环声发射传感器灵敏度,利用这三种不同骨架材料的光纤环拟合出来的曲线斜率做出表 5 - 10。

表 5 - 10　不同骨架材料的光纤环声发射传感器灵敏度表

骨架材料名称	骨架材料的弹性模量/GPa	光纤环传感器的灵敏度(mV/V)
铜棒	89～97	6.07
铝棒	68	7.19
有机玻璃棒	2.35～29.42	9.93

　　从上表中可以看出,铜棒的弹性模量最大,以此材料为骨架的光纤环声发射传感器的灵敏度最小,只有 6.07 mV/V;有机玻璃棒的弹性模量最小,而以此材料为骨架的光纤环声发射传感器的灵敏度最大,达到 9.93 mV/V;随着骨架材料弹性模量的减小,光纤环声发射传感器的灵敏度逐渐增加。因此,光纤环声发射传感器的灵敏度与骨架材料的弹性模量存在一定的关系,如果要提高光纤环声发射传感器的灵敏度可以从骨架材料的弹性模量入手,在其他因素一致的情况下,减小骨架的弹性模量,传感器的灵敏度会有所提高。

　　利用断铅信号来验证上述推论的正确性,现将以铜棒和铝棒为骨架的光纤环声发射传感器检测到的断铅信号列写在表 5 - 11 和表 5 - 12。

　　从表 5 - 11 三次实验的检测信号幅值来看,平均幅值在 82.4 dB 附近,差异为 0.1 dB,因此可以表明此光纤环声发射传感器灵敏度比较稳定,断铅灵敏度在 82.4 dB。

表 5 - 11　铜棒骨架光纤环声发射传感器检测的断铅信号幅值表

实验序号	检测到的断铅信号幅值/mV	检测到的断铅信号幅值/dB	断铅信号平均幅值/dB
01	13.2	82.4	
02	13.2	82.4	82.4
03	13.0	82.3	

表 5 - 12　铝棒骨架光纤环声发射传感器检测的断铅信号幅值表

实验序号	检测到的断铅信号幅值/mV	检测到的断铅信号幅值/dB	断铅信号平均幅值/dB
01	15.6	83.8	
02	14.8	83.4	83.4
03	14.0	82.9	

从表 5 - 12 三次实验的检测信号幅值来看,平均幅值在 83.4 dB 附近,差异为 0.5 dB,因此可以表明此光纤环声发射传感器灵敏度比较稳定,断铅灵敏度在 83.4 dB,大于以铜棒为骨架的传感器的灵敏度。结合本章上一节中有机玻璃棒为骨架的光纤环声发射传感器的断铅灵敏度为 85.6 dB,大于以铝棒和铜棒为骨架的传感器灵敏度,可以得出,随着骨架材料弹性模量的降低,光纤环声发射传感器的灵敏度逐渐提高,定性地验证了理论的正确性,也说明通过改变骨架材料而提升传感器灵敏度的方法有一定的可行性。

5.9　光纤环传感器中的骨架直径对系统灵敏特性的影响

根据本章前面两节中讨论的影响因素,目前灵敏度较高的光纤环声发射传感器为光纤长度为 15 m,骨架材料为有机玻璃棒,直径为 20 mm 的光纤环声发射传感器,但是相比较 R15 型压电陶瓷声发射传感器的 14.86 mV/V,光纤环声发射传感器的灵敏度只有 9.93 mV/V,还有一些差距。其实,前面两节的讨论中制作的传感器直径为 20 mm,只是参照 R15 型传感器的直径尺寸和基于光纤弯曲半径没有产生很大损耗的经验基础上提出的,下面进一步从光纤环声发射传感器的直径角度进行分析传感器灵敏特性。

在建立光纤环感受声发射波物理模型时,推导出了公式(5.24)$\Delta\phi = k_{AE} \cdot \left\{\dfrac{\beta L(1-2\nu)}{E}\left[\dfrac{n^2}{2}(p_{11}+2p_{12})-1\right] + \dfrac{(1+\nu_m)}{2E_m\pi}KL\beta\right\} \cdot P$。在此公式中,存在一项 K,

不难发现 K 值越大,相位变化量 $\Delta\phi$ 越大,因此传感器的灵敏度也就越大。结合公式(5.4)至公式(5.9),能推导出 K 的表达式,K 是一个与光纤环声发射传感器半径相关的参数,在这里不再赘述,直接给出其表达形式:

$$K = \sqrt{-\frac{(1-2\nu_m)x}{r(r+z)} + \frac{xz}{r^3} - \frac{(1-2\nu_m)y}{r(r+z)} + \frac{yz}{r^3} + \frac{2(1-\nu_m)}{r} + \frac{z^2}{r^3}} \quad (5.71)$$

式中,r 为声发射波最初作用在光纤环传感器的位置到某无限小段光纤 S(x,y,z)感受到声发射波的位置的距离,如图 5-2 所示。

由上式可以得出,K 和 r 存在一定的关系,r 值越小,K 值越大。不难想到减小光纤环声发射传感器直径,就会直接缩短声发射波传播到光纤的距离,因此从物理层面来减小 r 值,以光纤上无限小段 S(x,y,z)为例进行探究 K 值和光纤环声发射传感器半径的关系。假设声发射波作用在光纤环声发射传感器的中心处,即图 5-2 中的空间坐标系原点,r 值即为原点到 S 点的空间距离,为 $r=\sqrt{x^2+y^2+z^2}$。然后取 y 坐标和 z 坐标保持不变,仅 x 保持作为唯一变量,此时 x 所表达的意义即为:光纤环声发射传感器的半径。在这里 y 取为 0,z 取为 10 mm,骨架材料为有机玻璃,其泊松比 ν_m 为 0.5,取 x 坐标从 1 mm—30 mm 变化,做出 K-x 坐标曲线,如图 5-35 所示。

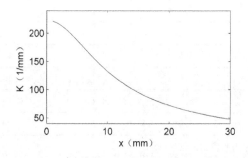

图 5-35　光纤环声发射传感器 K-x 坐标曲线图

从上图中可以看出,随着 x 坐标越大,K 值呈现下降趋势,因此如果要提高,需要减小光纤环声发射传感器的尺寸半径。由于光纤的直径极小,只有 250 μm,而一般骨架材料的尺寸半径都在厘米级,所以说光纤的直径要远远小于骨架材料的尺寸半径,而且光纤又是仅仅缠绕在骨架材料边缘上的,因此光纤环声发射传感器的半径即可当作是骨架材料的半径。其实这也和弹性力学中的结论相符:距离作用点越远,产生的位移越小。因为光纤是缠绕骨架表面的,所以光纤因物体表面位移而产生的长度变化会越小。因此,骨架材料的半径(或者说直径)影响传感器的灵敏特性。

利用光纤 ITU-TG657.B3,光纤长度 15 m,骨架材料为有机玻璃棒,分别制作了直径为 30 mm 和 20mm 的光纤环声发射传感器。将这两种光纤环声发射传感器分别用凡士林粘贴于铝板上用于检测 WSα 压电激励探头产生的声发射信号,WSα

压电激励探头由信号发生器产生 150 kHz 的正弦信号驱动,通过调节输出信号的电压值来模拟不同强度的信号。对比这两种不同直径的传感器检测出的信号幅值,从而验证灵敏度的高低。

光纤长度 15 m,直径为 30 mm 的有机玻璃骨架光纤环声发射传感器检测到的声发射信号幅值,记录如表 5 - 13 所列,并作出拟合曲线图,如图 5 - 36 所示。从图中拟合出来的曲线来看,直径为 30 mm 的有机玻璃骨架光纤环声发射传感器均呈现出较好的线性,该光纤环声发射传感器的曲线斜率为 3.27 mV/V。再加上前诉的光纤长度为 15 m,直径为 20 mm 的有机玻璃骨架光纤环声发射传感器拟合出来的灵敏度为9.93 mV/V,可以看出直径为 20 mm 的光纤环声发射传感器灵敏度要优于直径为 30 mm 的光纤环声发射传感器,初步定性地验证了理论推导的正确性。接下来探究研制直径更小的光纤环声发射传感器。

表 5 - 13　直径为 30 mm 的有机玻璃骨架光纤环声发射传感器检测正弦信号幅值表

实验序号	施加的正弦信号幅值/V	检测到的正弦信号幅值/mV
01	1.0	— — —
02	1.5	8.0
03	2.0	10.0
04	2.5	12.0
05	3.0	13.5
06	3.5	15.0
07	4.0	16.0
08	4.5	18.0
09	5.0	20.0

(注:"— — —"为实验时没有检测到正弦信号)

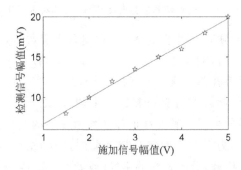

图 5 - 36　直径为 30 mm 的有机玻璃骨架光纤环声发射传感器灵敏度拟合曲线

光纤是存在弯曲损耗的,弯曲程度越大,直径越小,损耗越大,当超过光纤的弯曲半径时,弯曲损耗会急剧增加,大量的携载声发射信号的光将会进入包层中,不在纤芯中传播,甚至可能产生光路截断。最初选用武汉长飞公司的弯曲不敏感型光纤 ITU - TG657.B3 而不是现在常用的 ITU - TG652.D 型光纤,正是因为此型号光纤具有更小的弯曲半径而不会产生过多的弯曲损耗。ITU - TG657B3 型光纤的弯曲半径为 5 mm,因此制作了直径为 10 mm 的有机玻璃棒,在其表面缠绕光纤。由于骨架直径较小,如果缠绕 15 m 的光纤,那么制作而成的传感器高度有 15 cm 之高,违背了减小传感器体积的原则,因此选择制作了光纤长度 5 m,直径为 10 mm 的有机玻璃骨架光纤环声发射传感器,传感器高度为 5 cm 左右,相对于前面制作的传感器,体积有所缩小。利用信号发生器施加不同强度的正弦声发射信号,此光纤环声发射传感器检测到的信号幅值,记录如表 5 - 14 所列。

表 5 - 14　直径为 10 mm 的有机玻璃骨架光纤环声发射传感器检测正弦信号幅值表

实验序号	施加的正弦信号幅值/V	检测到的正弦信号幅值/mV
01	1.0	16.0
02	1.5	28.0
03	2.0	35.0
04	2.5	40.0
05	3.0	50.0
06	3.5	58.0
07	4.0	63.0
08	4.5	78.0
09	5.0	88.0

将上面直径为 10 mm 的有机玻璃骨架光纤环声发射传感器检测到的信号数据作图,并通过线性拟合计算出曲线斜率,如图 5 - 37 所示。

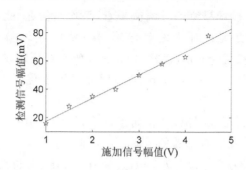

图 5 - 37　直径为 10 mm 的有机玻璃骨架光纤环声发射传感器灵敏度拟合曲线

从上图中拟合出来的曲线来看,直径为 10 mm 的有机玻璃骨架光纤环声发射传感器均呈现出较好的线性,该光纤环声发射传感器的曲线斜率为 16.38 mV/V。通过对比拥有相同光纤长度、相同骨架材料的,直径为 20 mm 的光纤环声发射传感器,其灵敏度为 5.42 mV/V,可以发现,直径为 10 mm 的传感器的灵敏度要大于直径为 20 mm 的传感器。

利用断铅信号进行验证上面的结论。利用光纤长度为 15 m,直径为 30 mm 的传感器、光纤长度为 5 m,直径为 10 mm 的传感器,这两种光纤环声发射传感器检测到的断铅信号幅值列出,分别如表 5-15 和表 5-16 所列。

表 5-15　光纤长度 15 m、直径 30 mm 光纤环声发射传感器检测的断铅信号幅值表

实验序号	检测到的断铅信号幅值/mV	检测到的断铅信号幅值/dB	断铅信号平均幅值/dB
01	8.4	78.5	
02	8.2	78.3	78.2
03	7.8	77.8	

从表 5-15 三次实验的检测信号幅值来看,平均幅值在 78.2 dB 附近,差异为 0.7 dB,因此可以表明此光纤环声发射传感器灵敏度比较稳定,断铅灵敏度在 78.2 dB。相比较光纤长度为 15 m,直径为 20 mm 的光纤环声发射传感器的断铅灵敏度为 85.6 dB,可以认为直径 20 mm 的传感器灵敏度优于直径为 30 mm 的传感器。

表 5-16　光纤长度 5 m、直径 10 mm 光纤环声发射传感器检测的断铅信号幅值表

实验序号	检测到的断铅信号幅值/mV	检测到的断铅信号幅值/dB	断铅信号平均幅值/dB
01	42.3	92.5	
02	39.9	92.0	92.1
03	38.5	91.7	

从表 5-16 三次实验的检测信号幅值来看,平均幅值在 92.1 dB 附近,差异为 0.8 dB,因此可以表明此光纤环声发射传感器灵敏度比较稳定,断铅灵敏度在 92.1 dB。相比较光纤长度为 5 m,直径为 20 mm 的光纤环声发射传感器的断铅灵敏度为 81.4 dB,可以认为直径 10 mm 的传感器灵敏度优于直径为 20 mm 的传感器。

结合上述两表结论,可以得出,在相同条件下,传感器直径在适当范围内减小,将有助于提高光纤环声发射传感器的灵敏度。因此,综上所述,目前实验阶段制作的灵敏度较高的传感器为光纤长度为 5 m,直径为 10 mm,有机玻璃骨架的光纤环声发射传感器。将该光纤环声发射传感器实物图展示如图 5-38 所示。

将此光纤环声发射传感器和 R15 型压电陶瓷声发射传感器检测 150 kHz 正弦信号和断铅信号图给出,如图 5-38 所示。从图 5-38(a)(c)两种传感器检测到的正弦信号时域图中,可以看出 R15 声发射传感器波形非常齐整,光纤环波形稍有瑕疵,

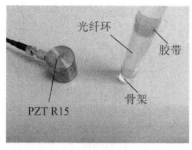 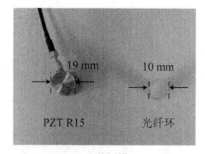

(a) 正视图　　　　　　　　　　　(b) 俯视图

图 5 - 38　制作的光纤环声发射传感器实物图

但也较为齐整,也能够复现正弦信号;但是从图 5 - 38(b)(d)频域图对比中,可以看出 R15 声发射传感器由于压电晶体的谐振效应和电磁干扰作用,频谱较宽,而光纤环没有此类干扰的影响,比 R15 声发射传感器的频谱更窄,具有更好的单一性和真实性。

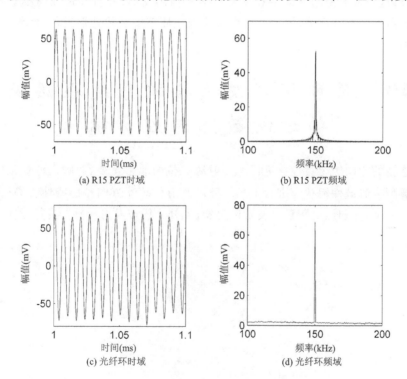

(a) R15 PZT时域　　　　　　　　　　(b) R15 PZT频域

(c) 光纤环时域　　　　　　　　　　(d) 光纤环频域

图 5 - 39　声发射传感器正弦信号检测图

从图 5 - 39(a)(b)断铅信号对比中,可以看出均呈现先迅速振荡上升、后振荡衰减的近似纺锤形信号,属于典型的声发射信号形式。但是从 R15 波形来看,信号有多个较大的峰值,有可能这是压电晶体谐振作用的明显体现,信号在压电元件之间往复振荡,而光纤环在峰值之后有明显的衰减,这也与实际物理现象符合:断铅信号

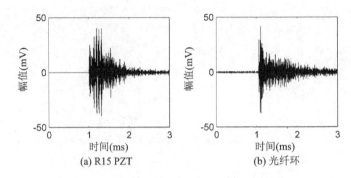

图 5-40　声发射传感器断铅信号检测图

属于一种点源应力波,波传播至某个位置时,该位置会有类似阶跃力的冲击,然后迅速回落。综上所述,光纤环声发射传感器能够检测到 150 kHz 正弦信号和断铅信号,能够对这两种典型的连续型和突发型信号做出反应,并且和传统的压电陶瓷声发射传感器相比略有优势,因此可以将这种光纤环声发射传感器进行检测应用上的初步探索。

5.10　光纤环声发射检测系统在铝板上的方向敏感特性研究

传感器的方向敏感特性在进行声发射源定位中非常重要,影响定位效果。因此首先在典型金属试件铝板上进行了光纤环声发射传感器方向敏感特性实验研究,如图 5-41 所示,并和压电陶瓷声发射传感器、光纤光栅声发射传感器进行对比。

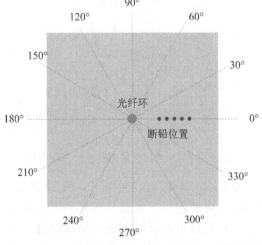

图 5-41　光纤环声发射传感器及断铅位置示意图

5.10.1　实验布置与系统组成

　　光纤环选用灵敏度较高的光纤长度为 5 m,直径为 10 mm 的有机玻璃骨架光纤环声发射传感器。图中断铅位置位于 0°、30°、60°、90°、120°、150°、180°、210°、240°、270°、300°、330°共计 12 个方向上,每个方向上共 5 个位置。以下图中标出的断铅位置以 0°方向为例,距离中心位置分别为 20 mm、30 mm、40 mm、50 mm、60 mm。另外的压电陶瓷和光纤光栅声发射传感器的布置图分别如图 5 - 42 和图 5 - 43 所示。PZT 为 NANO - 30 型压电陶瓷声发射传感器,直径 8 mm,如图 5 - 42 所示;将一个栅区长度为 10 mm 的光纤光栅声发射传感器用 502 胶水紧密粘贴于试件表面,如图 5 - 43 所示,光纤光栅沿 0°~180°方向粘贴,栅区中心位于圆心位置。断铅位置和上述布置一致。

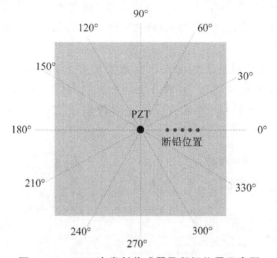

图 5 - 42　PZT 声发射传感器及断铅位置示意图

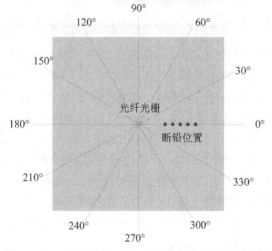

图 5 - 43　光纤光栅声发射传感器及断铅位置示意图

　　光纤环声发射检测系统依据前面优化后的系统图进行搭建。压电陶瓷声发射系统由 NANO-30 传感器、前置放大器、PAC-Ⅱ采集卡和工控机组成，具体系统示意图如图 5-44 所示。

图 5-44　压电陶瓷声发射检测示意图

　　上图中，PZT 声发射传感器感受声发射信号，转化成电压的形式进行传输，经前置放大器放大至采集卡的适当输入范围，在工控机的 PAC 采集软件中进行处理、显示和保存。其中，PZT 为 NANO-30 型传感器，前置放大器为 PAC 公司 20/40/60 dB 增益可调前置放大器，工控机为 ADVANTECH 的 IPC-610L，内部插槽中安装有 PAC-Ⅱ采集卡。

　　光纤光栅声发射检测系统为现在检测效果较好的基于可调谐窄带光源法检测系统，由光纤光栅声发射传感器、可调谐窄带激光器、环形器、光电探测器、前置放大器、PAC-Ⅱ采集卡、工控机、宽带光源和光谱仪组成，具体系统示意图如图 5-45 所示。

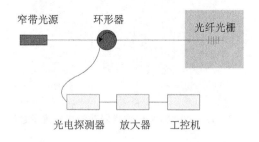

图 5-45　光纤光栅声发射检测示意图

　　在进行光纤光栅声发射检测时，首先利用宽带光源和光谱仪检测出光纤光栅的 3 dB 点波长，然后将窄带光源的输出波长调节至此 3 dB 点处，窄带光经环形器进入光纤光栅，因为满足光栅的耦合模理论，光栅会将此窄带光反射回去。当光栅感受到声发射波的作用，反射谱发生移动，反射回来窄带光的光强产生变化，此光强中包含声发射波的信息。后经过光电探测器转化成电压的形式进行传输，经前置放大器放大至采集卡的适当输入范围，在工控机的采集软件中进行处理、显示和保存。其中，光纤光栅声发射传感器为常用的栅区长度 10 mm 光栅，窄带光源为 Santec 公司的 TSL-510 型可调谐窄带激光器，光电探测器为 NEW PORT 公司的 2117 型光电探测器，前置放大器为 PAC 公司 20/40/60 dB 增益可调前置放大器，工控机为 ADVANTECH 公司的 IPC-610L。

5.10.2　数据处理与分析

在实验中 12 个方向上的每个断铅位置点断铅 3 次,断铅力度近似,并且记录每次检测到的断铅信号的幅值,取其平均值作为此断铅位置的断铅信号幅值。将光纤环、压电陶瓷和光纤光栅三种声发射传感器检测到断铅信号的平均值列表,分别为表 5 - 17～表 5 - 19 所列。

表 5 - 17　不同位置处光纤环断铅信号幅值检测数据表

方向/(°)	距离 20 mm 处幅值/dB	距离 30 mm 处幅值/dB	距离 40 mm 处幅值/dB	距离 50 mm 处幅值/dB	距离 60 mm 处幅值/dB
0	92.5	92.0	91.3	90.8	88.0
30	92.0	91.8	91.7	91.0	88.2
60	92.0	92.3	92.0	90.7	87.9
90	92.3	92.0	91.7	90.8	89.0
120	92.4	91.9	91.8	90.8	88.8
150	92.3	92.1	91.3	90.5	89.1
180	92.1	91.7	91.6	90.6	88.3
210	92.3	91.9	91.9	90.0	88.1
240	91.9	92.1	91.5	90.7	88.2
270	92.0	92.0	91.7	90.3	87.8
300	92.1	91.8	91.6	90.3	87.8
330	92.0	91.7	91.8	90.5	87.9

表 5 - 18　不同位置处 PZT 断铅信号幅值检测数据表

方向/(°)	距离 20 mm 处幅值/dB	距离 30 mm 处幅值/dB	距离 40mm 处幅值/dB	距离 50mm 处幅值/dB	距离 60mm 处幅值/dB
0	93.0	92.7	92.3	91.3	89.3
30	93.0	92.7	91.7	92.0	88.0
60	93.0	93.3	94.0	92.0	89.7
90	93.3	93.0	92.7	92.0	90.3
120	93.7	93.0	92.7	92.3	88.7
150	92.3	93.0	92.7	92.0	89.7
180	92.0	92.7	89.3	91.7	88.3

续表 5 - 18

方向/(°)	距离 20 mm 处幅值/dB	距离 30 mm 处幅值/dB	距离 40mm 处幅值/dB	距离 50mm 处幅值/dB	距离 60mm 处幅值/dB
210	92.3	92.3	92.0	89.3	88.0
240	92.7	92.7	92.0	89.3	88.7
270	93.0	92.0	92.7	90.0	88.0
300	92.7	93.0	91.3	87.7	88.3
330	93.0	92.7	92.3	91.3	89.3

表 5 - 19　不同位置处光纤光栅断铅信号幅值检测数据表

方向/(°)	距离 20mm 处幅值/dB	距离 30mm 处幅值/dB	距离 40mm 处幅值/dB	距离 50mm 处幅值/dB	距离 60mm 处幅值/dB
0	77.3	74.0	71.7	70.3	68.7
30	76.0	75.3	71.7	70.0	68.0
60	72.3	69.7	68.0	66.3	62.7
90	65.7	60.3	55.7	51.7	50.5
120	72.3	71.0	67.0	65.3	64.3
150	72.3	74.3	73.0	70.3	70.3
180	79.3	77.3	73.7	72.3	69.7
210	78.3	76.7	75.3	71.7	70.7
240	77.7	70.3	71.3	65.7	64.7
270	74.7	61.3	56.0	52.3	———
300	73.0	71.3	68.0	66.3	65.7
330	78.7	76.7	73.7	73.7	71.7

（注："———"为实验时没有检测到正弦信号）

根据上面三个表中的数据,分别做出极坐标图如图 5 - 46 所示,用以直观分析各个传感器的方向敏感特性。

极坐标图中,周向坐标表示 0°～360°的角度,径向坐标表示信号幅值的大小。

从图 5 - 46(a)中可以看出,断铅位置在距光纤环声发射传感器相同距离时,在不同方向上检测到的断铅信号幅值接近相同,没有表现出明显差异。随着断铅位置和光纤环声发射传感器之间的距离越来越远,检测到的信号幅值有所减小,但是在不同方向上始终没有表现出明显差异性,这与实际情况相符:声发射信号在物体上传播时,距离越远,信号衰减越严重。在各向同性的铝板上进行断铅,距离相同的情况下,信号衰减较一致,传播至光纤环声发射传感器的信号强度较为一致,而光纤环

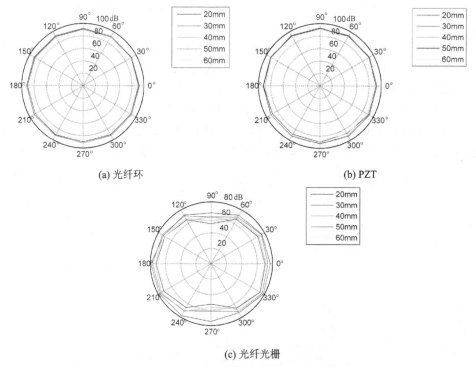

图 5 - 46　三个传感器断铅信号检测图

声发射传感器的结构为圆柱形,在横截面上呈现中心对称的圆形,因此在各个方向上灵敏特性一致。从上图 5 - 46(b)中可以看出,断铅位置在距 PZT 声发射传感器相同距离时,在不同方向上检测到的断铅信号幅值接近相同,也没有在不同方向上表现出明显差异。随着断铅位置和 PZT 声发射传感器之间的距离越来越远,检测到的信号幅值有所减小,但是在不同方向上也始终没有表现出明显差异性。因此 PZT声发射传感器的方向灵敏特性一致。从上图(c)中可以看出,断铅位置在距光纤光栅声发射传感器相同距离时,在 0°~180°方向(光栅轴向)上信号幅值最大,在 90°~270°方向(光栅垂向)上信号幅值最小,在从光栅轴向到垂向过渡的方向上,检测到的信号幅值逐渐减小,形成图中近似的椭圆形状,在不同方向上表现出明显差异。随着断铅位置和光纤光栅声发射传感器之间的距离越来越远,检测到的信号幅值减小,并且在不同方向上的差异性更加明显。究其原因,光纤光栅在不同方向上具有不同的灵敏特性与光栅结构有关,光栅为在光纤上刻蚀栅格制作而成,栅格沿纤芯轴向分布,应力波作用在光栅上时,栅格间距发生改变,而在理论上沿光栅轴向的应力波对栅距的影响大于沿光栅垂向,因此,光纤光栅声发射传感器在不同方向上存在不同的方向敏感特性:沿光栅轴向较敏感,沿光栅垂向较弱。另外一个重要原因为:所用光栅为长度 10 mm,直径为 250 μm,这种长条状结构使得在不同方向上的实际断铅位置与光栅感受到声发射信号的位置存在差异,在光栅轴向断铅时,距离较近,而在光栅垂向断铅时,距离较远,声发射信号衰减较严重,信号强度较弱,因此呈现出差异性。

结合上面三个传感器的断铅信号检测图和分析,可以得出:光纤环声发射传感器与 PZT 声发射传感器在不同方向上的灵敏特性一致,均没有明显的差异,只有光纤光栅声发射传感器方向敏感特性存在差异。在实际检测时,这种方向敏感特性差异是不愿见到的,因此,光纤环声发射传感器和 PZT 声发射传感器性能较为优越。

我们考察对于断铅信号,三种声发射传感器检测到的信号幅值。任取不同方向上,相同距离处的断铅信号检测幅值,在这里取 60 mm 处数据作图如图 5-47 所示。

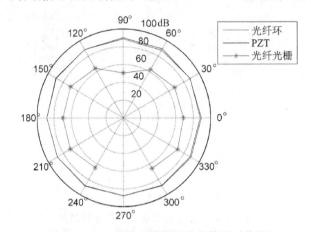

图 5-47 三种传感器断铅信号检测对比图

从上图中可以看出,光纤环声发射传感器检测到的断铅信号幅值和 PZT 声发射传感器检测到的信号幅值相近,略小于 PZT 声发射传感器;光纤光栅声发射传感器检测到的信号幅值小于前面两者的幅值,且存在较大差距。忽略掉每次断铅的不稳定性和传感器耦合程度等外部因素,光纤环声发射检测系统的灵敏度要大于同类的光纤光栅声发射检测系统。

5.10.3 方向敏感特性研究结论

光纤环声发射传感器与 PZT 声发射传感器在不同方向上的灵敏特性一致,均没有明显的差异,只有光纤光栅声发射传感器方向敏感特性存在差异。这种差异源自自身结构:光纤环声发射传感器的结构为圆柱形,在横截面上呈现中心对称的圆形,声发射波从不同方向上传播至光纤,引起的相位变化一致,因此在各个方向上灵敏特性一致;PZT 声发射传感器结构也为圆柱形,内部的压电晶体感受到从底部传来的信号强度一致,因此方向灵敏特性相同;而光栅的栅格沿纤芯轴向分布,应力波作用在光栅上时,栅格栅距发生改变,而在理论上沿光栅轴向的应力波对栅距的影响大于沿光栅垂向,因此,光纤光栅声发射传感器在不同方向上存在不同的方向敏感特性。光纤环声发射传感器检测到的断铅信号幅值和 PZT 声发射传感器检测到的信号幅值相近,大于光纤光栅声发射传感器,因此光纤环声发射传感器的灵敏度要高于光纤光栅声发射传感器。

5.11　光纤环声发射检测系统在铝板上的幅频响应特性研究

前面我们研究了光纤环声发射传感器在 150 kHz 频率信号下具有良好的检测能力,而由于这种铝质金属结构件上的声发射信号频率普遍集中在 100 kHz～300 kHz,因此我们进行了光纤环声发射传感器对于此频率区间信号检测能力的研究。

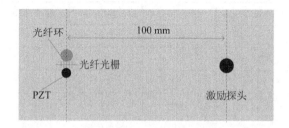

图 5 - 48　光纤环声发射传感器及激励探头位置示意图

5.11.1　实验布置与系统组成

光纤环选用灵敏度较高的光纤长度为 5 m,直径为 10 mm 的有机玻璃骨架光纤环声发射传感器,PZT 为 PAC 公司的小型化 NANO - 30 声发射传感器,光纤光栅为栅区长度 10 mm 的光纤光栅声发射传感器,用 502 胶水紧密粘贴于试件表面。光纤环和 PZT 紧密靠近光纤光栅,利用凡士林粘贴在试件表面。激励探头为 PAC 公司 α - series WSα - SNAC09 压电陶瓷激励探头,固定在距离传感器 100 mm 位置,利用 F80 型任意信号发生器产生不同频率的正弦信号。

5.11.2　数据处理与分析

在实验中 F80 型任意信号发生器产生常见的 100 kHz～300 kHz 不同频率的正弦信号,间隔为 10 kHz,信号幅值为 5 V。记录每次检测到的正弦信号的幅值,将光纤环、压电陶瓷和光纤光栅三种声发射传感器检测到正弦信号幅值列表,分别如表 5 - 20～表 5 - 22 所列。

表 5-20　光纤环检测不同频率正弦信号幅值数据表

频率/kHz	信号幅值/mV	频率/kHz	信号幅值/mV	频率/kHz	信号幅值/mV
100	51.7	170	2.2	240	35.5
110	18.7	180	5.7	250	7.0
120	26.2	190	10.7	260	5.8
130	10.5	200	7.3	270	6.3
140	5.7	210	9.8	280	6.0
150	7.2	220	28.3	290	2.7
160	6.3	230	40.5	300	2.3

表 5-21　PZT 检测不同频率正弦信号幅值数据表

频率/kHz	信号幅值/mV	频率/kHz	信号幅值/mV	频率/kHz	信号幅值/mV
100	38.0	170	1.0	240	3.5
110	38.0	180	3.0	250	2.3
120	4.9	190	1.7	260	3.5
130	2.4	200	1.5	270	6.0
140	5.2	210	5.0	280	8.0
150	6.0	220	5.8	290	17.0
160	3.5	230	8.2	300	8.0

表 5-22　光纤光栅检测不同频率正弦信号幅值数据表

频率/kHz	信号幅值/mV	频率/kHz	信号幅值/mV	频率/kHz	信号幅值/mV
100	4.1	170	0.4	240	1.2
110	1.8	180	0.4	250	0.6
120	1.1	190	0.4	260	0.4
130	1.6	200	0.6	270	0.5
140	0.4	210	0.6	280	0.5
150	0.7	220	1.1	290	0.5
160	0.5	230	2	300	0.4

　　根据上面三个表中的数据，分别做出归一化后的幅频响应特性曲线，用以直观分析各个传感器的幅频响应特性。

　　如图 5-49 所示，光纤环声发射传感器对于 100～130 kHz、220～240 kHz 频率的信号具有相对较高的响应幅值，在此频率区间具有更高的灵敏度；NANO-30 型

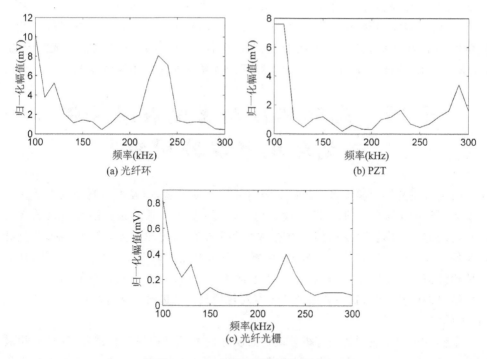

图 5 - 49　三个传感器幅频响应特性图

PZT 声发射传感器对于 100 kHz、110 kHz、290 kHz 左右频率的信号具有相对较高的响应幅值,在此频率区间具有更高的灵敏度;光纤光栅声发射传感器对于 100 kHz、230 kHz 左右频率的信号具有相对较高的响应幅值,在此频率区间具有更高的灵敏度。声发射检测中,将幅频响应曲线中－10 dB 点作为带宽的依据,因此在此金属典型频段的光纤环响应带宽为 100～160 kHz、180～280 kHz,PZT 的响应带宽为100～120 kHz、140～150 kHz、210～230 kHz、270～300 kHz,光纤光栅的响应带宽为 100～130 kHz、150～160 kHz、200～250 kHz、260～290 kHz,可以得出光纤环在此频段上具有更宽的带宽。对比三个传感器的幅频响应曲线,最大响应峰值均出现在 100 kHz 左右频率处,说明三个传感器对此频率附近的信号更加灵敏,另外在 230 kHz 左右频率处也都出现了峰值,因此三种传感器在此频率处的响应较为一致;光纤环和 PZT 的曲线幅值要比光栅曲线幅值大一个量级,因此光纤环和 PZT 在此频段的检测能力更好一些;光纤环与 PZT 相比,在此频段上,光纤环对更多的频率信号具有更高的响应幅值,检测能力更好。

5.11.3　幅频响应特性研究结论

对比上面三种声发射传感器的幅频响应特性曲线,光纤环和 PZT 声发射传感器在整个频段上的响应幅值都在 mV 量级,而光纤光栅声发射传感器的响应幅值要小一个数量级,因此,光纤环和 PZT 在整个频段上的检测能力要优于光纤光栅。针对幅频响应特性曲线,三种声发射传感器具有各自独特的响应特性,而光纤环在 100 kHz~300 kHz 频段上具有对更多频率的较高灵敏度,检测能力较好。

5.12 光纤环检测系统在超低温液氮环境中实验研究

航天气瓶的结构健康监测是目前国内外的一项难题,声发射检测是其中的一种重要无损检测手段。对于声发射检测而言,克服航天气瓶的超低温环境是关键技术。传统的压电陶瓷声发射传感器在常温环境中应用比较常见,技术成熟,但是针对超低温环境中声发射信号的检测,传感器中压电晶体因低温将会严重损坏,从而致使检测信号严重畸变,甚至根本无法正常工作。因此,为了探寻超低温环境中声发射信号的检测方法,我们利用光纤环声发射检测系统进行了液氮环境(−196 ℃左右)中的实验。

上面的实验中应用的为有机玻璃骨架制作的光纤环声发射传感器,这种有机玻璃在−60 ℃~80 ℃温度区间内材料特性稳定,而超出此区间(例如:−196 ℃的工作温度),有机玻璃强度会发生变化,结构会被超低温环境破坏,此时如果利用有机玻璃充当骨架,骨架结构本身的不稳定,结构强度变化可能产生的声发射信号会极大地影响声发射信号的检测。另外,在充满液氮的液体环境中,声发射波在液体中传播时,首先作用在光纤环的一侧,再传播到另外一侧,如果中间有骨架的存在,那么声发射波会先经过骨架,再传播到另外一侧,在这个过程中,声发射波会因多了一层传递介质而发生更多的模式转换和信号衰减,传播到另外一侧时信号强度相比无骨架时较弱,因此,在探寻液氮中声发射检测方法时,去除骨架,直接将光纤绕制成直径约为 10 mm 的光纤环,利用 3 M 胶带将其捆扎固定,防止光纤散开,从而制作而成光纤环声发射传感器。图 5 - 50 为实验中所用的光纤环声发射传感器。

实验中,使用长方体型钢制水槽作为承载液体的装置,为了避免声发射波从水槽底部传播到传感器,在水槽底部铺设了一层泡沫板,这样尽量让传感器感受到的信号为直接从声发射源发出的信号。图 5 - 51 为具体传感器的布置示意图。

首先,在水槽中注入一定量的水,使水能够完全浸没光纤环声发射传感器,水温在 24℃左右。通过分别施加典型的正弦信号

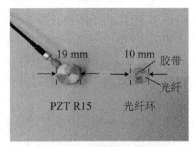

图 5 - 50 实验中所用光纤环声发射传感器实物图

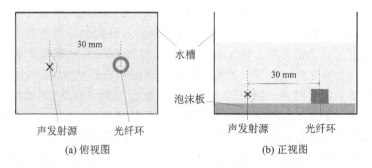

(a) 俯视图　　　　　　　(b) 正视图

图 5 - 51　传感器布置示意图

和断铅信号,来考察此光纤环声发射传感器能否检测到这两种典型的声发射信号。图 5 - 52 为施加正弦信号实物图。

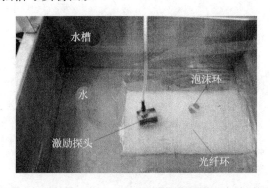

图 5 - 52　水中施加正弦信号实物图

上图中,激励探头由 F80 型任意信号发生器产生 150 kHz 的正弦信号来驱动,用以对外产生 150 kHz 的正弦波。图 5 - 53 是光纤环检测到的正弦波信号的时域图和频域图。

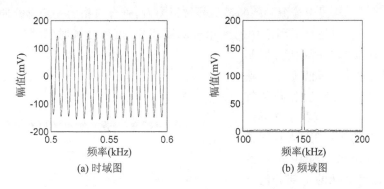

(a) 时域图　　　　　　　(b) 频域图

图 5 - 53　光纤环检测 150 kHz 正弦信号图

从上图中,光纤环检测到的 150 kHz 正弦信号的时域图中,可以看出正弦信号较为齐整,从频域图中,可以看出在 150 kHz 处有明显的能量集中,几乎没有旁瓣的干扰,因此,此光纤环声发射传感器能够检测到 150 kHz 的连续型声发射信号。

然后,通过利用 HB 型铅笔芯进行断铅实验来考察此光纤环声发射传感器能够检测到这种突发型断铅信号。将 HB 型铅笔芯伸出 3 mm,利用镊子在水下折断铅笔芯。图 5 - 54 为光纤声发射检测系统检测到的断铅信号,从图中可以看出,光纤环声发射检测系统检测到的断铅信号呈现典型的振荡衰减形式,能够检测出这种突发型断铅信号。结合上面两种典型声发射信号的检测效果,光纤环声发射检测系统都能成功地检测到对应的信号,说明此光纤环声发射传感器具有一定的可用性,此光纤环声发射检测系统能够在常温环境(24 ℃)下进行声发射信号的检测。

将水槽中的水全部倒出,注入一定量的液氮,使液氮完全浸没光纤环声发射传感器。由于刚注入液氮时,液氮沸腾状态较为剧烈,因此等待液氮较为缓和时,进行实验,实验图如图 5 - 55 所示。

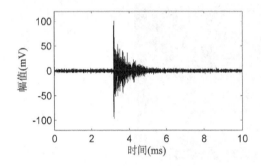

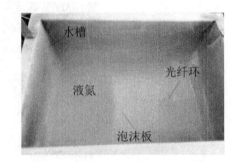

图 5 - 54　光纤环检测水中断铅信号图　　　　图 5 - 55　液氮中光纤环布置图

利用断铅实验来考察此光纤环声发射传感器能够检测到在超低温液氮环境中的断铅信号。将 HB 型铅笔芯伸出 3 mm,利用镊子在液氮中折断铅笔芯。

光纤环检测系统采集多次断铅信号,取其中一次断铅信号检测结果展示,如图 5 - 56 所示。从图中检测到的断铅信号波形来看,符合典型的先是阶跃冲击,后振荡衰减的形式。但是与上面水中的断铅检测图相比,信号持续时间稍短,这是由于液氮的状态虽然有所缓和,但是依然呈现沸腾状态,液氮在水槽中不稳定、气泡的产生和碎裂等因素产生了一些高频的噪声信号,使得系统的噪声升高,从图中可以看出,噪声水平约 10 mV,断铅信号中振荡衰减的一部分混杂在系统噪声里,因此呈现出这种看上去持续时间较短的断铅信号。综合上面论述:制作的光纤

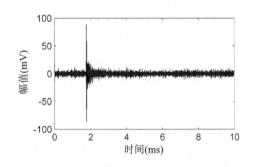

图 5 - 56　光纤环检测液氮中断铅信号图

环声发射传感器能够在液氮环境中进行声发射信号的检测。

针对超低温液氮环境中的声发射检测,我们制作了无骨架光纤环声发射传感器,并在水中和液氮中进行了正弦信号和断铅信号的检测,实验证明:此传感器搭载的光纤环声发射检测系统能够检测到常温水中(24℃)和超低温液氮中(−196℃)的声发射信号,为超低温液体环境中进行声发射检测提供了一种新的思路。

5.13　应用在不同环境中的光纤环实验探究

本章上一节中根据超低温的液氮环境,我们设计了可用于低温液氮检测的光纤环声发射传感器,同时,此实验的成功检测使我们受到启示:第一点是,光纤环声发射传感器是由光纤和骨架构成,光纤在恶劣环境中要优于压电陶瓷的特性众所周知,而如何使得光纤环声发射传感器能够应用在不同的恶劣环境中的关键便是骨架材料特性,我们可结合不同的骨架材料设计出不同环境中的光纤环声发射传感器;另外,重要的一点是,所用的光纤为武汉长飞公司弯曲不敏感 ITU-T G657.B3 型光纤,其标注的合适工作温度区间为 −60 ℃~80 ℃,而利用此光纤在液氮环境(−196 ℃)中也能够进行测试,其原因为光纤一般用于通讯领域,标注的温度区间是在通讯领域传输光在每千米光纤内的衰减定义的,如果超出了此温度区间,光的衰减较大,而我们利用此光纤作为传感光纤,只要使得经过此段光纤后的光满足光电探测器的输入要求,并且使用的光纤长度很少,在十几米量级,衰减较小,因此其标注的工作温度很大程度上只具有参考意义,即使在衰减程度较大的环境中,也可能能够用于声发射检测。基于上述两点,我们提出可以通过不同环境的特性、骨架材料的特性来设计不同的光纤环声发射传感器。

针对高温环境中的声发射检测,可以采用熔点较高的材料,比如:铜,其熔点约为 1 083 ℃,在高温环境中结构性质稳定,传递声发射信号能力较好。我们制作了以铜棒为骨架材料的光纤环声发射传感器,利用凡士林粘贴在铝板上,室温情况下进行了 150 kHz 连续正弦信号和断铅信号的研究。

从图 5-57(a)中,可以看出光纤环检测到的信号波形不是很齐整,但也能够复现正弦信号;从图 5-57(b)中,能够明显地看出仅在 150 kHz 频率处有峰值,没有出现旁瓣噪声。

从图 5-58 可以发现检测到的断铅信号呈现先迅速振荡上升、后振荡衰减的近似纺锤形信号,属于典型的声发射信号形式。结合上面正弦信号检测结果,此光纤环声发射传感器能够检测到 150 kHz 正弦信号和断铅信号。

针对潮湿腐蚀环境中的声发射检测,金属材料可能会产生锈蚀,因此不太适合此类环境,但可以采用有机高分子材料作为骨架,比如:聚乙烯(polyethylene,简称PE),是一种性能良好的热塑性树脂,吸水性小,不溶于水,电绝缘性优良,传递声发

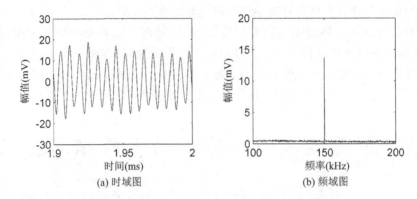

图 5-57　铜棒骨架光纤环检测 150 kHz 正弦信号图

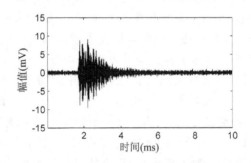

图 5-58　铜棒骨架光纤环检测断铅信号图

射信号能力较好。我们制作了以 PE 为骨架材料的光纤环声发射传感器，利用凡士林粘贴在铝板上，进行了 150 kHz 连续正弦信号和断铅信号的研究。

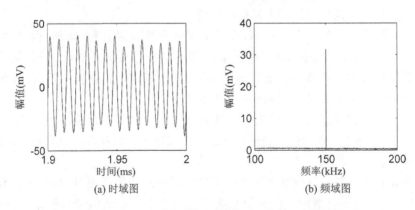

图 5-59　PE 骨架光纤环检测 150 kHz 正弦信号图

从图 5-59(a)时域图中，可以看出光纤环检测到的信号波形较为齐整；从图 5-59(b)频域图中，能够明显地看出仅在 150 kHz 频率处有峰值，除此之外，没有出现任何明显的旁瓣噪声。

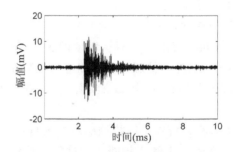

图 5 - 60　PE 骨架光纤环检测断铅信号图

从图 5 - 60 可以发现检测到的断铅信号呈现近似纺锤形信号,属于典型的声发射信号形式。结合上面正弦信号检测结果,此光纤环声发射传感器能够对 150 kHz 正弦信号和断铅信号做出反应,能够检测到这两种典型的连续型和突发型信号。

从上面的实验结果得出,两种骨架材料光纤环声发射传感器均能检测到声发射信号,为在实际环境中的应用奠定前期工作基础。

5.14　本章小结

本章针对目前国内外研究较少的光纤环声发射检测,进行了光纤环声发射检测系统的搭建,并针对此检测系统开展了系统特性的分析研究,为该检测系统的早日应用奠定工作基础。本章的主要工作包括光纤环声发射传感器检测原理研究、解调声发射信号方法研究、检测系统的仿真和具体实现、检测系统噪声特性分析、系统灵敏特性研究和光纤环声发射检测系统在不同检测应用中的特性分析。

在光纤环声发射传感器检测原理研究方面,针对固体试件的声发射检测,首先从光纤光学入手,外界因素作用在光纤上会导致光纤参数发生变化。然后结合弹性力学中的力使物体发生变形。建立了光纤环声发射传感器感受声发射波的物理模型,推导出两者的相互作用关系式。然后理论推导并仿真实现了声发射信号的解调,并选用合适器件搭建了基于外差解调方式的光纤环声发射检测系统。

在光纤环声发射检测系统的噪声特性方面,对主要的系统噪声源进行了推导和分析,并实现了系统噪声的降低。具体针对低频相位扰动引入的噪声,设计了跳变检测和带通滤波相结合的方法实现噪声的消除;针对移点法获取正交信号时会引入的噪声,采用希尔伯特变换法获取正交信号实现噪声的降低;针对干涉光路中窄带激光器线宽和两臂光纤臂长差的影响,首先进行了理论推导,然后选择线宽较窄激光器和减小臂长差来降低系统噪声,最后针对声光调制器频率起伏对系统噪声的影响,推导了噪声引入过程,采用另加一路干涉光路和光电探测器来进一步改进检测系统,从而实现系统噪声的降低,达到 2.17 mV。

在光纤环声发射检测系统的灵敏特性研究方面，从物理模型出发，通过制作各种形式的光纤环传感器进行连续正弦信号实验和断铅实验，探究了光纤环传感器中光纤长度、传感器骨架材料和传感器直径对灵敏度的影响，得出可以通过增加光纤长度、选择弹性模量较小的材料充当传感器骨架和适当地减小传感器直径三个方面能够进一步提高检测系统的灵敏特性，并考虑实际应用，制作了灵敏度较高的小型化光纤环声发射传感器。

在探究光纤环声发射检测系统在不同检测应用中的特性方面，我们选择了典型试件铝板进行特性研究。在铝板上利用折断铅芯进行了检测系统的方向敏感性和幅频特性实验，并与传统的压电陶瓷声发射传感器和光纤光栅声发射传感器进行对比，研究表明：光纤环声发射传感器和压电陶瓷声发射传感器在各个方向上敏感性一致，不存在光纤光栅声发射传感器明显的敏感差异性；针对幅频响应特性，三种声发射传感器具有各自独特的响应特性，而在典型金属试件声发射频段 100 kHz～300 kHz 上光纤环声发射传感器具有对更多频率的较高灵敏度，检测能力较好。另外，我们针对液体环境中的应用，设计了无骨架光纤环，在常温(24 ℃)水中和超低温液氮(−196 ℃)中进行了探究实验，并成功检测到典型的断铅声发射信号，为光纤环声发射检测系统在超低温环境中的实验依据，也为能够针对不同环境设计不同的光纤环声发射传感器开启了大门。

上述是本章针对光纤环声发射检测系统的研究工作，但是还有一些有待提高或者研究的内容。在系统噪声特性研究方面，虽然相对原有检测系统噪声水平有所降低，但是相比传统的压电陶瓷声发射检测系统还有差距，噪声水平决定系统可以检测到的最小声发射信号，如果能够继续降低噪声，对检测到一些较微弱的声发射信号无疑是有帮助的；在传感器灵敏特性方面，骨架材料的研究还可以进一步延伸，如果能够找到弹性模量更小、检测效果更好的骨架，灵敏度将会进一步提高；对于光纤环声发射传感器的尺寸，现在的传感器直径约 10 mm，但是高度约有 5 cm，相比传统的压电陶瓷声发射传感器要高，因此下一步继续减小传感器尺寸；搭建多通道实时检测系统，实现多个传感器的同时检测，用以进行声发射源定位的研究。实现上述的研究，将会进一步促进光纤环声发射传感器的工程应用。

参考文献

[1] 沈功田. 声发射检测技术及应用[M]. 北京:科学出版社，2015.

[2] 刘铁根，江俊峰. 分立式光纤传感技术与系统[M]. 北京:电子工业出版社，2012.

[3] 廖延彪，黎敏，张敏，等. 光纤传感技术与应用[M]. 北京:清华大学出版社，2009.

[4] 马良柱，常军，刘统玉. 基于光纤耦合器的声发射传感器[J]. 应用光学，2008，29(6):990-994.

[5] Bucaro J. A., Dardy H. D., Carome E. F. Optical fiber acoustic sensor[J]. Applied Optics，1977，16(7):1761-1772.

[6] Sheem S. K., Cole J. H. Acoustic sensitivity of single-mode optical power dividers[J]. Optics Letters，1979，4(10):322-330.

[7] Liu K, Ferguson S. M, Measures R. M. Fiber-optic interferometric sensor for the detection of acoustic emission within composite materials [J]. Optics Letters，1990，15(22):1255.

[8] Wang G. Z., Wang A. B., Murphy K. A., et al. Two-mode Fabry-Perot optical fiber sensors for strain and temperature measurement[J]. Electronics Letters，1991，27(20):1843-1845.

[9] Beard P C, Mills T N. Extrinsic optical-fiber ultrasound sensor using a thin polymer film as a low-finesse Fabry-Perot interferometer[J]. Applied Optics，1996，35(4):663-675.

[10] Cranch G. A., Nash P. J. Large-scale multiplexing of interferometric fiber-optic sensors using TDM and DWDM[J]. Journal of Lightwave Technology，2001，19(5):687-699.

[11] Lazarevich K. Partial discharge detection and localization in high voltage transformers using an optical acoustic sensor[D]. Virginia：Virginia Polytechnic Institute and State University，2003.

[12] Rice T., Duncan R., Gifford D., et al. Fiber optic distributed strain, acoustic emission，and moisture detection sensors for health maintenance[C]. AUTOTESTCON 2003. IEEE Systems Readiness Technology Conference，2003：

505-514.

[13] Park J. M., Lee S. I., Kwon O. Y., et al. Comparison of nondestructive microfailure evaluation of fiber-optic Bragg grating and acoustic emission pie-zoelectric sensors usingfragmentation test[J]. Composites Part A, 2003, 34 (3):203-216.

[14] Chen R., Fernando G. F., Butler T., et al. A novel ultrasound fiber optic sensor based on a fused-tapered optical fiber coupler[J]. Measurement Science & Technology, 2004, 15(8):1490-1495.

[15] Oliveira R. D., Ramos C. A., Marques A. T. Health monitoring of composite structures by embedded FBG and interferometric Fabry-Perot sensors[J]. Computers & Structures, 2008, 86(3 - 5):340-346.

[16] Julio E. P, Jose A. G. Multichannel ultrasound instrumentation for on-line monitoring of power transformers with internal fiber optic sensors[J]. R&D project, 2009, 14(6):28-35.

[17] Julio P. R., Jose A. G. Fiber optic sensor for acoustic detection of partial discharges in oil-paper insulated electrical systems[J]. Sensors, 2012, 12: 4793-4802.

[18] E. P., Jose A. G. Multichannel optical-fiber heterodyne interferometer for ultrasound detection of partial discharges in power transformers[J]. Meas. Sci. Technol, 2013, 24(09): 4015-4023.

[19] Innes M., Davis C., Rosalie C., et al. Acoustic emission detection and characterisation using networked FBG sensors[J]. Procardia Engineering, 2017, 188:440-447.

[20] Zhang Q, Zhu Y., Luo X. Acoustic emission sensor system using a chirped fiber-Bragg-grating Fabry-Perot interferometer and smart feedback control [J], Optics Letters, 2017, 42(3), 631-634.

[21] 张森. 光纤 M-Z 干涉仪用于声发射探测的理论与实验研究[D]. 哈尔滨:哈尔滨工程大学, 2005.

[22] 水冰. 一种光纤 F-P 声发射传感器的研究设计[D]. 西安:西北工业大学, 2006.

[23] 郝俊才. 应用光纤声发射传感器对复合材料进行损伤检测[D].哈尔滨:哈尔滨工业大学, 2006.

[24] 蒋奇,马宾,李术才,等. 单模光纤耦合声发射传感器及其应用研究[J]. 传感技术学报, 2009, 22(3):340-344.

[25] 付涛. 多功能光纤温度/应变/声发射传感器在复合材料中的应用[D]. 哈尔滨:哈尔滨工业大学, 2008.

[26] 梁艺军,刘俊锋,张巧萍,等. 环形腔全光纤 F-P 干涉仪的声发射检测[J]. 光学精密工程,2009,17(8):1825-1831.

[27] 李敏. 液体电介质局放声测的光纤非本征法珀型传感器的研究[D]. 哈尔滨:哈尔滨理工大学,2009.

[28] 马良柱.光纤声发射传感系统研究及应用[D].济南:山东大学,2010.

[29] 祁海峰,马良柱,常军,等. 熔锥耦合型光纤声发射传感器系统及其应用[J]. 无损检测,2011,33(6):66-69.

[30] 王明. 光纤声发射检测系统稳定性的研究[D]. 哈尔滨:哈尔滨工程大学,2011.

[31] 刘宏月. 光纤光栅传感器在结构健康监测中的应用研究[D]. 南京:南京航空航天大学,2012.

[32] 宋方超. 基于非本征光纤法珀传感器的液体电介质局部放电声发射检测技术研究[D]. 哈尔滨:哈尔滨理工大学,2013.

[33] 胡志辉,朱永凯,昂洋,等. 基于熔锥耦合型光纤声发射传感技术的研究[J]. 仪表技术与传感器,2014(10):10-13.

[34] 付涛. 新型光纤传感器及其在纤维复合材料的声发射源定位研究[D]. 哈尔滨:哈尔滨工业大学,2014.

[35] Pang D. D. , Sui Q. M. A relocatable resonant FBG-acoustic emission sensor with strain-insensitive structure[J]. Optoelectronics Letters, 2014, 10(2): 96-99.

[36] Jiang M. S. , Lu S. , Sai Y. , et al. Acoustic emission source localization technique based on least squares support vector machine by using FBG sensors [J]. Journal of Modern Optics, 2014, 61(20):1634-1640.

[37] 张伟超,赵洪,楚雄,基于非本征光纤法布里-珀罗干涉仪的局放声发射传感器设计[J],光学学报,2015,35(4):1-8.

[38] Lu S. , Jiang M. S. , Sui Q. M. , et al. Acoustic emission location on aluminum alloy structure by using FBG sensors and PSO method[J]. Journal of Modern Optics, 2016, 63(8):1-8.

[39] 李宁,魏鹏,莫宏,等. 光纤光栅声发射检测新技术用于轴承状态监测的研究[J]. 振动与冲击,2015,34(3):172-177.

[40] 魏鹏,李宁,涂万里,等. 一种用于光纤光栅声发射传感系统的掺铒光纤激光器方法[P]. 中国专利:ZL201210187594.2,2012-10-03.

[41] 魏鹏,李宁,刘奇,等. 一种基于光纤布拉格光栅的声发射信号功率型无损检测方法[P]. 中国专利:ZL201110238795.6,2012-04-18.

[42] 魏鹏,李宁,刘奇,等. 一种光纤布拉格光栅的声发射传感器的封装方法[P]. 中国专利:ZL201110239138.3,2012-04-18.

［43］陈国荣. 弹性力学［M］. 江苏:河海大学出版社,2001.

［44］吴家龙. 弹性力学［M］. 北京:高等教育出版社,2001.

［45］盖秉政. 弹性力学［M］. 黑龙江:哈尔滨工业大学出版社,2001.

［46］Pinnow D. A. Elastooptical Materials［Z］, Handbook of Lasers, R. J. Pressley, Ed. CRC, Cleveland, Ohio, 1971.

［47］Hocker G. B. Fiber-optic sensing of pressure and temperature［J］, Applied Optics, 1979, 18(9): 1445-1448.

［48］栖原敏明. 半导体激光器基础［M］. 周南生译. 北京:科学出版社,2002.

［49］Meng Z., Hu Y. Phase noise characteristics of a diode-pumped Nd:YAG laser in an unbalanced fiber-optic interferometer［J］. Appl. Opt, 2005, 44(17): 3425-3428.

［50］Marshall W., Crosignani B. Laser phase noise to intensity noise conversion by lowest-order group-velocity dispersion in optical fiber: exact theory［J］. Opt. Lett, 2000, 25(11): 165-167.

［51］Eottacchi S. Noise and signal interference in optical fiber transmission systems［M］. Markono print media Pte Ltd, 2008: 45-50.

［52］张楠. 基于外差检测的干涉型光纤水听器阵列系统若干关键技术研究［D］. 长沙:国防科学技术大学,2015.

［53］Kirkendall C. K., Dandridge A. Overview of high performance fibre-optic sensing［J］. J. Phys. D, 2004, 37: 197 – 216.

［54］ISO 12713—1998 Non-destructive testing-Acoustic emission inspection-primary calibration of transducem［S］. International Organization for Standardization, 1998.

［55］GB/T 19800—2005, 无损检测声发射检测换能器的一级校准［S］. 北京:中国标准出版社,2005.

［56］ISO 12714—1999 Non-destructive testing-acoustic emission inspection-secondary calibration of acoustic emission sensors［S］. International Organization for Standardization, 1999.

［57］GB/T 19801—2005, 无损检测声发射检测声发射传感器的二级校准［S］. 北京:中国标准出版社,2005.

［58］李大字,黄山,何龙标. 声发射传感器表面波灵敏度的比较法校准［J］. 检定与校准. 2010, 7(14): 47-49.

［59］黄山,李大字,何龙标. 声发射传感器校准中几种声源的对比分析［C］. 第十二届声发射学术研讨会, 2009, 107-113.

［60］赵静荣. 声发射信号处理系统与源识别方法的研究［D］. 吉林:吉林大学,2010.

［61］Regor S., Nathanael G., Ken C., et al. Nondestructive methods and special test instrumentation supporting NASA composite overwrapped pressure vessel assessments ［C］. 48th AIAA/ASME/ASCE/AHS/ASC Structures, Structural Dynamics, and Materials Conference, 2007: 23-26.

［62］ Lan C. , Nie H. , Chen X. , et al. Research on low-temperature phase structures and electrical properties of dense PZT 95/5 ferroelectric ceramics［J］. Journal of Inorganic Materials, 2013, 28(5):502-506.

［63］ 张英豪. 多通道光纤声发射检测系统的研制［D］. 哈尔滨工程大学, 2011.

［64］ 王巍, 丁东发, 夏君磊. 干涉型光纤传感用光电子器件技术［M］. 北京:科学出版社, 2012.

［65］ Xiong W, Cai C S. Development of Fiber Optic Acoustic Emission Sensors for Applications in Civil Infrastructures［J］. Advances in Structural Engineering, 2012, 15(8):1471-1486.

［66］ Jarzynski J, Hughes R, Hickman T R, et al. FrequencyResponse of Interferometric Fiber-Optic Coil Hydrophones［J］. Journal of the Acoustical Society of America, 1981, 69(S1):252-256.

［67］ Davis A R, Kirkendall C K, Dandridge A, et al. 64 Channel All Optical Deployable Acoustic Array［C］. Optical Fiber Sensors. 1997.

［68］ Seo D C, Yoon D J, Kwon I B. Sensitivity Enhancement of Fiber Optic FBG Sensor for Acoustic Emission［J］. Proceedings of SPIE - The International Society for Optical Engineering, 2009, 7294(4):38 - 109.

［69］ Gagliardi G, Salza M, Avino S, et al. Probing The Ultimate Limit of Fiber-Optic Strain Sensing. ［J］. Science, 2010, 330(6007):1081-4.

［70］ Posada J E, Garciasouto J A. All-Fiber Interferometric Sensor of 150khz Acoustic Emission for The Detection of Partial Discharges within Power Transformers［J］. Proceedings of SPIE - The International Society for Optical Engineering, 2011, 7753(17):1-714.

［71］ Posada J E, Garciasouto J A, Rubioserrano J. Multichannel Fiber Optic Heterodyne Interferometer for The Acoustic Detection of Partial Discharges［C］. Ofs2012, International Conference on Optical Fiber Sensor. International Society for Optics and Photonics, 2012:84211O-84211O-4.

［72］ Papanikolaou S, Dimiduk D M, Choi W, et al. Quasi-Periodic Events in Crystal Plasticity and The Self-Organized Avalanche Oscillator. ［J］. Nature, 2012, 490(7421):517-21.

［73］ Weiss J, Richeton T, Louchet F, et al. Evidence for Universal Intermittent Crystal Plasticity from Acoustic Emission and High-Resolution Extensometry Experiments［J］. Physical Review B, 2007, 76(22).

[74] Bua-Nunez I，Posada-Roman J E，Rubio-Serrano J，et al. Instrumentation System for Location of Partial Discharges Using Acoustic Detection with Piezoelectric Transducers and Optical Fiber Sensors[J]. IEEE Transactions on Instrumentation & Measurement，2014，63(5):1002-1013.

[75] Wu Q，Yu F，Okabe Y，et al. Acoustic Emission Detection And Position Identification of Transverse Cracks in Carbon Fiber – Reinforced Plastic Laminates by Using A Novel Optical Fiber Ultrasonic Sensing System[J]. Structural Health Monitoring，2014，14(3):735-739.

[76] Okazaki K，Hirth G. Dehydration of Lawsonite Could Directly Trigger Earthquakes in Subducting Oceanic Crust[J]. Nature，2016，530(7588):81-84.

[77] Yu F，Okabe Y，Wu Q，et al. Fiber-Optic Sensor-Based Remote Acoustic Emission Measurement of Composites[J]. Smart Materials and Structures. 2016，25(10).

[78] Yuan L，Zhou L M，Jin W. Detection of Acoustic Emission in Structure Using Sagnac-Like Fiber-Loop Interferometer[J]. Sensors & Actuators A Physical，2005，118(1):6-13.

[79] Fu T，Liu Y，Li Q，et al. Fiber Optic Acoustic Emission Sensor and Its Applications in The Structural Health Monitoring of CFRP Materials[J]. Optics & Lasers in Engineering，2009，47(10):1056-1062.

[80] Liang S，Zhang C，Lin W，et al. Fiber-Optic Intrinsic Distributed Acoustic Emission Sensor for Large Structure Health Monitoring[J]. Optics Letters，2009，34(12):1858-60.

[81] 魏鹏，李宁，涂万里，等. 一种自带温度补偿的匹配型光纤光栅声发射传感方法[P]. CN102680581A. 2012-09-19.

[82] 魏鹏，刘奇，孙志平，等. 基于光纤布拉格光栅的电力变压器局部放电检测系统及检测方法[P]. ZL201110266331.6. 2012-01-18.

[83] 魏鹏，周蒙. 一种可调谐中心波长的光纤光栅声发射传感器封装方法[P]. ZL201310306716.X. 2013-11-20.

[84] 魏鹏，周蒙. 基于光纤马赫曾德干涉仪的电力变压器局部放电检测系统及检测方法[P]. ZL201310312777.7. 2013-11-20.

[85] Fu T，Liu Y，Lau K T，et al. Impact Source Identification in A Carbon Fiber Reinforced Polymer Plate by Using Embedded Fiber Optic Acoustic Emission Sensors[J]. Composites Part B Engineering，2014，66(4):420-429.

[86] 孙国鑫. 光纤干涉仪的信号检测与解调[D]. 浙江大学硕士学位论文. 2008.

[87] 张雅彬. 光纤水听器对各种信号解调特性研究[D]. 哈尔滨工程大学博士学位论文. 2008.

[88] 王凯. 光纤干涉型水听器 PGC 信号解调及应用技术研究[D]. 天津大学硕士学位论文. 2010.

[89] Fang G, Xu T, Li F. 16-Channel Fiber Laser Sensing System Based on Phase Generated Carrier Algorithm[J]. IEEE Photonics Technology Letters, 2013, 25(22):2185-2188.

[90] 樊尚春. 新型传感技术及应用[M]. 2 版, 北京:中国电力出版社, 2011.

[91] Wild G, Hinckley S. Acousto-Ultrasonic Optical Fiber Sensors: Overview and State-of-the-Art[J]. IEEE Sensors Journal, 2008, 8(7):1184-1193.

[92] 杜功焕, 朱哲民, 龚秀芬. 声学基础[M]. 第 2 版, 南京大学出版社, 2001.

[93] 郁道银, 谈恒英. 工程光学[M]. 第 3 版, 机械工业出版社, 2011.

[94] 于红珍. 通信电子电路[M]. 第 2 版, 北京:清华大学出版社, 2012.

[95] Dandridge A, Tveten A, Giallorenzi T. Homodyne Demodulation Scheme for Fiber Optic Sensors Using Phase Generated Carrier[J]. IEEE Transactions on Microwave Theory & Techniques, 1982, 30(10):1635-1641.

[96] 方祖捷, 秦关根, 瞿荣辉, 等. 光纤传感器基础[M]. 北京:科学出版社, 2013.

[97] 杨明纬. 声发射检测[M]. 北京:机械工业出版社, 2005.

[98] 梁训. 光纤水听器系统噪声分析及抑制技术研究[D]. 国防科学技术大学, 2008.

[99] 李东, 张晓晖, 黄俊斌, 等. 非平衡光纤 Mach-Zehnder 干涉仪偏振衰落及相位噪声分析[J]. 激光与红外, 2005, 35(3):217-220.

[100] 吴媛, 卞庞, 赵江, 等. 一种消除偏振衰落的干涉型光纤传感器[J]. 仪器仪表学报, 2014, 35(4):889-893.

[101] Li B, Chen K, Kung J, et al. Sound Velocity Measurement Using Transfer Function Method[J]. Journal of Physics Condensed Matter, 2002, 14(44):11337-11342(6).

[102] Wang X F. Experimental Method of Measuring Sound Velocity Using Ultra-sonic Flowmeter[J]. Acta Physica Sinica -Chinese Edition, 2011, 60(11):2509-2515.

[103] Kuznetsov G N, Kuz'Kin V M, Pereselkov S A, et al. Interference Immuni-ty of An Interferometric Method of Estimating The Velocity of A Sound Source in Shallow Water[J]. Acoustical Physics, 2016, 62(5):559-574.

[104] Sawaguchi A, Toda K. Measurement of Sound Velocity in Liquid Using Fre-quency Sweeping-Interdigital Transducer[J]. Japanese Journal of Applied Physics, 1992, 31(S1):75-77.

[105] Khelladi H, Plantier F, Daridon J L. A Phase Comparison Technique for Sound Velocity Measurement in Strongly Dissipative Liquids Under Pressure

[J]. Journal of the Acoustical Society of America，2010，128(2)：672-8.

[106] Lim C C, Aziz R A. Measurements of the Velocity of Sound in Liquid Argon and Liquid Krypton ［M］. Isotope transport phenomena in liquid metals. Distributors：Almqvist & Wiksell，1961：1275-1287.

[107] Zuckerwar A J, Mazel D S. SoundSpeed Measurements in Liquid Oxygen-Liquid Nitrogen Mixtures[J]. Journal of the Acoustical Society of America，1985，77(Suppl 1)：S20-S20.

[108] Prosser W. H, Jackson K. E, Kellas S, et al. Advanced，Waveform Based Acoustic Emission Detection of Matrix Cracking in Composites[J]. Ndt & E International，1995，30(9)：1052—1058.

[109] Dael W V, Itterbeek A V, Cops A, et al. Sound Velocity Measurements in Liquid Argon，Oxygen and Nitrogen[J]. Physica，1966，32(3)：611-620.

[110] Pine A S. Velocity and Attenuation of Hypersonic Waves in Liquid Nitrogen [J]. Journal of Chemical Physics，1969，51(11)：5171-5173.

[111] 夏平. 岩石和混凝土声发射的实验研究[D]，2004.

[112] 陈金明. 光纤光栅的传感特性与工程应用研究[D]，2008.

[113] 田昕，付涛. FBG 在 PBX 结构健康监测中的应用研究[C] 2018 年全国固体力学学术会议.

[114] Perez I M, Cui H, Udd E. Acoustic emission detection using fiber Bragg gratings[J]. Proceedings of SPIE - The International Society for Optical Engineering，2001，4328(8)：209-215.

[115] Minardo A, Cusano A, Bernini R, et al. Response of fiber Bragg gratings to longitudinal ultrasonic waves[J]. Ultrasonics Ferroelectrics & Frequency Control IEEE Transactions on，2005，52(2)：304.

[116] Qi W, Okabe Y, Saito K, et al. Sensitivity Distribution Properties of a Phase-Shifted Fiber Bragg Grating Sensor to Ultrasonic Waves[J]. Sensors，2014，14(1)：1094.

[117] 蒋奇，李术才，李树忱. 类岩石材料破裂声发射的光纤光栅传感监测技术[J]. 无损检测，2008，30(10)：734-737.

[118] 单亚锋，孙朋，付华，等. 光纤 Bragg 光栅传感器在煤岩声发射预测中的应用[J]. 传感技术学报，2013，26(7)：1034-1038.

[119] 马宾，徐健. 一种用于变压器局部放电在线监测的光纤声发射传感器实验研究[J]. 光谱学与光谱分析，2017，37(7)：2273-2277.

[120] 谢孔利. 基于 φ-OTDR 的分布式光纤传感系统[D]. 电子科技大学，2008.

[121] 董杰. 空间差分干涉的光纤分布式水下声波测量[J]. 光学精密工程，2017，25(9)：2317-2323.

[122] 尚盈，王晨，王昌，等. 采用后向瑞利散射空间差分的周界安防分布式振动监测[J]. 红外与激光工程，2018，001(5).

[123] 杜青臣，王晨，尚盈，等. 光纤分布式地震波探测系统及其布设优化研究[J]. 山东科学，2017，30(5):55-61.

[124] Shang Y，Yang Y，Wang C，et al. Optical fiber distributed acoustic sensing based on the self-interference of Rayleigh backscattering[J]. Measurement，2016，79:222-227.

[125] Xiaohui，Chen，WANG，et al. Distributed Acoustic Sensing With Michelson Interferometer Demodulation[J]. 光子传感器(英文版)，2017，7(3):1-6.

[126] 刘杨，尚盈，王晨，等. 放大器自发辐射噪声对分布式声波监测系统的影响(英文)[J]. 红外与激光工程，2018，47(s1):82-85.

[127] 张彩霞，张震伟，郑万福，等. 超弱反射光栅准分布式光纤传感系统研究[J]. 中国激光，2014，41(4):145-149.

[128] 张满亮，孙琪真，王梓，等. 基于全同弱反射光栅光纤的分布式传感研究[J]. 激光与光电子学进展，2011，48(8):93-98.

[129] Zhang C，Liu S，Wang Y，et al. High-speed identical weak fiber Bragg grating interrogation system using DFB laser[C] Optical Fiber Sensors Conference. IEEE，2017:103236K.

[130] 刘胜，韩新颖，熊玉川，等. 基于弱光纤光栅阵列的分布式振动探测系统[J]. 中国激光，2017(2):307-312.

[131] Li W，et al. Distributed weak fiber Bragg grating vibration sensing system based on 3×3 fiber coupler[J]. Photonic Sensors，2018，8(2):146-156.

[132] Wang C，Shang Y，Liu X H，et al. Distributed OTDR-interferometric sensing network with identical ultra-weak fiber Bragg gratings. [J]. Optics Express，2015，23(22):29038-46.

[133] Tang J，Li L，Guo H，et al. Distributed acoustic sensing system based on continuous wide-band ultra-weak fiber Bragg grating array[C] Optical Fiber Sensors Conference. IEEE，2017:1032304.

[134] 张岩. 匹配干涉型光纤水听器阵列噪声特性研究[D]. 国防科学技术大学，2015.

[135] 宋复俊. 分布反馈光纤激光器(DFB-FL)波长解调方法的研究[D]. 山东大学，2011.

[136] 黄稳柱. 基于光纤激光传感器的声发射检测与定位技术研究[D]. 石家庄铁道大学，2013.

[137] 陈家熠，吴先梅，张迪，等. 分布反馈光纤激光传感器高频声场检测研究[C] 中国声学学会2017年全国声学学术会议论文集. 2017.

[138] 毛欣,黄俊斌,顾宏灿,等. 分布反馈式光纤激光水听器阵列研究进展[J]. 光通信技术,2017,41(8).

[139] 刘文. 分布反馈光纤激光器传感阵列关键技术研究[D]. 国防科学技术大学,2016.

[140] 顾宏灿,苑秉成,黄俊斌,等. 一种有源型光纤水听器原理与实验分析[J]. 光学学报,2008,28(12):2316-2320.

[141] Li R,Wang X,Huang J,et al. Spatial-division-multiplexing addressed fiber laser hydrophone array.[J]. Optics Letters,2013,38(11):1909-1911.

[142] 刘丽娜. 光纤 Bragg 光栅及其合金钢封装传感器特性研究[D]. 天津大学,2005.

[143] 张自嘉. 光纤光栅理论基础与传感技术[M]. 北京:科学出版社,2009.

[144] 金中薇. 光纤光栅声发射检测信号分析与源定位技术研究[D]. 山东大学,2014.

[145] Beadle,Brad,M. Longitudinal vibrations of a silica fiber segment[J]. IEEE Transactions on Ultrasonics Ferroelectrics & Frequency Control,1998,45(4):1100-1104.

[146] 袁德信. 相移光纤光栅传输特性及传感应用的研究[D],2016.

[147] 李兴亮. DFB 光纤激光传感器的研究[D]. 哈尔滨工程大学,2011.

[148] 孙韦,于淼,常天英,陈建冬,崔洪亮,庞铄. 相位生成载波解调方法的研究[J]. 光子学报,2018,47(08):227-234.

[149] 郎金鹏,常天英,陈建冬,等. 改进式相位生成载波调制解调方法[J]. 光子学报,2016,45(12):64-68.

[150] Brown D A,Cameron C B,Keolian R M,et al. Symmetric 3 x 3 coupler-based demodulator for fiber optic interferometric sensors[C] OE Fiber - DL tentative. International Society for Optics and Photonics,1991:328-335.

[151] 张晓峻,康崇,孙晶华. 3×3 光纤耦合器解调方法[J]. 发光学报,2013,34(05):665-671.

[152] M. D. Todd,Johnson G A,Chang C C. Passive,light intensity-independent interferometric method for fibre Bragg grating interrogation[J]. Electronics Letters,2002,35(22):1970-1971.

[153] 毛欣,黄俊斌,顾宏灿. 采用 3×3 耦合器的分布反馈式光纤激光传感器解调技术[J]. 发光学报,2017,38(03):395-401.

[154] 李日忠. DFB 光纤激光器水听器关键技术研究[D]. 华中科技大学,2014.

[155] 冯磊,肖浩,张松伟,何俊,李芳,刘育梁. 基于 3×3 耦合器的光纤光栅激光传感系统波长解调方案的改进[J]. 中国激光,2008(10):1522-1527.

[156] 阎吉祥. 激光原理与技术[M]. 北京:高等教育出版社,2011.

［157］陈泽. 基于 Zynq 的雷达信号处理器验证平台设计与实现［D］，2015.

［158］秦晨. 基于 SOI 的声光调制器件的研究［D］，2016.

［159］戢庆菁. 基于 HDMI 1.4 标准发送端视频电路设计与验证［D］，2014.

［160］陈健，苗欣. 基于 QT 的列车显示器界面架构设计［J］. 数码设计：下，2019，000（004）：130.

［161］孙钟. 温度对超声波探伤缺陷定位、定量的影响研究［D］，2009.

［162］门秀花，李舜酩. 压电陶瓷传感器稳定性的仿真分析［J］. 传感器与微系统，2007（10）：46-49＋52.

［163］史云飞. 分布反馈（DFB）光纤激光器温度特性研究［C］全国第十三次光纤通信暨第十四届集成光学学术会议论文集. 2007.

［164］杨瑞峰，马铁华. 声发射技术研究及应用进展［J］. 中北大学学报，2006，27（5）：456-461.

［165］施克仁. 无损检测新技术［M］. 北京：清华大学出版社，2007.

［166］沈功田等. 金属压力容器的声发射在线监测和安全评定［C］. 第四届压力容器学术会议，1997：477-481.

［167］陈玉华，刘时风，耿荣生，等. 声发射信号的谱分析和相关分析［J］，2002，24（9）：395-399.

［168］Geng Rongsheng. Prediction of fatigue crack in initiation of aircraft using AE ［C］. Proc of International Conference on Failure Analysis And Prevention，1995，1535-1539.

［169］Zhang Ping，Shi Keren. Application of wavelet transform to acoustic emission testing［J］. NDT，2002，24（10）：436-439.

［170］耿荣生，沈功田，刘时风. 声发射信号处理和分析技术［J］. 无损检测，2002，24（1）：23-28.

［171］梁艺军，邓虎，徐彦德. 光纤 Fizeau 干涉仪的声发射检测研究［J］. 光子学报，2007，36（4）：681-685.

［172］梁艺军，徐彦德，刘志海，等. 环形光纤声发射传感器的相位调制特性研究［J］. 光子学报，2006，9（35）：1337-1340.

［173］邓虎，穆琳琳，梁艺军，等. 光纤 Michelson 干涉仪的声发射检测实验研究［J］. 哈尔滨工程大学学报，2007，28（12）：1401-1405.

［174］Hill K O，Fujii Y，Johnson D C，et al. Photo-sensitivity in optical fiber waveguides：Application on reflection filter fabrication［J］. Applied Physics Letters，1978，32：647-649.

［175］Lam D K，Garside B K. Characterization of single-mode optical fiber filters ［J］. Applied Optics，1981，20（3）：440-445.

[176] Kawasaki B B, Hill K O, Johnson D C, et al. Narrow-band Bragg grating in optical fibers[J]. Optical Letters, 1978, 3: 66-68.

[177] Metlz G, Morey M M, Glenn W H, Formation of Bragg gratings in optical fibers by a transverse holographic method[J]. Optical Letters, 1989, 14(5): 823-825.

[178] Hill K O. Bragg gratins fabricated in mono mode photosensitive optical fiber by UV expose through a phase mask[J]. Appl. Phys. Lett. 1993,62(10): 1035-1272.

[179] Kersey A D, et al. Feber Grating Sensors[J]. Journal of Lightware Technology, 1997,15(8): 1442-1463.

[180] Dakin J P, Volanthen M. Distributed and Multiplexed Fiber Grating Sensors, Including Discussion of Problem Aleas[J]. IEICE Transactions on Electronics, 2000, E83-C(3): 391-399.

[181] Breidne M. Fiber Bragg Grating-A Versatile Component[J]. SPIE, 2000, 4016: 104-111.

[182] Zhang L, Shu X, Bennion I. Advances in UV-Inscribed Fiber Grating Optic Sensor Technologies[J]. Proceedings of IEEE Sensors, 2002, 1(1): 31-35.

[183] Caucheteur C, et al. Fiber Bragg Grating Sensor Demodulation Technique By synthesis of Grating Parameters from its Reflection Spectrum[J]. Optics Communications, 2004,240(4): 329-336.

[184] Zhao Y, Liao Y B. Discrimination Methods and Demodulation Techniques for Fiber Bragg Grating Sensors[J]. Optics and Lasers in Engineering, 2004. 41(1): 1-18.

[185] Rao Y J, Ribeiro A B L, Jackson D A, et al. Combined spatial and time division multiplexing scheme for fiber grating sensors with drift-compensated phase-sensitive detection[J]. Optical Letters, 1995, 20: 2149-2151.

[186] Wagreich R B, Atia and A, Singh H, et all. Effects of diametric load on fibre Bragg grating using a polymer over layer[J]. Electron. Lett. 1996, 32(4): 385-387.

[187] Kersey A D, Marrone M J. Fibre Bragg high-magnetic-field probe[J]. Proc. 10th Inter. Conf. on Optical Fibre Sensor. 1997, 53-56.

[188] Zhang W G, Dong X Y, Feng D J, et al. Linear fiber-grating-type sensing tuned by applying torsion stress[J]. Electron. Lett. 2000, 36(2): 120-121.

[189] Zhang Y, Feng D, Liu Z G, et al. High-sensitivity pressure sensor using a

shield polymer coated fiber Bragg grating[J]. IEEE Photon. Technol. Lett. 2001, 13(6): 618-619.

[190] Yoji Okabe, Ryohei Tsuji, Nobuo Takeda. Application of chirped fiber Bragg grating sensors for identification of crack location in composites[J]. Composites Part A: Applied Science and Manufacturing. 2004, 35: 59-65.

[191] Iadicicco A, Cutolo A, et al. Thinned fiber Bragg as high sensitivity refractive index sensor[J]. IEEE Photonics Letters. 2004, 16(4): 1149-1151.

[192] Wu Z J, et al. Measurement of Process-Induced Stresses in Composite Laminates by FBG Sensors [J]. International SAMPE Technical Conference, 2004, 3217-3224.

[193] Cusano A, et al. Dynamic Strain Measurements by Fiber Bragg Grating Sensor Source: Sensors and Actuators[J]. Physical, 2004, 110(1): 276-281.

[194] Mandal J, et al. Bragg Grating-Based Fiber-Optic Laser Probe for Temperature Sensing [J]. IEEE Photonics Technology Letters, 2004, 16 (1): 218-220.

[195] Sheng H J, et al. A Lateral Pressure Sensor Using a Fiber Bragg Grating [J]. IEEEPhotonics Technology Letters, 2004, 16(4): 1146-1148.

[196] Gangopadhyay T K. Prospects for Fiber Brating Gratings and Fabry-Perot Interferometers in Fiber-Optic Vibration Sensing[J]. Sensors and Actuators, A: Physical,2004, 113(1): 20-38.

[197] Gramotnev D K, Goodman S J, Pile D F P. Grazing Angle Scattering of Electromagnetic Wave in Gratings with Varying Mean Parameters[J]. Journal of Modern Optics 2004, 51(1): 13-29.

[198] Lee Y W, Yoon I, B. A Simple Fibre-Optic Current Sensor Using a Long-Period Fiber Grating Inscribed on a Polarization-Maintiaining Fiber as a Sensor Demodulator[J]. Sensors and Actuators, A: Physical, 2004, 112(2): 308-312.

[199] Wood K, et al. Fiber Optical Sensors for Health Monitoring of Morphing Airframes: I. Bragg Grating Strain and Temperature Sensor[J]. Smart Materials and Structures, 2000, 9(2): 170-174.

[200] Li H C H, et al. Sensitivity of Embedded Fibre Optic Bragg Grating Sensors to Disbonds in Bonded Composite Ship Joints[J]. Composite Structures, 2004, 66(1): 239-248.

[201] Zhang S Z, et al. Micro Electro Mechanical System Band Fiber Optic Grating

Sensor for Improving Weapon Stabilization and Fire Control[J]. SPIE, 2000, 3990: 185-193.

[202] Meissner K E, et al. Enhanced Resolution Folded Architecture Spectral Detector for Fiber Optic Sensors[J]. SPIE, 2004, 5502, 418-422.

[203] Eden R, et al. First Application of Second-Generation Steel-Free Deck Slabs for Bridge Rehabilitation[J]. SPIE, 2004, 5393: 86-94.

[204] Nellen P M, et al. Optical Fiber Bragg Grating for Tunnel Surveillance[J]. SPIE, 2002, 12(2): 96-98.

[205] Theune N M, et al. Investigation of Stator Coil and Lead Temperatures on High Voltage Inside Large Transformers[J]. SPIE, 2001, 4204: 198-205.

[206] Escudero Z, Mai M, SantaFe A. Temperature Sensor for Medical Appliacations Based on Erbium Doped Optical Fiber[C]. Annual International Conference of the IEEE Engineering in Medicine and Biology, 2003, 4: 3444-3445.

[207] 梁艺军. 光纤声发射检测技术研究[D]. 哈尔滨工程大学博士论文, 2006: 17-38.

[208] 王彬. 基于声发射介绍的预应力混凝土损伤检测理论及应用[D]. 江苏大学硕士论文. 2006:8-14.

[209] 刘茂军. 钢筋混凝土梁受载过程的声发射特性实验研究[D]. 广西大学硕士学位论文. 2008:9-11.

[210] 何存富,吴斌,王秀彦译. 固体中的超声波[M]. 北京:科学出版社,2004.

[211] 赵勇. 光纤光栅及其传感技术[M]. 北京:国防工业出版社,2007.

[212] 李川等. 光纤光栅:原理、技术与传感应用[M]. 北京:科学出版社,2005.

[213] 金发宏,董孝义等. 光纤布拉格光栅的理论分析[J]. 光子学报,1996.

[214] Aldo Minardo, Andrea Cusano. Response of fiber bragg gratings to longitudinal ulreasonic waves[C]. IEEE Transactions on ultrasonics, Ferroelectrics, and Frequency control, 2005, 52(2):304-312.

[215] 郭宏雷,刘丽辉,金龙等. 光纤布拉格光栅的压力增敏封装研究[J]. 压电与声光, 2005.

[216] 信思金,柴伟. 光纤光栅温度传感器封装方法研究[J]. 传感器技术,2004.

[217] Fan Dian. Experimental Study of Sense Characteristic Based on Metalized Package Fiber Bragg Grating[J]. Chinese Journalof Sensorsand Actuators. 2006,19(4): 1234-1237.

[218] 田高洁,李川等. 碳纤维复合材料封装光纤 Bragg 光栅[J]. Dam and

Safety，2010.

[219] 刘国强，郭勇. 基于 87C196 的便携式滚动轴承检测与诊断系统[J]. 仪器仪表
学报，2006，27(6)：1563-1564.

[220] 胡伍生. 神经网络理论及其工程应用[M]. 北京：测绘出版社，2006.

[221] 张立明. 人工神经网络的模型及其应用[M]. 上海：复旦大学出版社，1994.

[222] 焦李成. 神经网络系统理论[M]. 西安：西安电子科技大学出版社，1996.

致　谢

　　本书的研究工作是在 2008 年开始筹划,2010 年获得了国家课题经费支持,前前后后共历时十多年的时间,从一开始的光纤布拉格光栅声发射传感器,到最终的光纤环声发射传感器。中间还断续研究过光纤 F-P 腔声发射传感器和光纤耦合器声发射传感器,对于这两种光纤声发射传感器的研究浅尝即止。对于光纤环声发射传感器,我所投入的时间、人力、物力成本最高,期望能够利用这种传感器在压电陶瓷声发射传感器的垄断局面中撬开一个小小的缺口。现在这个愿望已经初步实现。通过这种光纤环声发射传感器可以使得已经习惯于使用压电陶瓷声发射传感器的无损检测从业人员能够了解、熟悉并开始尝试使用光纤声发射传感器。对于光纤光栅声发射传感器我是寄予厚望的,虽然现在尚有很多不足之处,但是将来也许有一天它会发展成一种串联型的声发射传感器。

　　声发射传感技术从诞生的那一天就紧紧地和压电陶瓷传感器绑在了一起,在普通的无损检测从业人员眼里,压电陶瓷声发射传感器几乎成为了声发射检测技术的唯一物理实现形式。但是随着光纤声发射传感器开始从实验室走向了工程应用,我们终将会迎来一个五彩缤纷的声发射传感器的世界。

　　这本书的诞生需要感谢和我共同支撑这个光纤传感实验室的李成贵老师,以及实验室的学生们,包括但不局限于刘奇、孙志平、涂万里、王钊、丁涛、戴泽璟、夏东、陈鸣宇、刘清波、祝成、刘东岳等等。还需要感谢航天一院 703 所刘哲军研究员、伍颂研究员,工信部科工局的吴东流研究员,以及绵阳九院 3 所的付涛等同志。

　　这十余年中国逐渐走到了世界舞台的中央,这需要我们每一个人的不懈努力。光纤声发射传感技术仅仅是时代大潮中的一朵小小浪花,但是无数的浪花汇成了我们的祖国,希望她能够更加美好和强大。

　　谨以此文献给我的家人和所有关心和帮助我的人。

　　由于水平有限,本书中肯定存在不妥之处,恳请指正。

　　对百忙中抽出时间评阅本书的专家老师们表示衷心的感谢和崇高的敬意!

2022 年 6 月